凝煉知識品味閱讀

圖解系列

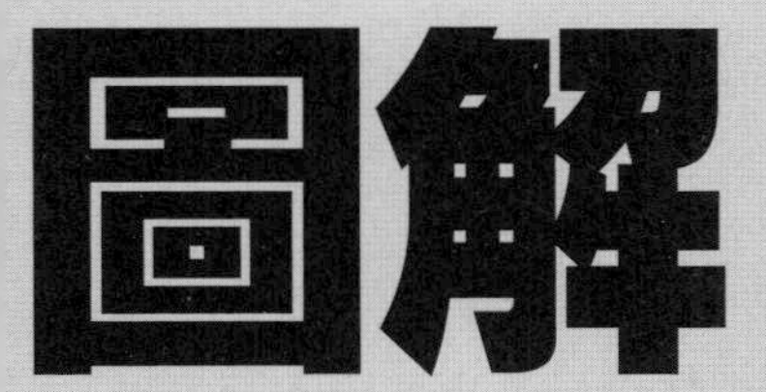

土木工程

五南圖書出版公司 印行

許聖富／編著

推薦序

「土木工程」乃是國家建設及經濟發展的重要工程項目，也是與人們平日食、衣、住、行、育、樂基本生活息息相關的基礎建設工程。英文以「Civil engineering」命名，民生工程與每個人每天的日常密不可分，住宅大樓要透過設計、建造、竣工、維護管理；飲水要透過水庫、淨水池、水管；垃圾污水要透過焚化爐、污水管、處理廠；用電要透過發電廠、輸配線；交通捷運、高鐵、飛機、船舶要透過軌道、橋梁、隧道、機場、跑道、港灣、碼頭……在在不可或缺的設施，都與土木工程環環相扣。

我國包含民間個人或企業的建設所需，加上近年中央及地方政府投入與土木工程相關的公共基礎建設計畫預算經費，每年粗估超過一兆元新台幣，堪稱另一種「兆元產業」。全台亦有三十多所大學設有土木或營建相關科系，每年爲國家社會培育眾多的土木建設人才。由於充足的經費及豐沛的人才，可見土木工程在民生建設之需求性和重要性。

隨著時代的持續進步和詳細專業的分工，土木工程的專業應用在人類文明的進程當中，亦隨著科技成果的腳步，朝著資訊化、數位化、科技化、智能化及網路化的方向大步邁進。本書內容包含土木工程簡介、土木工程的基本學科、工程材料、結構及軍事工程、水利工程、大地工程、水土保持工程、公路工程、交通運輸工程、建築與景觀工程、環境工程、綠能發電工程、共同管道工程、都市計畫、營建工程與維運管理，以及工程電腦化及資訊化等。由於作者豐富的實務歷練及編撰過程的專注用心，內容堪稱蒐羅廣闊、精簡扼要、圖文並茂，值得推薦。此書可爲修習土木工程學生之入門教科書，亦爲土木工程師及從業人員執行業務之參考寶典。

本書作者許聖富博士，學經歷均非常豐富，曾先後在逢甲大學及明新科技大學專任教職，以及在國內工程顧問公司服務長達二十多年，累積相當多的工程實務經驗。同時具備土木技師和水土保持技師之專業證照，平日亦常擔任各政府機關勞務採購之評選委員，參與縣市政府土木工程相關規劃設計案件的審查工作、特殊結構外審、工程督導、建物指定勘驗、水保計畫審查及設施檢查等。並常偕夫人隨臺灣土木工程界專家學者訪問、參訪大陸各項先進重大工程建設，進行專業技術、知識、實務、理論之研討交流。由於許君豐富的學識、經歷，使本書內容能結合理論基礎和工程實務，相信本書能讓讀者快速理解土木工程的內涵，本人十分樂意爲之提序，廣爲推薦。

臺灣省土木技師公會
創會理事長 蘇錦江
於臺北 2021/07/22

自序

「土木工程」乃是爲了人類文明而進行的相關工程，也是爲了配合人類的生存發展、謀求生活環境的改善、開疆闢地、築巢而居，因應而生的相關建設。舉凡與人們基本生活——食、衣、住、行、育、樂相關的硬體工程均屬之，如宮殿、建築、廠房、場館、競技場、城牆、道路、橋梁、隧道、管道、捷運、鐵路及高速鐵路、水庫、渠道、運河、雨水及污水下水道、圾垃處理及焚化廠、機場、海港、核能及各式發電廠等。

從行政院官網可查知，中央及地方政府每年投入與土木及營建工程相關的公共建設計畫之預算經費相當驚人，近五年（2017 年至 2021 年）僅行政院編列之經費平均約 4,190 億元，項目包括交通建設、環境資源、經濟及能源、都市開發、文化設施、教育設施、農業建設及衛生福利等八大類，佔當年度歲出預算總金額的 16.35～24.71%（平均約 1/5 強）。加上各直轄市政府及其他縣市政府（含鄉鎮市區公所）的歲出預算，每年用於公共建設計畫的經費，粗估超過一兆元新台幣。

政府自播遷來台後在土木相關的人才培育上不餘遺力，筆者查知目前國內設有土木及營建相關科系的大學（不含專科學校）就有三十多所，每年爲國家社會培育出來的土木和營建專業人才不計其數。土木及營建工程相關學系可說是國內各大學設置最多的科系之一。因此，吾人可知土木工程對國家經濟發展的重要性，實不言可喻。

筆者自 1989 年從比利時學成歸國後，先後在逢甲大學及明新科技大學專任教職共五年多，其餘時間均在國內工程顧問公司服務，累積近三十年的工程實務經驗。期間亦陸續在臺北科技大學、逢甲大學及中國生產力中心的工地主任班授課。2013 年因緣際會回到逢甲大學兼任，並在土木系進修部講授「鋼結構設計」專業科目，以及在通識中心開設一門「生活中的工程與科技」通識課程。同時亦由校方推薦擔任公共工程委員會政府採購評選會議的專家學者，閒暇亦參與部分縣市政府土木及營建相關工程的規劃設計案件審查、特殊結構外審、工程督導、建築工程指定勘驗、水保計畫審查及水保設施檢查等工作。

本書取名《圖解土木工程》，希望將應用廣泛的土木及營建相關工程，以提綱挈領、精簡扼要和圖文並茂方式介紹給讀者。內容共分十六章，第一章土木工程簡介、第二章土木工程的基本學科、第三章工程材料、第四章結構及軍事工程、第五章水利工程、第六章大地工程、第七章水土保持工程、第八章公路工程、第九章交通運輸工程、第十章建築與景觀工程、第十一章環境工程、第十二章綠能發電工程、第十三章共同管道工程、第十四章都市計畫、第十五章營建工程與維運管理，以及第十六章工程電腦化及資訊化。

本書另一特色是在各章節主題中，引入與該章節主題有關的主要法令規章，讓土木及營建相關工程的初學者，對畢業後與自身工作相關的法規條文，能提早有些粗淺的認識，即使法規內容會隨時空環境的改變有所調整和修正，至少工作上需要參考最新的法規條文內容時，可以有個脈絡隨時上網查知。

本書乃筆者累積超過三十年教學及工程實務工作，利用半年多的時間自行蒐集資料、構思、打字、撰寫、繪圖、編製。復因筆者平日習慣隨身攜帶相機，隨時隨地拍攝各種工程的照片，故有許多珍貴的現地實景照片穿插在各章節內，以增加本書的可讀性，也加深讀者對各種土木及營建相關工程的認識。本書所附的照片及圖片，凡未註明出處者即爲本人所拍攝及繪製，餘由親友慷慨提供或摘自網路，在此一併致謝。本書亦承蒙國內工程界泰斗蘇錦江教授願爲提序推薦，筆者深感榮幸。本書能順利完成，也感謝內人全力的支持與鼓勵。

由於個人才疏學淺，對世界各地廣泛的工程涉略有限，且打字作業、提送出版社排版、校稿及印刷時間較爲倉促，錯謬誤植之處在所難免，尚祈社會賢達不吝指正。（賜教處：sanford877@yahoo.com.tw）

土木技師、水土保持技師
許聖富 謹序
二〇二一年七月於公館雙月園

CONTENTS 目錄

第三章　工程材料

第四章　結構及軍事工程

第五章　水利工程

第六章　大地工程

第七章　水土保持工程

第八章　公路工程

第九章　交通運輸工程

第十章　建築與景觀工程

第十一章　環境工程

第十二章　綠能發電工程

第十三章　共同管道工程

第十四章　都市計畫

第十五章　營建工程與維運管理

第十六章　工程電腦化及資訊化

第1章
土木工程簡介

台北 101 大樓外觀

1.1 何謂土木工程

「土木工程」英文稱爲「Civil engineering」，其原意就是爲了人類文明（Civilization）而進行的相關工程；或者說是爲了配合人類的生存發展、謀求生活環境的改善和便利、開疆闢地、築巢而居，因應而生的相關建設便是土木工程。舉凡與人們基本生活——食、衣、住、行、育、樂相關的硬體工程均屬之，如宮殿、建築、廠房、體育場館及競技場、道路（含快速道路及高速公路）、橋梁、隧道、管道、捷運、鐵路及高速鐵路、水庫、渠道、運河、城牆、雨水及污水下水道、圾垃處理及焚化廠、機場、海港、核能及各式發電廠等。

古代人敬天重地，工程開工前會有動土祭典，房屋建築在上大梁之前，也會舉行上梁祭典。那時將房舍、城垣、道路、引水、導水及灌溉渠道等工程，皆以「土木」稱之。古代秦始皇修築長城（如下圖 1-1），隋煬帝開鑿運河，被歷史學家批評爲「好大喜功，大興土木」，即爲「土木」一詞的由來。此外，古代的材料科學、冶煉技術及相關力學知識，遠不如今日發達，當時人們興築平日所居住和活動的房屋、建築、寺廟、競技場時能選擇的材料種類不多，多半使用土、石、泥、磚瓦、木材、竹子等，作爲梁、柱、牆、屋頂構造之主要原料，故稱爲「土木工程」。

圖 1-1　萬里長城局部景象

摘自：網路

圖 1-2　現代高樓建築施工照片

1.2 人類的歷史回顧

現今世界上公認人類的四大文明古國（如圖 1-3）是：古巴比倫、古印度、古埃及和中國，從歷史遺蹟和先人留下的文物來推斷，人類的祖先是從非洲走出，來到兩河流域（幼發拉底河和底格里斯河，主要位於現今伊拉克境內），逐漸的傳播到古印度和古埃及，這點可以從三者之間的神話傳說和當時人們所使用的器具，找到一些共同點。另從過往的考古資料發現，古代的中國多少還是受到前三項文明的影響。其傳播方向大致有二：1)、從四川的紅山文明來看，當時的器具與兩河流域文明有高度相似，推斷應是從印度經過中南半島，繞道雲南來到四川，2)、另從三星堆文明來看，第二種路徑應是從中亞經過西域，來到今天的內蒙古地帶。從地理位置來看，以上四個文明基本上都屬於東方文明，古巴比倫是西亞的兩河流域文明，古印度是印度河及恆河的南亞文明，古埃及是北非尼羅河——靠近西亞文明，中國則是東亞的黃河及長江華夏文明。

圖 1-3　四大文明古國分布圖

摘自：網路

陽光、空氣和水是人類生存不可或缺的基本要素，也是上天賜給人類賴以維生的禮物，其中陽光和空氣是人類至今仍無從管轄的物質，而「水」則是人類從古至今一直努力學習去「防堵、引流、治理和使用」的自然界物資。人類的文明大致上也是從大河流域周邊開始的，逐水草而居就是最好的寫照。河流雖會有季節性的暴漲和泛濫，但沿岸肥沃的土壤及充沛水源，卻也是維繫農作物生長的必需品，也因此衍生出重要的土木及水利工程設施，例如橋梁、渠道、運河、堤防、堰壩等。

茲參考維基百科官網資料，整理幾項與本書所介紹工程相關的古代發明工項：

1.鑽探和採礦技術

至少不晚於漢朝（公元前 202—後 220 年）中國已知道利用深部鑽探，作爲開採和其他作業，如使用井架將滷水透過竹製管線，從井底抽送到蒸餾爐，滷水所含的鹽可被處理掉；這整個鑽探滷水過程的場景被繪於四川省一處漢代陵墓磚製浮雕作品上。這種深鑽的方法是由一組壯丁在橫梁上跳上跳下，以衝擊鑽頭，同時鑽孔工具是由牛隻帶動旋轉，其鑽孔可能達到 600 公尺深。另在河北省興隆一處西漢時期青銅鑄造廠附近，留有採礦豎井（提取銅設施，可與錫一同冶煉成青銅），該豎井深入地底達到100公尺；豎井與採礦間皆以木料框、梯子和鐵工具組成。

2. 盤山渠道

秦始皇（公元前221—前210年）討滅六國一統天下之後，命令匠人史祿建立一條新的運河航道。穿過山脈，將湘江和灕江連在一起，即是後人所稱的靈渠，後期修補完成時最多有36道陡門，另外運河非常靠近等高線，亦即順著山鞍的輪廓線開鑿，它是目前所知世界上最古老的盤山渠道，該運河工程的用意是以船運方式，有效地將糧草往南輸送補給趙佗的軍隊。

3. 萬里長城

係古代中國為了抵禦塞北遊牧民族的侵擾，所修築規模浩大的隔離牆，主要由關隘、城牆與樓台、烽燧（烽火台）三部分組成。現存的長城遺蹟主要是始建於14世紀的明長城，西起嘉峪關，東至虎山長城。長城遺址跨越北京、天津、甘肅等15個省市自治區、404個縣（市、區），牆壕遺存總長度約21,196公里。因沿線的地理條件不同，建造長城所需的材料亦需按「因地制宜」原則就地取材。在山地，則開山取石壘牆；在黃土地帶，則取土夯築；在沙漠，則用蘆葦或柳條，加以層層鋪沙修築；砌牆所用的磚、瓦、石灰和木料等，則就地設窯燒製或砍伐而得。

4. 全石拱橋

已知最早的全石大跨度單孔敞肩坦弧拱橋——趙州橋，位於河北省南部趙縣城南五里的洨河上，由隋朝（西元581—618年）匠人李春於西元605年完成。該橋跨度為37.5公尺，由四個半圓形小拱及一個大拱所組成，其結構在重量上相對較輕，且發生洪泛時可讓更多的洪水從橋下通過。

5. 八階標準等級的建築模組系統

係由宋朝將作監少監李誡（西元1065—1110年）出版的《營造法式》一書，充分完整地留存下來的最古老建築論文，不僅為朝廷工部訂立標準規則，還讓民間的建築工程中有所依據。它包含材分制8級標準度量的詳細描述與插圖，以備木材建築和結構木工模塊構件之用。第一級最大、第八級最小，用來確定建築物作為一個整體最終的比例和規模，例如大木作施工類型：宮殿、府第、一般住宅、亭台樓閣，都按當時的社會階級分類，對應哪一等級材分方式。

6. 加爾水道橋

如圖1-4，位於法國加德省靠近雷穆蘭的地方，是第一世紀古羅馬時代所建造輸水系統的一部分，共有三層，高49公尺，最長的一層（上層）是道路，長度為275公尺，第三層則為輸水渠道，深1.8公尺、寬1.2公尺，該橋全部使用在地的石灰岩興建。

圖1-4　加爾水道橋

摘自：維基百科

1.3 土木工程的重要性

人類文明發展的初期，土木工程曾經獨力扮演過舉足輕重的角色。然而，隨著時代的持續進步和詳細專業的分工，土木工程雖不再獨領風騷，但其專業的應用，在人類文明的進程當中和對人們基本生活需求的滿足上，卻不曾有過絲毫的怠惰，反而隨著時代的腳步，朝著資訊化、數位化、科技化、智能化及網路化的發展方向大步向前邁進。土木工程的專業應用領域包括：建築工程、結構工程、交通工程、運輸工程、水利工程、河海工程、大地工程、水土保持工程、環境工程、軍事工程、綠能發電、測量工程、都市計畫和營建管理等等，其應用分類架構如圖 1-5 所示。

許多國家為刺激經濟及擴大內需，常會規劃及推動攸關民生的重大建設，並編列經常性及特別預算，來增加營建業的產值，同時帶動其他產業和整體經濟的發展。從行政院官網查知，近五年（2017 年至 2021 年）行政院所編列之公共建設計畫經費分別為 3,266 億、3,749 億、3,927 億、4,670 億及 5,340 億元新台幣（如表 1-1 所示，平均約 4,190 億元），施作項目包括交通建設、環境資源、經濟及能源、都市開發、文化設施、教育設施、農業建設及衛生福利等八大類，而各年度的公共建設計畫經費，佔當年度歲出預算總金額的 16.35～24.71%（平均 20.3%，約佔 1/5 強）。以上中央編列的金額，加上直轄市政府及其他縣市政府（含鄉鎮市區公所）的歲出預算，每年用於公共建設計畫的經費，粗估約為七千億元新台幣。綜上所述，土木工程對國家經濟發展的重要性，不言可喻。

表 1-1　中央政府 2017-2021 年總預算中公共建設計畫經費統計表

項次	項目	2017 年	2018 年	2019 年	2020 年	2021 年
1	交通建設	1,217	1,226	1,273	1,425	1,964
2	環境資源	575	702	729	790	698
3	經濟及能源（2021 年：經濟建設）	749	895	915	1,470	1,792
4	都市開發（2021 年：都市及區域發展）	140	138	108	134	76
5	文化設施	90	121	161	146	81
6	教育設施	122	153	176	112	316
7	農業建設	338	464	478	523	295
8	衛生福利（2021 年：衛生活福利設施）	35	50	87	70	118
合計	公共建設計畫經費（億元）	3,266	3,749	3,927	4,670	5,340
年度歲出預算總金額（億元）		19,980	19,918	20,220	21,022	21,615
年度公共建設計畫佔歲出預算之比例		16.35%	18.82%	19.42%	22.21%	24.71%
備註：各年公共建設計畫合計金額包含總預算、特別預算、營業基金、非營業特種基金。						

資料來源：行政院官網，2021 年 1 月查詢。

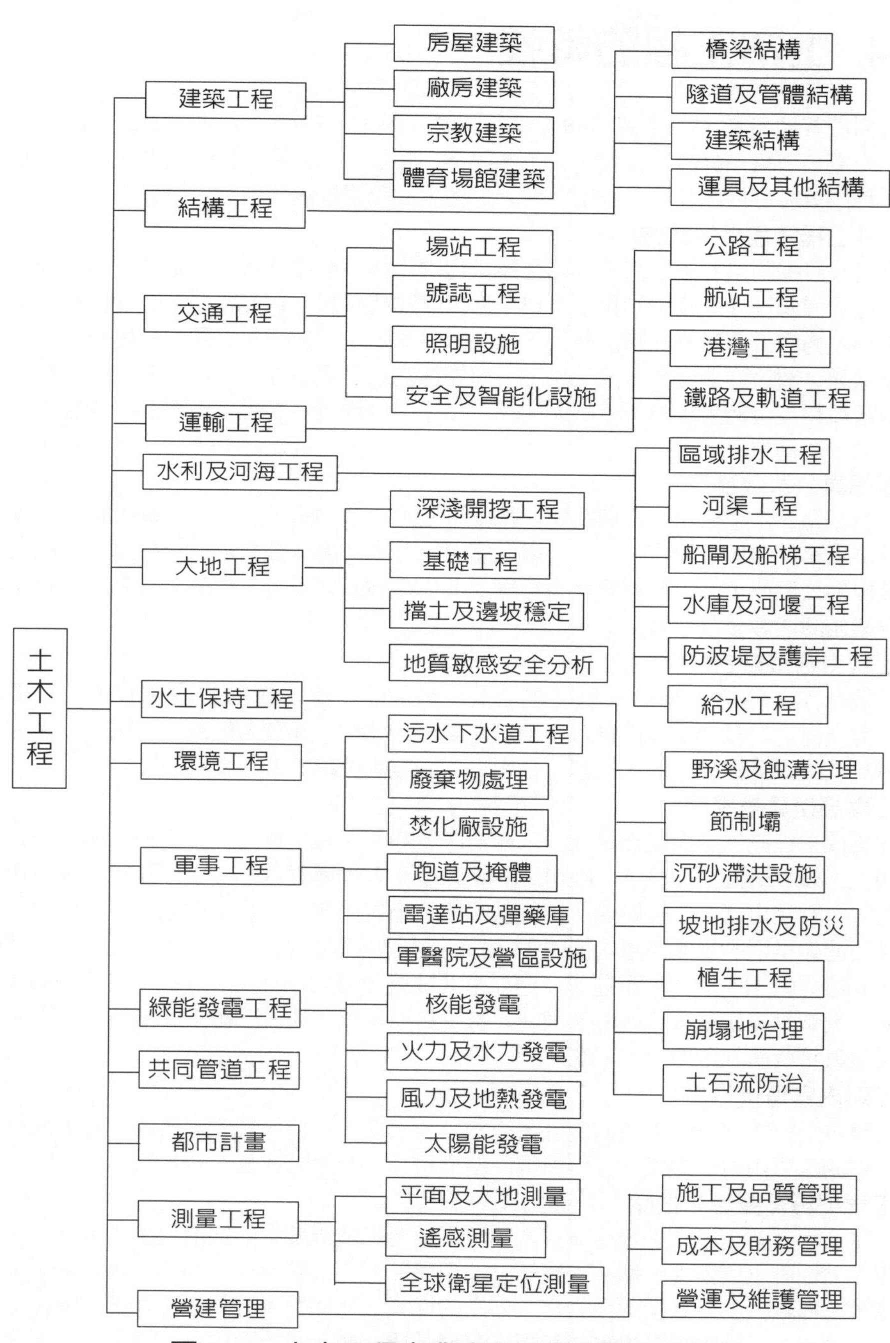

圖 1-5　土木工程專業應用分類架構示意圖

1.4 土木工程的特性

有別於其他研發、生產製品的工程和產業（電子、電機、資訊、通訊、電腦、生醫、光電、紡織、材料、自控、化工、工業工程等），土木工程的範圍較廣、種類較多，其作業從可行性評估、規劃、設計、施工及營運維護等階段，具有下列特性：

1.公共工程發包具特殊性

依《政府採購法》第 2 條，採購是指工程之定作、財物之買受、定製、承租及勞務之委任或僱傭等（即政府的採購分爲工程、財物及勞務三類）。公部門的採購不論金額大小，均需依照政府採購法及其子法之相關規定，循公平、公開之採購程序辦理，只要採購金額達到新台幣十萬元以上，即需透過政府電子採購網進行公告，等標期則依採購種類及金額大小有所不同。（註：私人工程發包只要業主與設計者或施工者雙方合議、簽約辦理即可）

2. 產品具公眾服務性

一般公路、快速公路、高速公路、橋梁、隧道、道路邊坡、堤岸、疏洪道、路邊及路外停車場（含地下停車場）、公園、廣場、公有市場、公有辦公大樓等，工程完成後係提供公衆使用，其品質好壞將影響民眾生命財產之安全，故其設計和竣工圖說需要專業技師之參與及簽證。

3. 工程內容具整合性

一般土木工程的工項通常包括整地及垃圾清除、土方挖填及廢方處理、基礎施工、擋土構造、基地及周邊排水、鋼筋混凝土（建物）或預力混凝土（橋梁）、鋼骨鋼筋凝土或鋼骨結構、防水工程、鋪面工程、照明工程等。

4. 工程規模具差異性

計畫或工程發包金額從幾萬元（水溝清淤整修）、幾十萬元（路面及水溝整修、擋土牆）、幾百萬元（道路 AC 刨鋪、陸橋興建、人行道改善）、幾千萬元（道路新闢或拓寬、新建房屋）、幾億元（新社區開發、小型水庫）、幾十億元（跨河橋梁、中運量捷運如早期的臺北捷運木柵線 16 億元、中型水庫如石門水庫 32 億元）至幾百億元（高雄輕軌 165 億元、重運量捷運如臺北捷運信義線 394 億元、台中捷運綠線 600 億元、大型水庫如翡翠水庫 115 億元、特殊跨海大橋如淡江大橋 153 億元、第三座液化天然氣接收站 601 億元）不等。

5. 工項內容重複性小

除雙併及連棟建築、大型國宅外，因需求、工址、用途、功能之不同，絕大部分土木工程的工項內容、規模、施作區位、結構尺寸、配置方式具有獨特性。

6. 工程品質需要專業把關

土木工程有些工項是採預鑄方式產製，再運至工地組裝（如鋼構建築的梁柱元件、預鑄預力混凝土梁節塊、塊石護欄等），預鑄品因在工廠製作，品質較容易控制；然而土木工程較大部分是採現場施作，如場鑄混凝土元件是由混凝土預拌廠產製後，以預拌車載運至工地澆置、搗實、養護，混凝土拌合後離廠時間超過一個半小時即開始初凝，而混凝土的抗壓強度是由配比來決定。因此，現場各工項的品質需透過嚴謹的三級品管作業來達成原定的設計標準。

7. 計畫參與者眾多

主要包括 1)、業主（公部門機關或私人企業），2)、規劃設計團隊：3)、監造作業團隊，4)、施工團隊（含其共同投標廠商、分包商、專業施工廠商及各種材料供應商，5)、機關及上級單位之工程督導和查核小組，6)、後續維護管理及營運團隊。

8. 履約風險及施工危險性較高

由於土木相關工程履約期限從數週、數月、數年至十數年（如北宜高速公路雪山隧道歷經十三年）不等，施工期間可能遇到物價明顯波動上揚、物料來源及工人短缺、環保團體及居民陳情抗議、分包商或供料商倒閉、工區挖出歷史文物、非工程因素干擾、工安意外（如 2010 年國道六號北山交流道西行線匝道工程混凝土澆灌時鋼架倒塌 7 死、2015 年台中捷運綠線吊裝鋼梁倒塌 4 死）等因素，造成工程的部分或全部停工，並衍伸出其他違約罰款、賠償及撫卹等問題。

9. 產品有機會成為觀光景點或歷史古蹟

一般土木工程的構造物使用期限長，具特殊性的結構或建築往往成爲吸引觀光客前往駐足的打卡熱點，如美國紐約自由女神像、義大利的羅馬競技場及比薩斜塔、英國倫敦的白金漢宮及大笨鐘（官方稱爲伊利沙白塔），法國的巴黎鐵塔、德國慕尼黑南方的新天鵝堡（如圖 1-6）、比利時布魯塞爾的原子塔、俄羅斯的莫斯科紅場、埃及的金字塔和人面獅身像、阿聯酋杜拜的帆船飯店、中國的萬里長城及都江堰、印度新德里近郊的泰姬陵、日本東京的晴空塔、澳洲的雪梨歌劇院、巴西里約熱內盧的耶穌基督雕像、巴拿馬運河和我們熟知的台北 101 大樓等等皆是。

圖 1-6　德國慕尼黑南方的新天鵝堡

摘自：網路

1.5 土木工程的生命週期

重大的土木工程項目如道路新闢、市民運動中心、聯合辦公大樓、多目標立體停車場、高速公路及快速道路新建、軌道建設計畫、水庫新建計畫、液化天然氣接收站計畫、航站新建／擴建計畫、火力發電廠、核能發電廠、風力發電廠等，經費需求極爲龐大，動輒要數億元、數十億元、數百億元，乃至數千億元（如核四廠新建計畫），所支用的金錢都來自納稅人及政府稅收，其預算編列和興建計畫不得不謹愼以對；基本上土木相關工程一如有生命之物種有其生命週期，大致分爲：可行性評估或研究、規劃設計、發包施工及驗收（含監造作業）、營運維護和拆除重建／新建等階段（如圖 1-7 所示）。

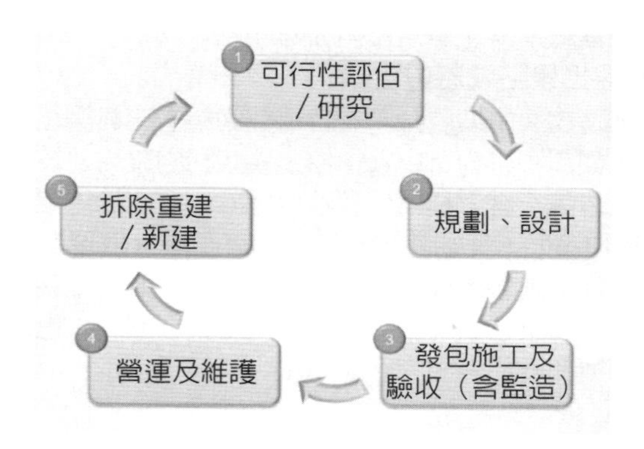

圖 1-7　土木工程生命週期示意圖

茲分項說明如下：

一、可行性評估或研究階段

首先要先選定需求目標、工程施作的場址，以及界定需要解決的問題所在，重大的工程興建計畫一般可考量：市場可行性、法律可行性、工程技術可行性、財務可行性、用地取得可行性及社會接受度；通常也會進行地質鑽探和地質敏感區調查（地質遺跡、地下水補注、活動斷層、山崩與地滑等）、分析，以了解場址的地層承載能力和地質穩定情形。依《環境影響評估法》第 5 條規定，開發行爲對環境有不良影響之虞者，應實施環境影響評估（包括 1、工廠之設立及工業區，2、道路、鐵路、大眾捷運系統、港灣及機場，3、土石採取及探礦、採礦，4、蓄水、供水、防洪排水工程，5、農、林、漁、牧地，6、遊樂、風景區、高爾夫球場及運動場地，7、文教、醫療建設，8、新市區建設及高樓建築或舊市區更新，9、環境保護工程之興建，10、核能及其他能源之開發及放射性核廢料儲存或處理場所之興建，11、其他經中央主管機關公告者），詳細作業標準和相關規定，可參《開發行爲應實施環境影響評估細目及範圍認定標準》。

二、規劃設計階段

本階段通常需要辦理 1/1000 或 1/500 地形測量，以確實了解場址的地形、地物及地貌。必要時規劃作業尚可分爲初步規劃及細部規劃，設計作業亦可分爲初步設計（或基本設計）及細部設計，以安全和減少對環境衝擊爲前提，來完成細部設計並依不同工項產出：工址區位圖、基地配置圖、平面及縱斷面圖（道路工程）、詳細大樣圖、各向立面圖及剖面圖、景觀及植栽配置圖（建築工程）、結構平面圖、梁柱牆版配筋圖、連續壁安全措施平面及剖面圖（深開挖工程）、機電系統配置圖、弱電系統（電信、視聽、信號、停車管理及避雷）配置圖、消防系統及空調系統配置圖、水電管線配置圖等。場址位於水土保持特定區及法定山坡地內者（高程 100 公尺以上及平均坡度達 5%），需要辦理水土保持計畫或簡易水土保持申報作業，並接受主管機關之審核；完成細部設計圖之後，設計單位將編製工程預算書及施工規範等資料，連同細部設計圖提送給業主審查，依審查意見修正後完成審查，即可進入後續發包作業程序。

三、發包施工及驗收（含監造）階段

中央及地方政府的採購（工程、勞務及財物）金額達到十萬元新台幣，即需依《政府採購法》相關規定及透過政府電子採購網公告辦理；目前採購標案的招標及決標方式如圖 1-8 所示。工程施工作業時是生命週期中投資成本最高的階段，故需注意人、機、料的安全管理、品質管制、進度管控及成本控制，期能如質、如期、如數的完成工程施作。

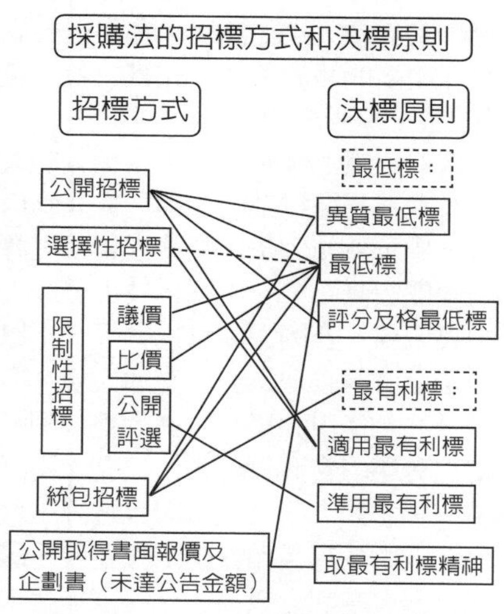

圖 1-8　政府採購方式示意圖

四、營運管理階段

當工程完工後需經過功能測試及驗收合格，才能進入使用及營運階段。受限於公家機關的組織編制，中央及縣市政府推動的工程，興建計畫單位（如交通部國道新建工程局、市政府工務局或建設局的新建工程處）與後續養護單位（如交通部高速公路局、市政府工務局或建設局的養護工程處）不同。因此，興建單位完成竣工驗收、決算後，才將工程實體移交養護單位執行後續的營運及管理工作。

五、拆除重建／新建階段

一般在正常使用、無外力破壞的情形下，鋼筋混凝土構造的使用壽命可達五十年，年限已屆就需進行拆除；如果受到火害、強烈地震、施工品質不良（如海砂屋、輻射鋼筋、強度不足等），或因功能及需求不符當年設計時，也可能會面臨提早拆除重建或新建。

1.6 土木工程師的專業素養

美國土木工程師學會（American Society of Civil Engineers，簡稱 ASCE）在 1852 年的會章中，對土木工程一詞定義如下：

"The art of the practical application of scientific and empirical knowledge to the design, production or accomplishment of various parts of construction projects, machines and material of use or value to man." 粗譯如下：

「將科學與經驗知識實際應用於設計、產製或完成營建計畫的不同區塊、機器和材料的使用，或給人類帶來價值的一門藝術。」

由上可知，土木工程師乃是具備科學和經驗知識的專業藝術家，勇於身體力行、提升生活品質、力求造福人類。因此，土木工程師在專校、大學及研究所讀書階段，不僅需要修習一定數量科目和學分數之專業課程，尚需培養不為利誘的道德勇氣、積極的工作態度、契合的團隊精神、服務人群的信念和回饋社會的良知，以期進入職場後能即時的融入工作團隊，在自己的崗位上發揮所學、貢獻所長。不僅如此，在工作中仍需不斷的吸收新知、充實自我、精益求精，才能跟上時代進步的速度，並在職場工作上立於不敗之地。

政府自播遷來台後在土木相關的人才培育上不餘遺力，筆者整理出目前國內設有土木及營建相關科系的大學（從北到南，不含專科學校）就有：淡江大學、臺北科技大學、中華科技大學、臺灣大學、臺灣科技大學（營建工程系）、東南科技大學（營建與空間設計系）、中國科技大學（土木與防災系）、萬能科技大學（營建科技系）、中央大學、宏國德霖科技大學、中原大學、健行科技大學、明新科技大學（土木工程與環境資源管理系）、交通大學、中華大學、宜蘭大學、聯合大學（土木與防災工程學系）、逢甲大學、中興大學、朝陽科技大學（營建工程系）、大漢技術學院（土木工程與環境資源管理系）、暨南國際大學、建國科技大學、雲林科技大學（營建工程系）、嘉義大學（土木與水資源工程學系）、成功大學、高苑科技大學、高雄科技大學（土木工程系和營建工程系）、義守大學（土木與生態工程學系）、正修科技大學（土木與空間資訊系）、陸軍軍官學校、屏東科技大學、金門大學（土木與工程管理學系）及其他等三十多所學校（未註明系名者即為土木工程系或土木工程學系），每年為國家社會培育出來的土木和營建專業人才不計其數。

各校的發展方向及教學內容不盡相同，有些相同的必修及選修科目。土木與營建相關科系，大致分為幾個主要學群：結構工程、土木工程、大地工程、交通運輸、建築工程、水利及水資源保育、營建管理、環境工程、生態工程、災害防治等。大學期間必須修習的科目及學分數，僅以臺灣大學土木工程學系 108 學年度課程內容為例（如表 1-2 所示），讀者即可一目瞭然，若對其他各校的課程內容有興趣者，可參閱各系之網站查詢。

表 1-2　臺灣大學土木工程學系 108 學年度課程架構及學分數

層次	說　明	學分數	科　目
A	校定共同必修科目	9	大學國文一 (3)、大學國文二（3，可選擇修習通識以替代）、外文領域上 (3)、外文領域下 (3)
B	校定通識科目	15	文學與藝術、歷史思維、世界文明、哲學與道德思考、公民意識與社會分析、量化分析與數學素養、物質科學、生命科學等八大領域
C	系定一般共同必修科目	12	微積分 1（2，1-9 週）、微積分 2（2，10-18 週）、微積分 3（2，1-9 週）、微積分 4（2，10-18 週）、普通物理學乙上 (3)、普通物理學實驗 (1)
D	系定專業共同必修科目	50	土木工程概念設計 (2)、工程圖學 (2)、土木工程基本實作 (2)、測量學一 (2)、應用力學 1(2)、應用力學 2(2)、測量實習 (1)、計算機程式 (3)、工程數學 1(2)、工程數學 2(2)、工程數學 3(2)、材料力學 (4)、流體力學 (3)、工程統計學 (3)、工程材料學與土壤力學實驗 (1)、工程材料學 (2)、土壤力學 (3)、結構學與流體力學實驗 (1)、鋼筋混凝土學 (3)、水文學 (3)、工程經濟 (2)、土木工程設計實務 (3)
E	系定各學術分組領域之必修科目	14	運輸工程 (3)、結構學一 (3)、基礎工程 (3)、水利工程 (2)、營建管理 (3)
F	層群組課程	12	1. 土木學群：運輸系統 (3)、水資源工程 (3)、工程與法律 (3)、施工學 (3)、工程地質與應用 (3)、鋼結構設計 (3)、結構耐震設計導論 (3)、預力混凝土 (3)、測量及空間資訊概論 (3)、物件導向程式語言 (3)、機器學習與深度學習導論 (3)、結構耐震設計導論 (3) 2. 軌道運輸學群：軌道運輸學 (3)、運輸系統 (3)、自動化和機器人技術 (3)、電工學與實習 (3)、軌道工程 (3)、軌道營運與管理 (3)、捷運系統工程 (3)、高速鐵路工程 (3)、輕軌運輸系統工程 (3) 3. 建築學群：建築導論 (3)、人與環境關係導論 (3)、空間設計入門 (3)、建築設計一 (4)、建築設計二 (4)、建築計畫與設計準則 (3)、建築物理與永續設計 (3)、建築結構行為與系統 (3) 4. 環境工程學群：環境工程與科學 (3)、自來水及下水道工程 (3)、自來水及污水處理工程 (3)、環境保護 (3)、環境化學 (3)、環境政策與管理 (2)、水污染防治 (3)、環境規劃與管理 (3) 5. 防災與永續學群：災難管理與土木工程 (3)、工程地質與應用 (3)、岩石邊坡工程 (3)、水利災害案例與防治 (3)、結構耐震設計導論 (3)、城鄉安全與防災 (3)、測量及空間資訊概論 (3)、地理資訊系統概論 (3) 6. 木構造學群：木構造設計 (3)、台灣傳統木建築概論 (3)、木質構造建築設計與施工一 (3)、木質構造建築設計與施工二 (3)、舞台技術一 (2)、土木結構系統 (3)、鋼結構設計 (3)
G	系定各學術分組領域其他選修科目	12	課號 501、521 字頭任選
H	自由選修	8	-
畢業最低學分		132	

資料來源：臺大土木系網站（2021 年 1 月查詢，其他詳細說明請參閱該網站）。

1.7 土木工程對環境之影響和未來發展

由於現代的建築和結構物大量使用鋼骨、鋼筋混凝土及預力混凝土三種元素，其中混凝土是由水泥、水、砂（細骨材）、碎石（粗骨材）及其他添加物，依一定的比例拌合而成。水泥、鋼骨、鋼筋及預力鋼腱，從採礦、提煉、產製、加工、載運至工地，都需消耗大量的能源及製造大量的二氧化碳等污染物，例如每生產 1 噸水泥熟料就會排放約 1 噸的二氧化碳。不僅如此，土木工程在施工中也會對環境產生以下的衝擊：

一、噪音及振動

基樁工程〔全套管基樁（如圖 1-9）、反循環樁、場鑄樁及預鑄樁等〕、大樓地下層開挖、道路管線挖掘、路面銑刨加封、構造物拆除、預拌混凝土泵浦車壓送作業、背拉地錨施作、臨時擋土支撐（打設預壘樁、鋼軌樁、鋼板樁、型鋼樁）、污水下水道工作井及管道推進、邊坡噴漿等等，施工中所使用的重型機械都會產生噪音及振動，影響工區附近居民之安寧。

二、空氣、水及土壤污染

如前項所述之重型機械（如打樁機、破碎機、挖土機、剷裝車、泵浦車、鑿岩鑽機、搖管機、傾卸卡車、吊車等），多數是使用柴油及汽油作爲動力來源，因此，施工機械排放的廢氣造成空氣污染無可避免；地質改良、反循環基樁、連續壁等施工，所使用的藥水或化學物資可能造成水質污染及土壤污染。

圖 1-9　全套管基樁施工照片

三、鄰房傾斜及下陷

在地狹人稠的台灣，山坡地面積約佔 73%，2,360 萬人口絕大多數擠在剩餘的 27% 土地上，能建的土地越來越少，因此，大樓的地上層越蓋越高、地下層越挖越深。深基礎的開挖，擋土設施及監測系統稍有疏忽，即可能造成損鄰事件，輕則牆壁開裂，重則建物傾斜或下陷，引發工程糾紛及訴訟。

四、道路交通影響

建築基地之施工機械、混凝土預拌車及泵浦車、材料及營建廢棄土方之運輸車輛等進出工地，以及道路工程之施工車輛，都會對鄰近的道路交通產生一定程度的衝擊。

五、營建廢棄物

水溝及其他構造物的拆除、建築基地的開挖、基樁鑽掘、連續壁施工、雨水／污水下水道的管涵挖埋、地下管線工程（汰換、更新、搶修、新設、用戶接管施作等），都會產生營建廢棄土石方。道路新建工程及小型建築工地，透過整體設計安排，較容易達到挖填平衡、現地攤平的目標，而大樓地下室的土方開挖和道路管涵施工，大都需要將剩餘土石方透過土方銀行及營建剩餘土石方資訊服務中心進行調度，或外運至土資場處理。

面對上述土木工程所引發的環境影響議題，工程師應努力研究並提出有效解決方案：

一、落實節能減碳之政策目標

鋼鐵及水泥生產過程會耗用大量能源，屬能源密集型產業，如何確保能源有效使用，將煉鋼過程中的能源回收再利用，是鋼鐵業努力的目標。據國際能源總署的研究，以鋼鐵業現有最佳可行技術及節能效率再提升的空間有限。減少能源耗用和二氧化碳的排放，對鋼鐵業及水泥業至關重要。產業界可推動的節能及減碳工法，包括：持續提升既有煉鋼廠及水泥廠的能源使用效率、以天然氣取代煉焦煤，以及碳捕捉與儲存等技術作爲。

二、減少水泥及鋼材的使用

混凝土（純混凝土、輕質混凝土、鋼筋混凝土及預力混凝土等）的主要膠凝材料是水泥，雖然混凝土的使用壽命可達五十年，但它乃屬不可回收重複使用的材料，且水泥及鋼料的生產又屬能源密集型產業，加上料源的取得是透過深入地表下或表面的開採而得，事後亦造成地理環境的嚴重破壞，或者花費大量的資源進行修復，高雄的「半屏山」和花蓮的「新城山」即是實例。因此，如何減少混凝土及鋼料的使用，乃是土木工程師的另一重要課題。

三、推動綠建築和強化生態工程之應用

土木工程的構造物首重安全，在安全無虞的前提下，建立碳足跡標籤制度，以了解產品或服務整個生命週期的碳排放量，並推動綠建材、綠建築及採用生態工程，對減緩土木工程對人類環境的衝擊也至關重要。

四、研發減少噪音及污染之施工機械

爲減少土木工程施工中對環境的衝擊，土木工程也可針對重型施工機械的噪音、振動及各種污染產生方式，配合新科技、新材料的使用進行深入研究，以期降低施工機械對環境的衝擊。

五、持續推動循環經濟之策略

過去商業發展屬於「開採、製造、使用、丟棄」的線性經濟模式，商品不斷推陳出新，消費者也習慣汰舊換新，這種「用完即丟」的現象，不但造成地球資源耗竭，同時產出各式的廢棄物。因此，持續推動「資源持續回收、循環再生利用」的循環經濟才是王道。

圖 1-10　大樓地下層施工照片

1.8 土木人的出路

土木工程相關科系的新鮮人，勢必相當關心畢業之後何去何從？作者依據個人身爲土木人，也從事及接觸土木相關行業超過四十年的切身經驗和所見所聞，爲讀者整理出下列可能的出路：

一、從事公職

即人們稱朝九晚五的「鐵飯碗」，工作及收入尙稱穩定，如果認事負責、積極上進、態度謙和、處事圓融，仍有機會往上爬升至一定職位，若遇伯樂，還可位居要津。政府機關從中央（總統府、監察院、司法院、考試院、行政院各部會）、地方（縣市政府、鄉鎭市區公所、公立學校等）至政府轉投資企業、管線事業機構，都有不少職缺；而進入公職的途徑就是參加公務人員高考、普考及特考，政府機關每年開出職缺最多的就是土木及營建類，究其原因不外乎：業務重複性高且較無挑戰性、常跑工地不堪日晒雨淋、嚮往待遇較佳的民間機構、有些人面對利誘把持不住。因此，造成人員流動率較其他職系要高出一些。有志從事公職者，在校期間即當開始超前佈署，多方蒐集考試動態、提早預作準備，而考選部網站有「應考人專區」，提供各類科考試的報考資格、報名方式、命題大綱及歷年考古題等資訊。

二、投身工程實務界

可從事的方向爲 1)、工程顧問公司或技師及建築師事務所，2)、工程營造公司，3)、專業施工廠商，4)、各式營建材料供應廠商，5)、房地產或房屋仲介公司，6) 科技公司或研究機構。如欲從事第 1 項工作者，至少考個技師（土木工程、測量、結構工程、大地工程、水利工程、水土保持工程等），對個人形象及收入都有實質的助益。

三、從事教職

大學畢業都可在高工及高職擔任專業教師或在普通高中教授數學及理化等科目，研究所碩士可在大學部擔任講師，國內外博士可從大學從助理教授做起，再從教學研究中持續發表論文（EI、SCI 期刊）及出版著作，據以升等爲副教授、教授。學有專精者另一選項是到補教界一展長才。

四、自行創業

具有技師執業執照者，可自行申請設立測量公司、技師事務所、小型工程顧問公司；有財力但無技師證照者，也可聘請三位以上技師（其中一位具執業執照）申請設立工程顧問公司，承攬公私機構的可行性評估 / 研究、規劃設計、監造、專案管理等技術顧問標案，或聘請主任技師自行申請設立工程營造公司，承攬公私機構之工程標案，或投資設立公司生產製造各式的營建材料。

五、從事其他行業

人生沒有劇本，有些人畢業後也可能學非所用，例如回家承接長輩辛勤創立的事業、從政參選民意代表，或自行設立實體或非實體店面，銷售與工程無關的生活類商品，在現今開放的多元社會中，如果能善用科技設備、社群媒體及行銷技巧，甚至成爲新一代的「網紅」、「直播主」也未可知呢！

Note

第2章
土木工程的基本學科

高架捷運站區結構配置一景

2.1 基本學科之架構

《大學法》第 1 條：「大學以研究學術，培育人才，提升文化，服務社會，促進國家發展爲宗旨。大學應受學術自由之保障，並在法律規定範圍內，享有自治權。」因此，土木工程相關科系之教育宗旨，即爲培育土木工程相關應用之人才。基本上，一般綜合大學的教育乃屬通才教育，進入研究所開始才是專才教育，大學部的學生在校期間所修習的課程約略分爲下列幾大類：共同必修科目、必修通識科目、各系一般共同必修科目、各系專業共同必修科目、各系分組必修科目、各系分組必選科目、各系分組領域其他選修科目及自由選修科目，只要達到校方規定之最低學分數（各校不同），且滿足各大類科目基本學分數，即可畢業離校。

由於《大學法》授予各公私立大學充分之自治權，各校共同必修科目及共同必修通識科目有所不同，例如臺灣大學共同必修科目只保留「國文」和「外文」、共同必修通識科目有：文學與藝術、歷史思維、世界文明、哲學與道德思考、公民意識與社會分析、量化分析與數學素養、物質科學、生命科學等八大領域的科目；而逢甲大學的共同必修科目則有：大學國文、外語文及核心必修課程（公民參與、社會實踐、創意思考、人文與科技各 1 學分），通識教育課程則規劃：人文、社會、自然三領域與統合類專題製作課程，人文、社會與自然三領域至少需各選修 2 學分，統合類專題製作課程得以課程屬性申請抵免人文、社會或自然領域課程，申請通過後不得異動，合計修畢 12 學分始符合規定；另體育、全民國防教育軍事訓練課程仍爲必修，但不計入畢業學分。

各校土木工程相關科系所訂的一般共同必修科目及專業共同必修科目，仍有些差異，但有三個力學課程是規劃、設計、分析及監造工作必備的基本學科，其課程的延續性和將涉及的相關工程關聯性，如圖 2-1 所示：

一、工程力學

其後修習材料力學、結構學、鋼筋混凝土及鋼結構設計，之後對於不同結構型式的設計、分析，即能有一定程度的處理能力；然而，若要參與超高層大樓的設計工作，尙需對結構動力分析、地震工程、結構耐震設計等科目深入研習，現行法規要求樓高三十六公尺以上之結構設計需由結構工程技師簽證。

二、土壤力學

其後修習基礎工程科目，之後即能參與跟土壤相關的各項工程（土木、建築、管道及管涵、鐵路及軌道、公路、機場、邊坡等）的規劃、設計、分析及監造工作；如欲從事水土保持工程的相關業務，可以另外自學或修習「土壤物理與沖蝕」及「植生工程」二科目，將會有所助益。《水土保持法》第 6 條規定：「水土保持之處理與維護在中央主管機關指定規模以上者，應由依法登記執業之水土保持技師、土木工程技師、水利工程技師、大地工程技師等相關專業技師或聘有上列專業技師之技術顧問機構規劃、設計及監造。」另第 6-1 條規定：「承辦水土保持之處理與維護之調查、規劃、設計、監造，如涉及農藝或植生方法、措施之工程金額達總計畫 30% 以上者，應由具有該特殊專業技術之水土保持技師負責簽證。」

三、流體力學

其後修習明渠水力學、波浪水力學等科目，即能參與堰壩工程、水利及河海工程相關的規劃、設計、分析及監造工作。

各校土木工程相關科系針對各自聘請教師的專長及研究領域之不同，其自訂的學術、學群或領域分組也不同，連帶的各校系所訂的分組必修科目及分組必選科目也有所不同。表 1-2 所列的是臺大土木系學群分組：土木、建築、軌道運輸、環境工程、防災與永續、木構造等六大學群，其他大學的領域分組尚有：交通工程、工程管理、營建管理、大地工程、結構工程、結構材料、生態與防災、水資源工程與水利防災、工程技術等。

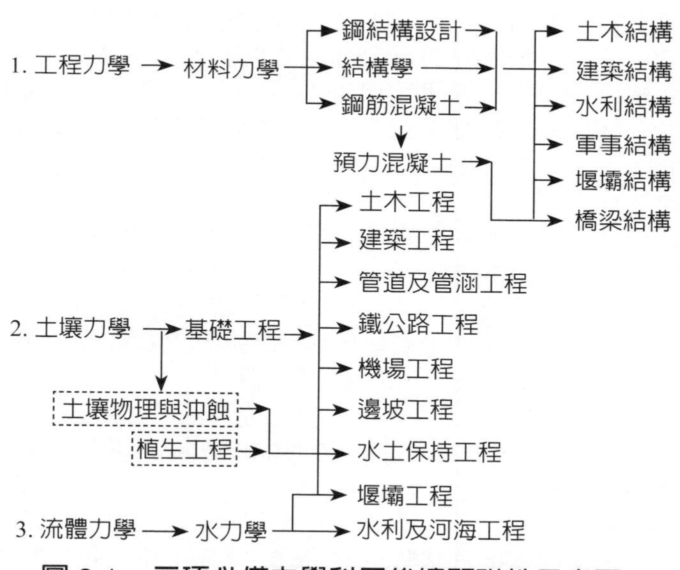

圖 2-1　三項必備力學科目後續關聯性示意圖

本章所列的基本專業學科項目，係參考各校土木與營建工程相關科系的課程規劃資料，加上作者從事教學及實務工作近四十年所整理出來，有助於土木與營建工程相關科系的新鮮人快速了解，以及大學四年畢業後進入職場能在工作需求上發揮即戰力的基本知識，包括：測量學、工程圖學、工程數學、工程力學、工程地質、土壤力學、材料力學、基礎工程、結構學、鋼筋混凝土學、鋼結構設計、流體力學、工程契約與規範等，茲分節簡要說明如下。另工程經濟、水文學、衛生工程、工程估價、工程倫理、土木施工法、防災工程學等學科，亦能提供職場應用的專業知識，限於篇幅，未能在本書中簡述，請讀者在學程中再行研讀。

2.2 測量學

埃及是東北非人口最多的國家，面積約 100 平方公里，人口約 1 億，古代是世界四大文明古國之一。位於尼羅河岸的埃及，由於河水經常泛濫，淹沒兩岸良田，屬於個人的土地沒有固定的邊界和大小。然而，當時的統治者需要根據土地的大小徵收賦稅，丈量師需要不斷地重新丈量土地，劃分歸予個人。因此，爲了控制土地的界線，古代埃及人發明了拉繩測角及量邊的方法，此乃人類最早的測量作業。

「測量」乃是由技術人員依科學原理，使用各種適當方法及儀器，量測或觀測地球表面點與點之間的距離及高程、或點與點連線的方向、或線與線之間所夾角度的一種技術。測量依作業處所、量測面積（超過 170 平方公里需考慮地球曲率及大氣折光之影響，稱爲大地測量，反之爲平面測量）、測量性質、使用儀器、用途目的之不同，分類如圖 2-2 所示。

「測設」則是將已知各點位資料（距離、角度、高程），以測量儀器將其布設在實際地表處之技術。實際上，土木工程工項的構造物，須由工程人員依細部設計圖面所繪製的內容，於工址現場進行測設或放樣，之後據以施作。簡單來說，測量就是利用地表面上已知的「基點」，來測得新點的位置（稱爲座標），如此重複作業，可求出更多的點位，再連點成線、連線成面、連面成體，常用的基本方法分述如下（如圖 2-3 所示）：

1. 支距法

如圖 2-3a 所示，A、B 爲已知基點，C 爲欲求之新點，繪出垂直 AB 之直線 CD 並量測其長度，即可定出 C 點位置。

2. 交點法

如圖 2-3b 所示，A、B、C、D 爲已知基點，E 爲欲求之新點，可連接 A 與 B、C 與 D，二線的交點（內交或延伸線交）即爲 E 的位置。

3. 三點法

如圖 2-3c 所示，A、B、C 爲已知基點，D 爲欲求之新點，只要量測 α、β 二夾角，即可求得 D 點之位置。

4. 三邊法

如圖 2-3d 所示，A、B 爲已知基點，C 爲欲求之新點，量測 AC、BC 的距離，求得二線的交點，即爲 C 點位置。

5. 導線法

如圖 2-3e 所示，A、B 爲已知基點，C 爲欲求之新點，只要量測 $\angle BAC$ 及 AC 之長度，即可定出 C 點之位置。

6. 偏角法

如圖 2-3f 所示，A、B 爲已知基點，C 爲欲求之新點，但 A、C 二點間的距離無法量測，只要量測 $\angle BAC$ 及 BC 之長度，即可定出 C 點之位置。

7. 交會法

如圖 2-3g 所示，A、B 爲已知基點，C 爲欲求之新點，只要量測 $\angle BAC$ 及 $\angle ABC$ 之長度，即可定出 C 點之位置。

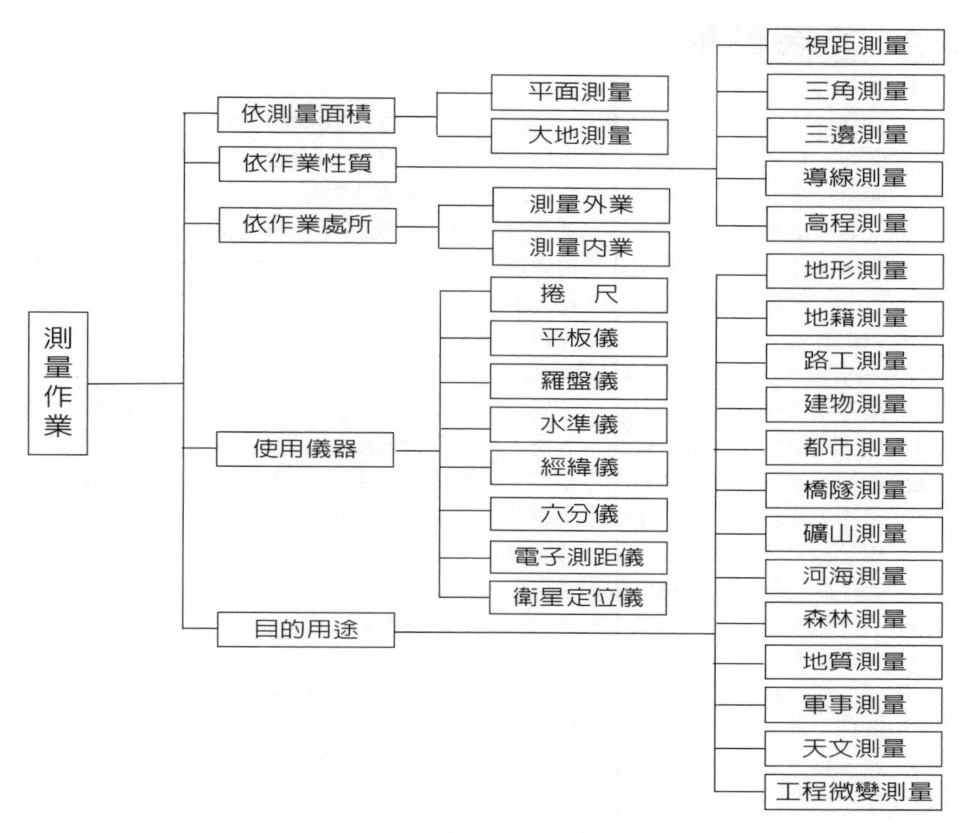

圖 2-2　測量作業分類示意圖

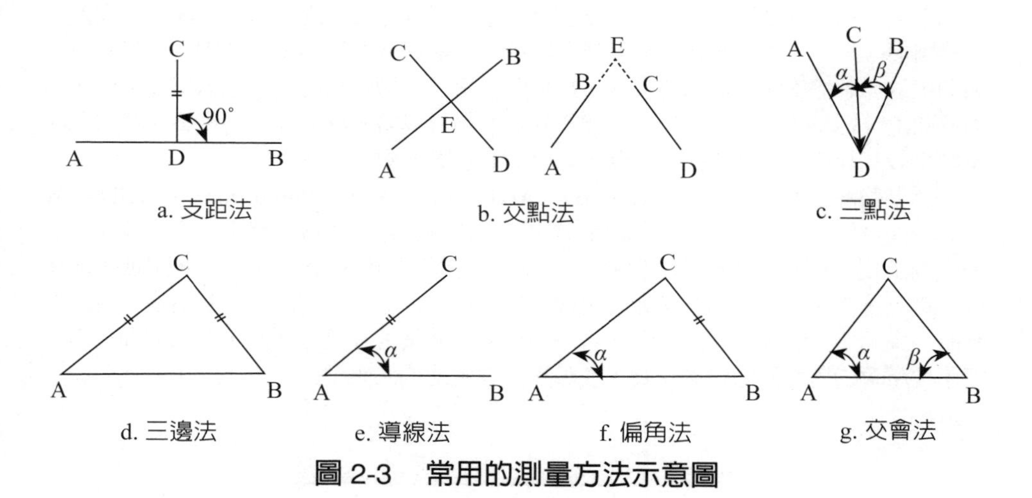

圖 2-3　常用的測量方法示意圖

2.3 工程圖學

一如前述，土木工程的施作項目包羅萬象，爲了完成這些工項，工程師必須先針對需求條件、基地環境、法規、安全性、經濟性、景觀性等提出規劃構想或基本設計圖，並與業主多次討論定案後開始繪製的圖資，包含位置圖、平面圖、剖面圖、平面及縱斷面圖（如圖 2-4 所示）、橫斷面圖、建築透視圖及各向立面圖（如圖 2-5a～c 所示）等，之後才決定構造型式及主要構造材料，經結構分析與計算，才繪製結構圖（含配筋圖、細部詳圖——如圖 2-6 所示）並製作預算書，含總表、詳細表、單價分析、資源統計表（一千萬元以上工程案件並使用公共工程委員會的經費電腦估價系統 PCCES 編製產出）及數量計算表等。

設計案件如果涉及機電工程，則需另將相關設備交由其他專業的工程師或技師著手進行電氣、給排水、消防、電信、監控、污水等管線設計，繪製出機電圖或設備圖；定案前通常土木工程師會與其他專業的工程師進行多次的溝通及圖面調整，之後才組構成完整的工程設計書圖，提供業主辦理後續工程發包作業。

除了細部設計圖提供現場工程人員據以「按圖施工」外，設計工程師另需提供各工項的施工說明或稱施工綱要規範（可在公共工程委員會網站查詢：https://pcces.pcc.gov.tw），細部設計圖與施工說明即爲所謂的「圖說」，要成爲一位稱職的工程人員，必須具備判識圖說的基本能力。

「圖學」係將物體的空間形狀及其相對位置呈現在平面上的學科，可分爲美術圖學與工程圖學，前者屬於藝術領域，偏重美感的呈現，主觀性較強；後者則爲系統性的學科，以客觀立場依既定的技術規則、設計規範和衆人可以接受的方式，用線條、符號及文字將物體形狀、大小和相互關係表現在平面上，較偏重配置、尺寸、比例和精準度。

例如我國現行《建築技術規則建築構造編（2021 年 1 月 19 日修正版）》第 5 條規定如下：「建築物構造之設計圖，須明確標示全部構造設計之平面、立面、剖面及各構材斷面、尺寸、用料規格、相互接合關係：並能達到明細周全，依圖施工無疑義。繪圖應依公制標準，一般構造尺度，以公分爲單位；精細尺度，得以公厘爲單位，但須於圖上詳細說明。」第 6 條：「建築物之結構計算書，應詳細列明載重、材料強度及結構設計計算。所用標註及符號，均應與設計圖一致。」

在專業繪圖套裝軟體（如 AutoCAD、ArchiCAD、Adobe Photoshop、CorelDRAW 等）全面普及之前，工程製圖必須依靠手工及繪圖工具來完成：圖桌、丁字尺、三角板、兩腳規、圖規、曲線板、比例尺、樣規、鉛筆、鴨嘴筆、針筆、繪圖紙、描圖紙、繪圖墨水、圖釘，以及繪圖專用橡皮擦。但現在不論顧問公司、營造廠、材料供應商、民間單位的業主甚至機關，幾乎都使用套裝繪圖軟體。因此，在校期間有必要把學校所教的套裝繪圖軟體學好，在職場上就更能得心應手。

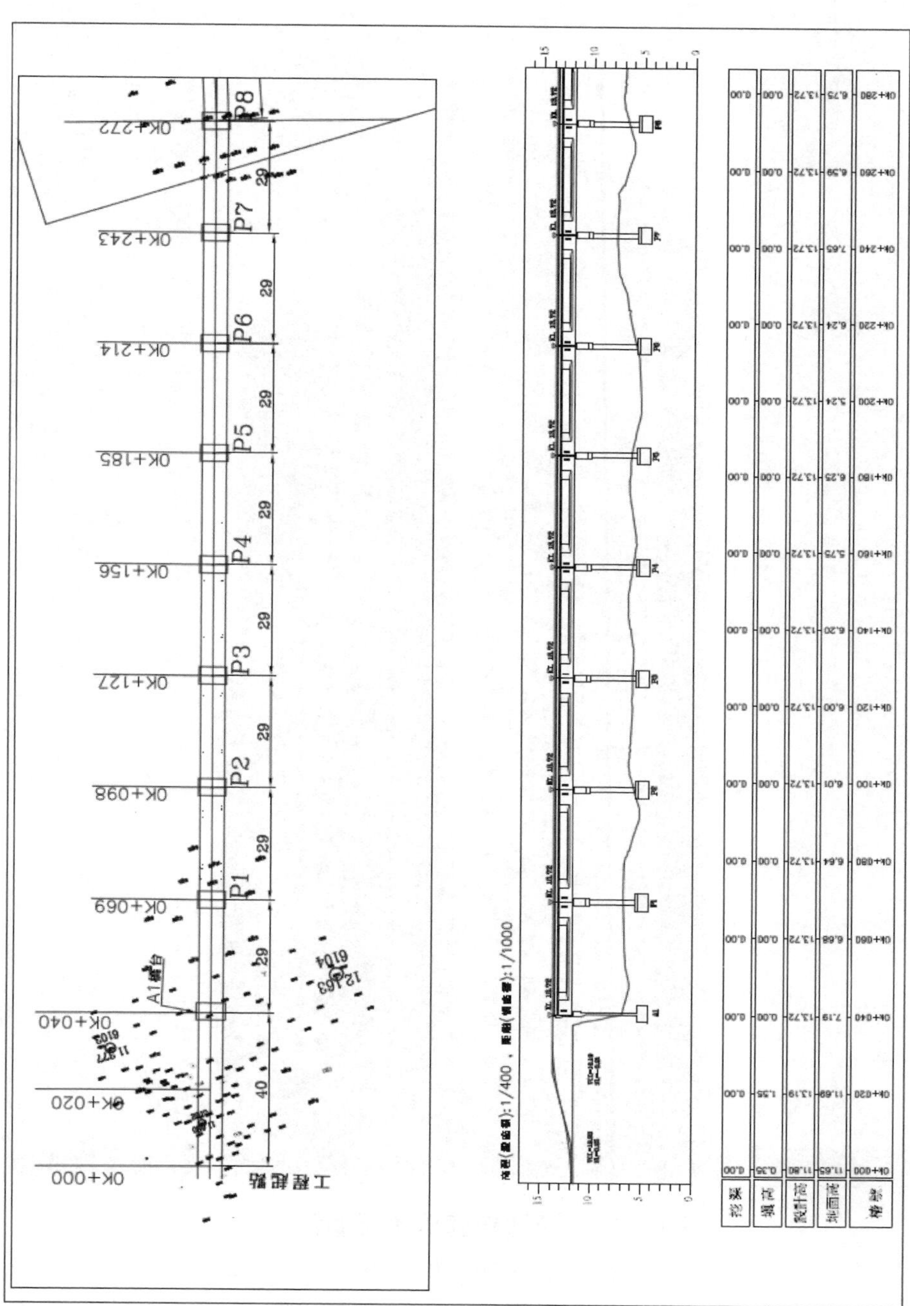

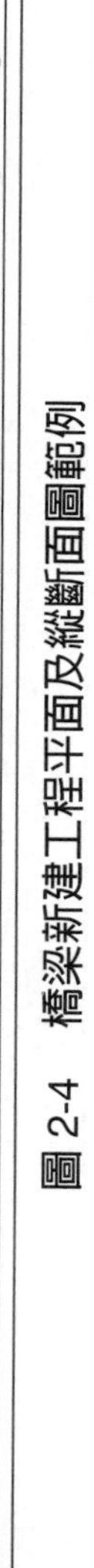
圖 2-4　橋梁新建工程平面及縱斷面圖範例

圖 2-5a　高樓層建築透視圖範例

資料來源：鉅泰建設股份有限公司

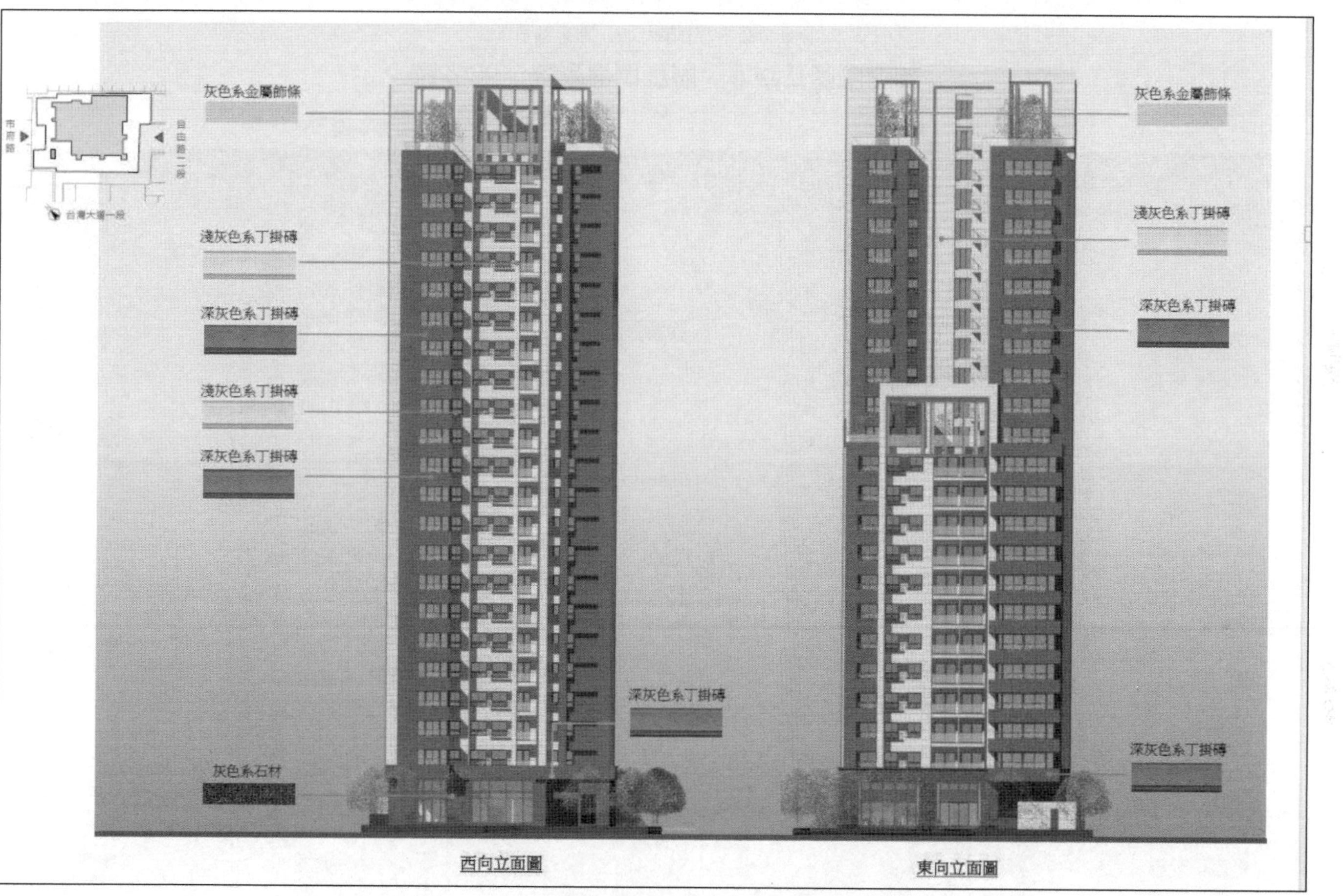

圖 2-5b　高樓層建築東、西向立面圖範例

資料來源：鉅泰建設股份有限公司

圖 2-5c　高樓層建築南、北向立面圖範例

資料來源：鉅泰建設股份有限公司

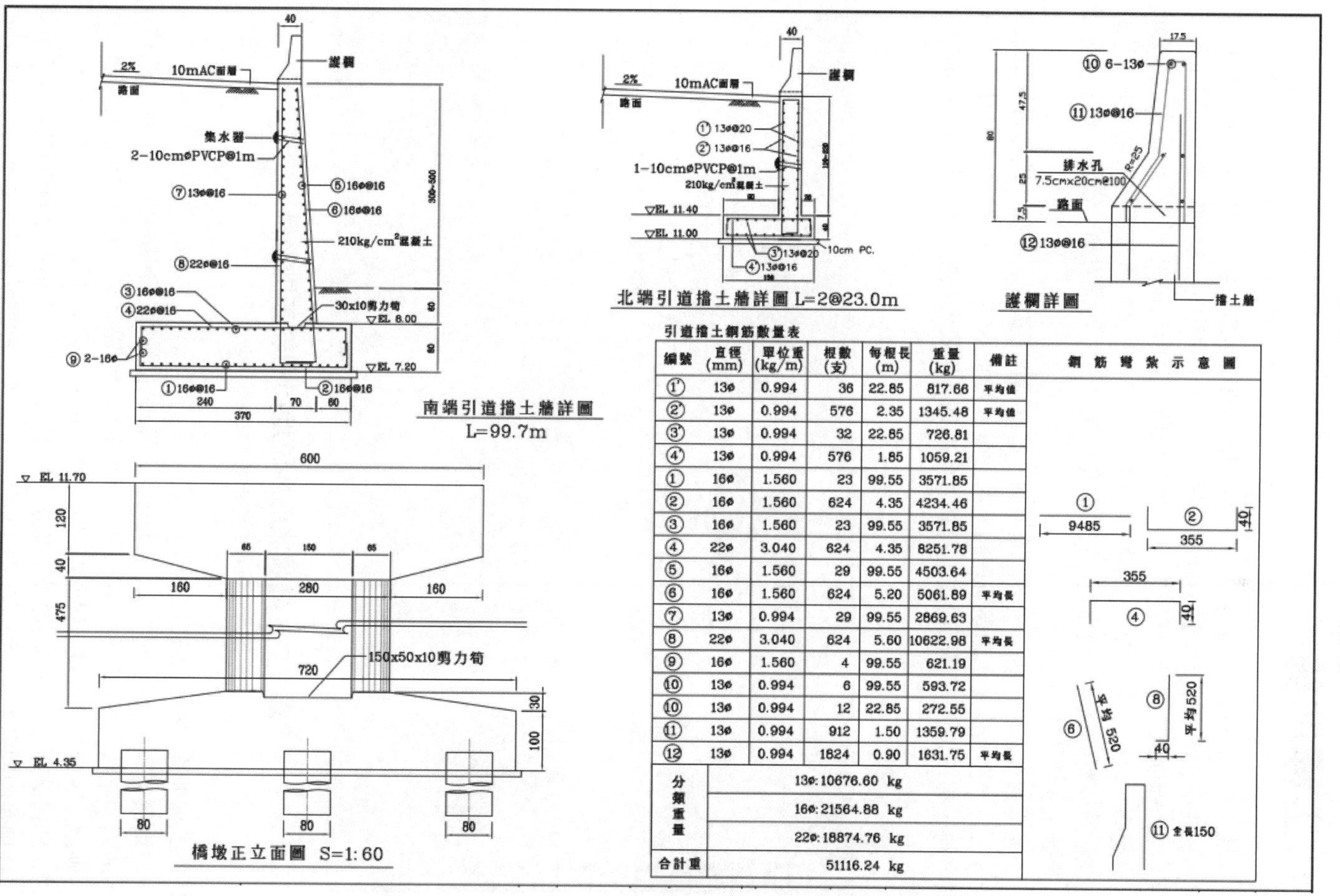

引道擋土鋼筋數量表

編號	直徑 (mm)	單位重 (kg/m)	根數 (支)	每根長 (m)	重量 (kg)	備註
①'	13ø	0.994	36	22.85	817.66	平均值
②'	13ø	0.994	576	2.35	1345.48	平均值
③'	13ø	0.994	32	22.85	726.81	
④'	13ø	0.994	576	1.85	1059.21	
①	16ø	1.560	23	99.55	3571.85	
②	16ø	1.560	624	4.35	4234.46	
③	16ø	1.560	23	99.55	3571.85	
④	22ø	3.040	624	4.35	8251.78	
⑤	16ø	1.560	29	99.55	4503.64	
⑥	16ø	1.560	624	5.20	5061.89	平均長
⑦	13ø	0.994	29	99.55	2869.63	
⑧	22ø	3.040	624	5.60	10622.98	平均長
⑨	16ø	1.560	4	99.55	621.19	
⑩	13ø	0.994	6	99.55	593.72	
⑩	13ø	0.994	12	22.85	272.55	
⑪	13ø	0.994	912	1.50	1359.79	
⑫	13ø	0.994	1824	0.90	1631.75	平均長
分類重量	13ø:10676.60 kg					
	16ø:21564.88 kg					
	22ø:18874.76 kg					
合計重	51116.24 kg					

圖 2-6 橋墩立面、引道擋土牆及護欄配筋圖範例

2.4 工程地質

工程地質學（Engineering geology）乃是應用地質學的原理並提供工程應用服務的學科，主要研究內容涉及地質災害、岩石與第四紀沉積物、岩體穩定性、地震肇因及影響等；工程地質則是將地質資料、技術及原理，應用在研究自然界岩石、土壤及地下水之範疇，以確保會影響工程結構物及地下水資源開發位置之各項地質因素，被適當的理解及完整的判釋，使之成爲可資利用的資料，並提供規劃、設計、施工、營運與維護等工程實務上之使用。

工程地質調查方法包括：地球物理探測、遙感探測、鑽探、試驗、地質測繪及地層開挖等。目前在台澎金馬地區辦理的土木工程、大地工程、水土保持工程所需之工程地質資料，都可以在經濟部中央地質調查所網站（地質資料整合查詢，範例如圖 2-7 所示）。

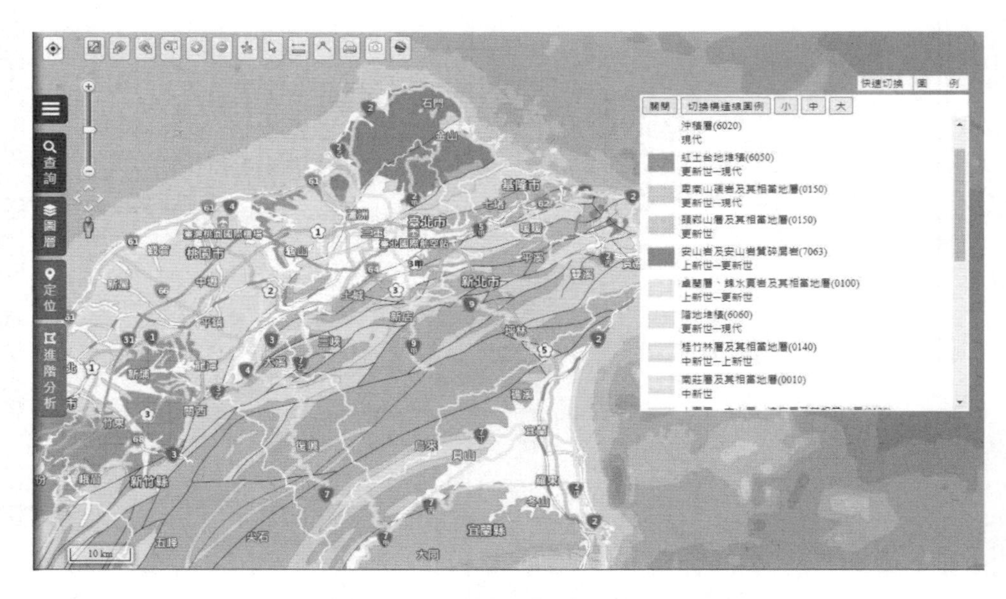

圖 2-7　臺灣北部地區地質資料查詢範例

摘自：中央地質調查所網站

構成工程地質的四大要素分別爲：

一、**地質材料**：主要爲岩石、土壤及水三種，從地質的觀點來看，可探討的現象爲：成因、產狀、礦物組成、組構等；另從工程的觀點來看，地質材料的性質有：強度、硬度、密度、含水量、變形性、透水性、韌度、耐久性等。

二、**地質構造**：主要爲岩體及土體之幾何形狀、層面、節理、斷層及褶皺等不連續面，從地質的觀點來看可探討類別及位態；另從工程的觀點來看，岩體及土體的特徵爲：位態、密集程度、礦物組成、含泥情況、含水情況、滲透係數等，可供推求其強度、變形性及透水性等工程參數。

三、**環境因素**：包括地理位置、大地構造、大地應力、河谷解壓、地熱、地下滲流、地下水壓、氣候、風力、波浪、河蝕等因素。

四、**工程因素**：土木工項包括土層開挖、塡土、抽水、擋土、噴漿、地錨、岩栓、灌漿、管道及管體施工等。

以上四大要素之間關聯性如圖 2-8 所示。

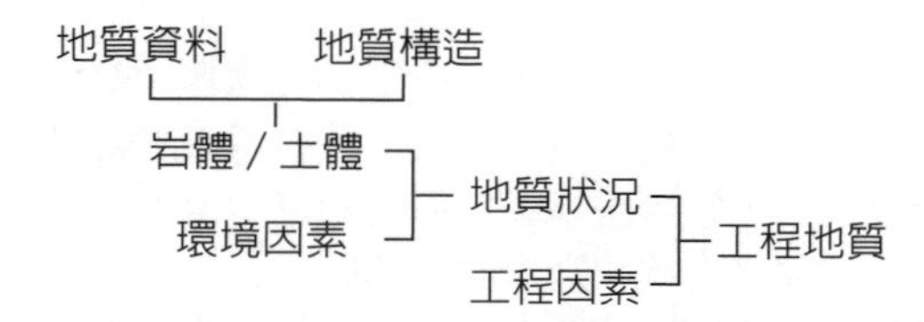

圖 2-8　工程地質四大要素間關聯性示意圖

台灣位處環太平洋地震帶，地震十分頻繁，依中央氣象局自 1991～2006 年 16 年的觀測資料顯示，台灣地區平均每年約發生 18,500 次地震，其中約有 1,000 次爲有感地震。因此，高層建築、深開挖結構、核電廠等重要工程，需特別考慮地震的影響。而工程地質資料在工程上之應用包括：1)、鐵路及公路工程，2)、隧道（管體）及地下結構工程，3)、橋梁工程，4)、水庫及堰壩工程，5)、基礎及邊坡工程，6)、坡地社區開發，7)、港灣及航空站工程建設，8)、採礦工程，9)、核電廠工程及核廢料處理，台灣地區四座核電廠基地與鄰近斷層位置如圖 2-9 所示。

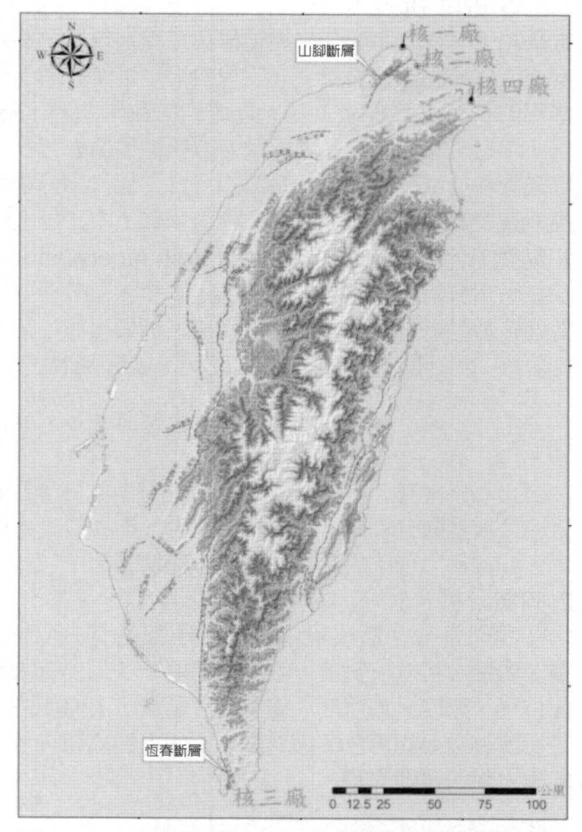

圖 2-9　台灣四座核電廠基地與斷層示意圖

資料來源：中央地質調查所

2.5 工程數學

根據維基百科的記載，物理學是一門重要的基礎科學，也被公認為基礎科學中的基礎科學，因其他的自然科學分支，如化學、生物學、天文學及地球物理的相關理論都須遵守已知的物理定律，而物質結構的形成是因為粒子與粒子之間彼此交互作用。物理定律如能量守恆、動量守恆、電荷守恆等，主導物質的性質和化學反應，以前化學家只能使用各種模糊的概念所建立的理論，現在也都藉著量子物理的發展而得到更正確的認知及應用。

數學是探究物理知識必備的工具之一，包括幾何、代數、微積分等。應用這些數學工具，物理學者可以從物理定律推導與演算出很多有意義的結果。數學在物理學裡不只是推導與演算的優良工具，它還扮演了一個更關鍵的角色：作為一種抽象語言，精準的表述物理的定律。物理學亦依賴數學給出準確的公式、準確或近似的解答、定量的結果或預測。伽利略在 1622 年著作《分析者》裡提到，數學是大自然表達其內涵所用的語言，假若棄之不用，則無法瞭解大自然的任何一句話。

工程數學則是應用數學的一個分支，探討工程學及工業中常用到的數學模型。工程數學和工程科學中的工程物理學與工程地質學，都是科際整合的主題，因著工程師在實務、理論的需要而產生。工程數學也是所有理工科系學生都會使用到的數學技巧，其目的在於求解實際工程上會遇到的數學問題，這些數學問題包含：一階常微分方程、二階常微分方程、聯立微分方程、偏微分方程、向量幾何與分析、傅立葉級數，傳統數理提供了許多可以手算的方法，包含：分離變數法、級數逼近法、拉普拉斯轉換與特徵矩陣求解法。有關工程數學在土木工程上的應用簡述如下：

1. 常微分方程式（Ordinary differential equation）

在數學分析中，常微分方程式是未知函數只含一個自變數的微分方程式。很多科學問題也都可以表示為常微分方程式，例如根據牛頓第二運動定律，物體在力的作用下的位移 s 和時間 t 的關係就可以表示為如下常微分方程式：

$$m\frac{d^2s}{dt^2}=f(s)$$，m 是物體的質量，$f(s)$ 是物體所受的力。

在自然界中有一些物理及工程的現象，可用所含變數對另一變數的變率方程式來表式，此種變數含有微分或導數形式者，稱為微分方程式。微分方程式應用在土木工程者，如材料力學中的黏彈性力學及破壞力學。

2. 向量分析

在我們日常生活環境中，有大小卻沒有方向性的物理量稱於純量，如長度、面積、體積、密度、質量、溫度、速率等；另外有大小也有方向性的物理量稱為向量，如位移、速度、加速度、作用力、動量、天體間的引力等。而在工程數學中，向量總是扮演著重要的角色，因為許多工程上的問題，都可利用向量來解決，如工程力學中的靜力學、運動學等。

3. 矩陣與行列式

吾人在解決工程問題時，常需要求解計算繁複的線性方程式、微分方程式，若能藉助矩陣的運算則可簡化許多繁瑣的計算過程，甚至利用電腦程式求解矩陣式，正確又快速。例如在進行結構分析時，若有三個未知數，以手算方式求解還能勝任，若有四個未知數，繁複性及難度就提高許多，再增加就更難了。而利用有限元素法求變位及作用力時，3D 結構的每一個節點三個方向，變位就有六個未知數，一個結構動輒幾十（如圖 2-10 所示）、幾百、幾千個節點，不用電腦難竟其功。

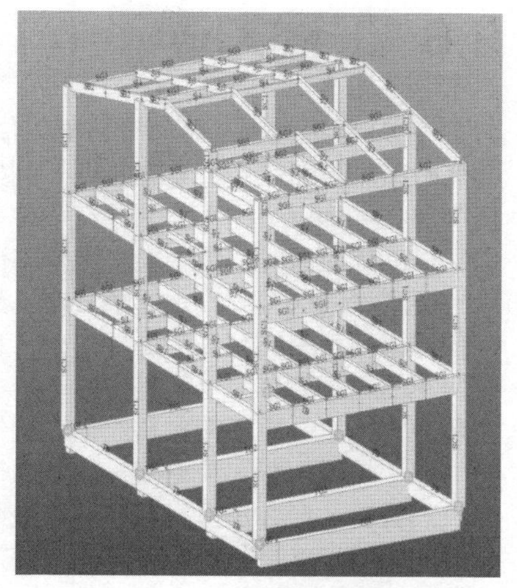

圖 2-10　3D 結構元件組成範例

以下是線性方程式與矩陣間的相對關係：

$$\begin{Bmatrix} v+2x+3y-4z=1 \\ 2v-4x+3y+z=-1 \\ v+2x-2y+3z=1 \end{Bmatrix} \Rightarrow \begin{bmatrix} 1 & 2 & 3 & -4 \\ 2 & -4 & 3 & 1 \\ 1 & 2 & -2 & 3 \end{bmatrix} \begin{bmatrix} v \\ x \\ y \\ z \end{bmatrix} = \begin{bmatrix} 1 \\ -1 \\ 1 \end{bmatrix}$$

4. 偏微分方程式（Partial differential equation）

是指含有未知函數及其偏導數的方程式，可以描述自變數、未知函數及其偏導數之間的關係，符合這個關係的函數就是方程式的解。偏微分方程式分為線性與非線性偏微分方程式，常有幾個解且需額外的邊界條件，其在土木工程的應用就是分析橫梁的縱、橫向振動。

5. 傅立葉級數（Fourier series）

傅立葉級數能把類似波的函數表示成簡單正弦波的方式。工程上常遇見週期函數，如弦振動、熱傳導等，若能用簡單的正弦函數或餘弦函數的線性組合來表示時，就能順利解決問題。傅立葉級數的應用比泰勒級數更廣泛，就是許多不連續的週期可以用傅立葉級數來完整表達、泰勒級數就不能。

6. 拉普拉斯轉換（Laplace transform）

這是應用數學中常用的一種積分轉換，稱為拉氏轉換。拉氏轉換是一個線性轉換，可將一個有實數變數的函數轉換為另一個變數為複數 s 的函數：

$$F(s)=\int_0^\infty f(t)\,e^{-st}\,dt$$

利用拉氏轉換來求解線性微分方程式，是先用拉氏轉換將微分方程式轉換成代數方程式，求出其解後再利用拉氏反轉換，將代數方程式的解轉換成原微分方程式的解。

2.6 工程力學

力學（Mechanics）是研究自然界中各種物質靜止或運動之學門，在日常生活中人們無時無刻都與「力」息息相關，例如地球表面的所有人與物體，都因地心引力的作用而存在於地表上，不會飄移在空中；船隻因海水的浮力而航行在水面上、飛機因其引擎借助大氣層的空氣所產生的推力而飛行在空中、風力發電機組借助風力來發電、水力發電機借助流動的水體來發電、建築物因基礎與土壤的承載力而能屹立不搖等。

根據維基百科的記載，工程力學，也稱應用力學，是研究宏觀物質運動規律及其在工程上的應用的科學，其基本原理是古典力學（靜力學、動力學），是物理學力學的一個分支，以及質點和材料力學、塑性力學、彈性力學、黏彈性力學、結構力學、固體力學、流體力學、流變學、空氣力學、水力學和土壤力學等。工程力學屬於工程學的一門分科，旨在為材料科學、機械製造等專業提供理論上的計算方法。這些結合實際的法則可以進行材料的實際測量和選擇等諸多相關任務，工程力學作為輔助科學被運用其中。

前述各種力學中，本章另節簡介材料力學（第 2.7 節）、土壤力學（第 2.8 節）及流體力學（第 2.13 節），本節僅簡要介紹靜力學及動力學。

一、靜力學

是研究物體在靜止（平衡）狀態時，承受作用力後所產生的行為，例如土木工程的結構體，其梁、柱、板、牆、殼、基礎等靜止元件，在靜載重作用下之力學行為。茲將靜力學概分四點說明如下。

1. 重心與形心

地球表面任一物體的重量，係該物體受到地心引力（重力）的影響所產生的，亦即物體的重量 = 物體的質量 × 重力加速度，且地心引力會作用在該物體的「重心」上，而重量的方向是指向地心處。形心則是物體形狀的幾何中心，假如物體的密度（ρ）均勻，則其重心與形心會是同一點，反之則否（如圖 2-11 所示）。

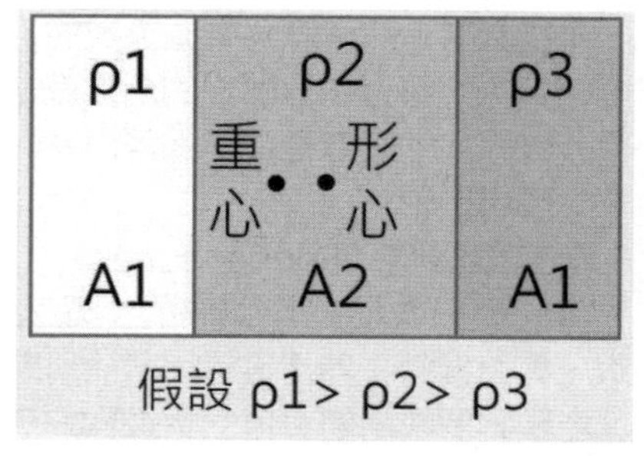

圖 2-11　重心及形心不同點

2. 力臂與力矩

力的構成要素為：作用點、大小及方向，力的合成及分解常用代數法或圖解法求得。如果一個物體受到二個或二個以上作用點相同、大小及方向不同的作用力，吾人可以用力的合成法求得合力的大小及方向，再依牛頓運動定律判定該物體是處於靜止狀態，還是沿合力的方向等速運動。

如果前述的合力作用點是在物體的重心，物體移動時不會產生旋轉；若合力的作用點與該物體的重心之間存在一段距離，此距離稱為「力臂」，而合力的大小與力臂的乘積稱爲「力矩」；另外若有大小相同、方向相反、間隔一段距離的兩個作用力，稱爲「力偶」。

3. 力系分類

作用於某物體上的多個作用力稱爲「力系」，力系可分爲共面及非共面、共點及非共點、平行及非平行，如圖 2-12 所示。力系的合成即是將同時作用於某物體上的多個作用力，簡化成單一作用力或力矩，以便進行力學分析。

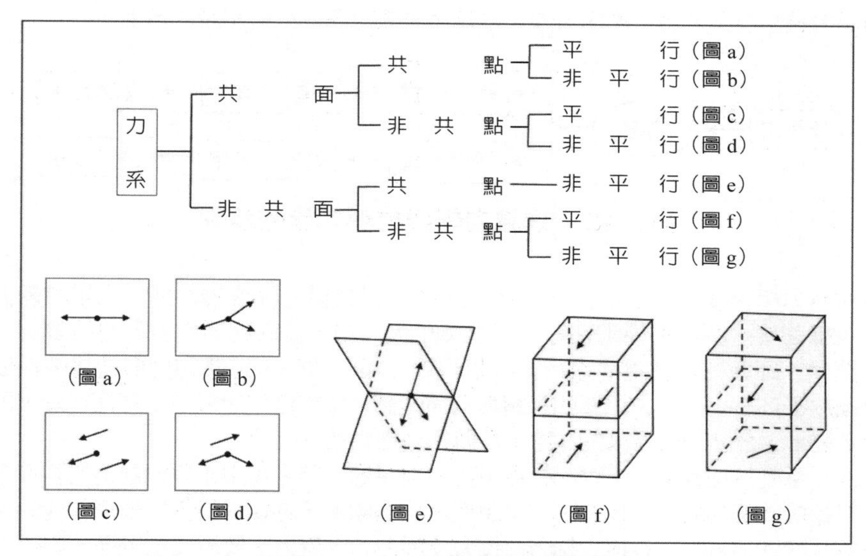

圖 2-12　力系的分類示意圖

4. 力系平衡

依「牛頓第一運動定律」：物體受到平衡力作用時，將繼續維持其靜止狀態或在直線上等速運動。因此，吾人就力系的平衡得到下列的結論：1)、力系的水平方向合力爲 0，2)、力系的垂直方向合力爲 0，3)、力系的合力矩爲 0，4)、在分析複雜的力系平衡時，吾人可以該物體某一部分（稱爲自由體）來討論其力系的平衡關係。

二、動力學

又稱爲運動力學或運動學，是研究物體在運動狀態下的力學行爲，例如汽車、會產生反復作用力的機器等。動力學不去探討產生運動的原因，只研究該物體的位移、速度、加速度，以及與時間的相對關係。「振動」則是某物體在受限的軌跡上往返運動，完成一次往返所需的時間稱爲「週期」，其倒數稱爲「頻率」。

動力學在土木工程的應用，是在研究結構物承受與時間相關作用力的設計，例如建築物在地震力作用時的受力行爲和梁柱系統、斷面大小、鋼筋用量的配置；工廠非地面層的樓板上置放了裝有引擎或馬達的機器（產生反復作用力），如何考量該層樓板的作用力、如何設計其厚度及配筋等。

2.7 材料力學

前節所述之工程力學屬於理論力學的分支，主要是研究作用力在剛性體上產生運動的相對關係，在靜力學中則忽略了物體的變形，係將所研究的對象抽象視爲剛體；本節所述之材料力學（Strength of materials）主要研究對象是可變形體（或彈性體），在力的作用下所產生變形的相對關係，其次，由於作用力造成物體變形乃至破壞，材料力學中還涉及到可變形體的失效，以及與失效有關的分析和設計準則。

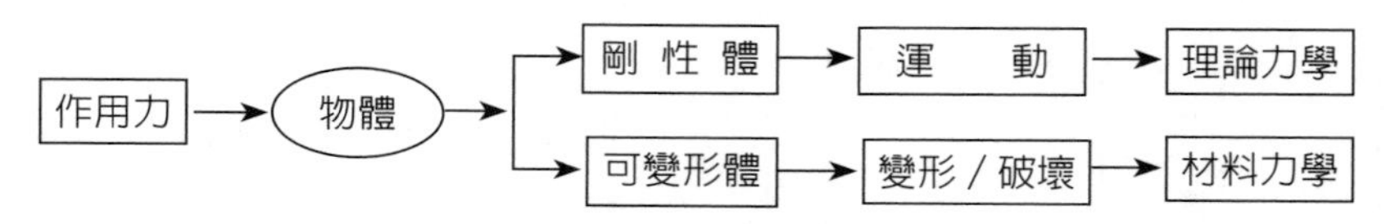

圖 2-13　理論力學與材料力學的差異

將材料力學理論和方法應用於工程上，即可對結構元件或零件進行常規的靜力設計，包括強度、剛度和穩定性等。工程應用上，絕大多數物體的變形均被限制在彈性範圍內，即當外加載重消除後，物體的變形隨之消失，這時的變形稱爲彈性變形（Elastic deformation），相應的物體稱爲彈性體；當物體的變形進入塑性階段，即成爲永久變形，無法回復原來的狀態，此時稱爲塑性體。

構件在承受外加載重後，內部會產生應力與變形，前者可用來說明材料的強度，亦即材料抵抗破壞的能力；後者可用來說明材料的剛度，亦即材料抵抗變形的能力。作用在構件的外加載重，包括：軸力（拉力及壓力）、剪力、彎矩及扭矩等，如圖 2-14 所示。

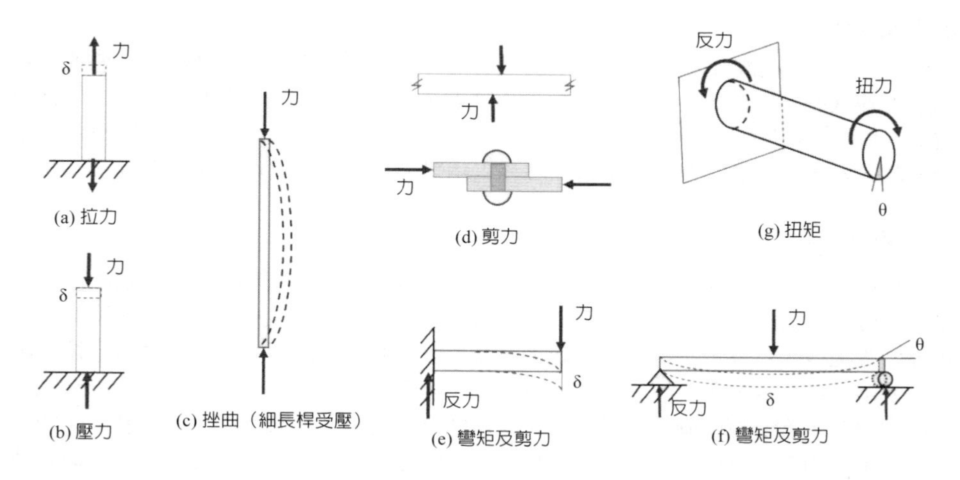

圖 2-14　桿件承受各式作用力示意圖

土木工程的構件大致分爲：索（只承受拉力）、二力桿（可承受拉力及壓力）、梁（可承受軸向力、剪力、彎矩及扭矩）、柱（可承受軸向力、剪力、彎矩及扭矩）、牆（主要承受剪力）、板（主要承受剪力及彎矩）及殼（曲面板）等。而材料力學主要內容分下列六項來說明：

一、**端點支承**：構件的端點支承形式主要分爲：固定端及自由端（如圖 2-14a、b、e 及 g）、鉸端及滾端（如圖 2-14f）、彈簧端等五種。

二、**應力與應變**：構件在承受外加載重（外力）時，其內部同時產生大小相等、方向相反的作用力，以抵抗外力並使構件維持平衡，構件內部所產生的力即爲「內力」，而單位面積上所承受的內力稱爲「應力」，對應不同的外力（拉力、壓力、剪力、彎矩、扭矩），分別產生拉應力、壓應力及剪應力。構件承受外力時也會產生變形，單位長度的變形量即爲「應變」，對應不同的外力，構件分別產生拉應變、壓應變及剪應變，剪應變爲構件承受側向外力時所產生的扭轉角度，如圖 2-14 所示。

三、**軸向力**：如圖 2-14a 及 b 所示，作用於構件斷面形心、平行於構件中性軸的外力，分別爲軸拉力與軸壓力，但「細長比」大於某一特定值、承受軸壓力的細長桿件，會產生明顯的側向變形，稱爲「挫曲」（Buckling），如圖 2-14c 所示。

四、**剪力**：如圖 2-14d 所示，構件承受一對方向相反、垂直於構件長向的外力，稱爲「剪力」；另外如圖 2-14e 及 f 所示，梁構件在承受側向載重時，在支承端會產生與側向載重方向相反的「反力」，對梁來說反力仍然是外力，同時在梁構件內部會產生與外力相反方向的「剪力」及「剪應力」。

五、**彎矩**：如前項說明及圖 2-14e 及 f 所示，支承端的反力與內部所產生的剪力會形成一對大小相同、方向相反的「力偶」，該力偶即爲「彎矩」的一種形式；但如果外加側向載重不是集中作用力，而是以分布載重形式施加於梁構件上，則梁構件上所產生的不是力偶，而是在平衡狀態下的自由體，由支承端反力、側向分布載重及自由端斷面上的剪力所形成的「彎矩」。

六、**扭矩**：如圖 2-14g 所示，構件一邊是固定端支承、另一端是自由端，外力是作用在自由端且讓構件產生繞軸心方向旋轉的「扭力」，此一扭力會讓構件固定端產生與其方向相反的反力，即反方向的扭力，也會讓構件內部產生「扭矩」、「扭剪應力」及「扭剪應變」。

材料力學是一門非常重要的基本學科，不只土木工程領域所面對承受不同作用力的構件分析上極爲實用，目前國防及其他精密科技所使用許多的材料研究，都會用到材料力學的理論加以驗證。因此，在校期間有必要深入理解材料力學的各項理論及應用，日後對學習其他力學課程也會有極大的助益。

2.8 土壤力學

根據維基百科的記載，土壤（Soil）是一種自然體，由數層不同厚度的土層所構成，主要成分是礦物質。土壤和母質（岩石）的差異主要是表現在形態特徵或物理、化學、礦物等。異言之，土壤是由母質經過風化作用後所形成的，其特性與母質不盡相同。土壤也可以說是各種風化作用和生物的活動產生的礦物和有機物混合組成，存在著固體、氣體及液體等狀態。疏鬆的土壤微粒組合起來，形成充滿間隙的土壤，而在這些孔隙中則含有溶解液體（大部分是水）和空氣（氣體）。因此土壤通常被視為有三種狀態，大部分土壤的平均密度介於 1.6～2.3 t/m³ 之間。地球上大多數的土壤，生成時間多晚於更新世，只有很少的土壤成分的生成年代早於第三紀。

基本上土壤大致分為三類：農業土壤（植物和農作物生長的地表覆土層）、工程土壤（建物基礎所及的土層）及礦業土壤（採礦所及的地表土和深層土），而土壤與人類的日常生活密切相關，舉凡食、衣、住、行、育樂、工作的場所及建物都奠基在土壤裡面或上面（如圖 2-15a 及 b）。

圖 2-15a　人類居住及植物生長的環境

圖 2-15b　建築大樓地下層開挖施工

土壤力學是一門綜合性的應用力學，由於土壤的顆粒大小及組成因地而異，其力學原理不像鋼筋混凝及鋼材已有完整的立論基礎和可靠的計算公式，土壤力學所推衍出來的計算公式，仍保留一定程度的假設性意涵。而土壤力學也是土木工程、水利工程、水土保持工程、結構工程、大地工程等相關科系的必修科目。

茲將土壤力學分為下列六項加以簡要說明：

一、土壤的分類：土壤主要分為粗粒土：礫石（4.75mm < 粒徑 ≤ 20cm）及砂土（0.075mm < 粒徑 ≤ 4.75mm）、細粒土：粉土（0.002mm< 粒徑 ≤ 0.075mm）及黏土（粒徑 ≤ 0.002mm）。依粒徑分布曲線作為粗粒料土壤之分類，200 號篩（0.075mm）以上使用篩分析試驗（如圖 2-16a 所示），200 號篩以下使用比重計分析試驗（如圖 2-16b 所示）。

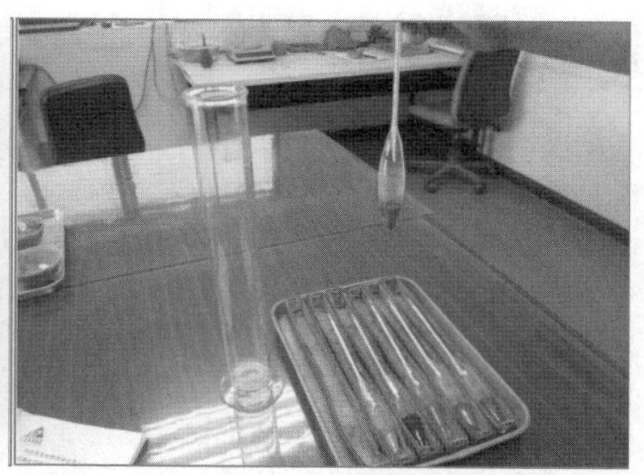

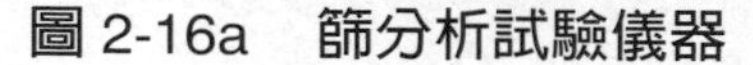

圖 2-16a　篩分析試驗儀器　　　圖 2-16b　比重瓶及量筒

二、土壤的主要指數：一般土壤物理指數主要為：濕土單位重（γ_m）、乾土單位重（γ_d）、比重（Gs）、飽和度（S %，0～100%）、孔隙率（n %，0～100%）、孔隙比（e，0～∞）、含水量（w %，0～∞）七種。因其指數間互有相依公式可推導，所以只要先取樣試驗求出獨立的三個指數（γ_m、w、Gs），便可由該指數推出另外四個指數（γ_d、S、n 及 e）。

三、土壤的剪力強度：剪力強度就是物質在承受剪力時會出現降伏或是結構失效時的剪力強度，由於土壤及基礎所在的土層，通常需承受土體自重、地下水重量及其所承載的結構物重量，設計不當時會造成土壤的剪力破壞。因此，土壤的剪力強度就是土壤抵抗剪力破壞的一種性質和能力。許多土木工程的工項設計，如自然邊坡、人工坡面、堤防、擋土牆、土石壩、公路及鐵路的填土邊坡，都靠土壤的剪力強度來維持平衡和穩定。在結構工程中設計部分構件的尺寸時，也需要考慮土壤的剪力強度，例如地梁及淺基礎等。

四、土壤的壓縮性：是指土壤在單位應力增量作用下使其體積減少的一種性質，這種體積的減少會引起基礎沉陷、地表沉陷、土壤滲透性及剪力強度的改變、土體的側向移動及鄰房傾斜等。

五、土壤的滲透性：由於土壤內部存在一定的孔隙，流體（地下水）在其連續性孔隙流動的性質稱為滲流，土壤滲透性高或低，主要由滲透係數（k，單位時間流動的長度）來表示。滲透性會影響地下水位以下基礎的施工、黏性土層（粉土及黏土）的壓密沉陷速度、堰壩底下土壤的滲流量、擋土及水工構造物的承載力和穩定性。

六、土壤的壓實特性：由於土壤內部存在的孔隙使得土壤具有可壓實性，透過夯實作用排除土壤內部的空氣、減少孔隙，以增加土壤的密度，同時降低土壤的壓縮性、膨脹性，並提高承載力。土壤夯實的試驗方法有：標準夯實試驗、修正夯實試驗及現地夯實試驗。

2.9 基礎工程

結構物自身及外加的載重都由大地材料（土壤與岩石）來承受，而土壤屬於天然材料，其強度比人為的加工材料（如混凝土、鋼筋混凝土及鋼）強度為小，為了能承擔結構物所加的載重，必須使用較大面積的介質讓結構物傳給土壤的載重應力降至穩定承載的目的，此介質就是「基礎」，通常是指結構物或建築物的下部結構，有牆基礎及柱基礎二種（如圖 2-17 所示），主要使用鋼筋混凝土來施作。

圖 2-17a　牆及連續基礎（單板多柱）照片

圖 2-17b　獨立基礎（單板單柱）照片

基礎依深寬比（D_f/B，如圖 2-18a 所示）之大小，分為淺基礎及深基礎二大類，而深寬比就是基礎的深度／矩形基礎的寬度的比值（若是圓形基礎，則指其直徑）。深寬比 ≤ 10 為淺基礎、深寬比 > 10 為深基礎。土壤力學始祖 Terzaghi 1943 年提出基礎深度 $\leq$ 基礎寬度，即為淺基礎；目前亦有研究認為，即使基礎深度等於 3 或 4 倍基礎寬度，仍可定義為淺基礎。

淺基礎包括下列五種型式：

一、**獨立基礎**：如圖 2-18b 所示，在單一柱位所在的下方只有一塊基礎板者，又稱為擴展基礎。

二、**聯合基礎**：如圖 2-18c 所示，在緊鄰地權線的基礎板上亦設有一鄰界的柱子，這種情形的柱子和基礎板會產生偏心載重，因此，需要將此基礎板與相鄰柱位的基礎板聯合在一起，以平衡偏心載重。

三、**連梁基礎**：情形與前項相似，只是維持二個獨立的柱子及基礎板的設計，但以一地梁連接此二柱子，以平衡偏心載重，如圖 2-18d 所示。

四、**連續基礎**：一排直線上的柱子以一塊長條形基礎板連接在一起，如圖2-18e所示。

五、**筏式基礎**：如圖 2-18f 所示，多行及多列的柱位以一大塊基礎板連接者，此種基礎板設有頂板及底板，頂板與底板之間以縱向及橫向地梁相連接，中空部分可以蓄水。

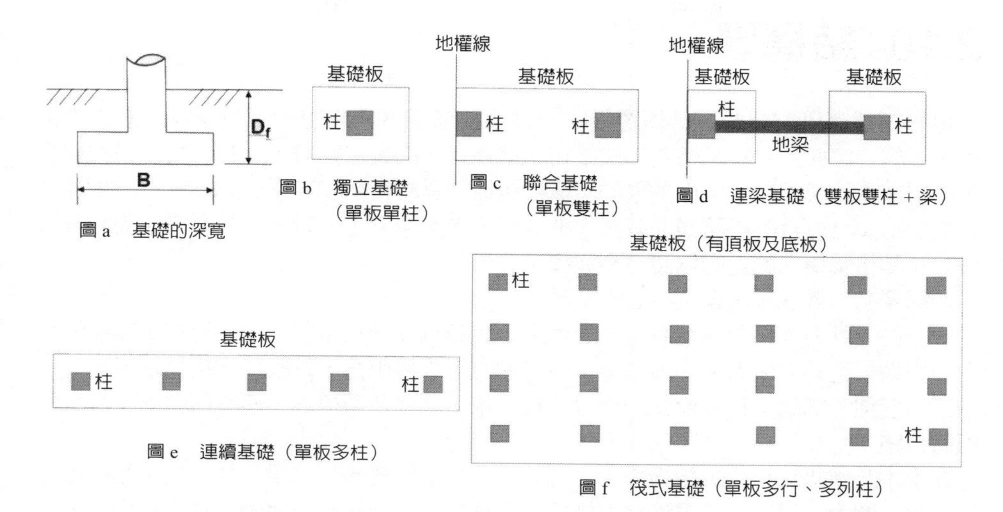

圖 2-18　各種淺基礎示意圖

深基礎包括下列三種型式：

一、**樁基礎**：是由設置在土層內的樁（圓形或多邊形，場鑄或預鑄）和承接上部結構的承台組合而成，樁基礎是由樁表面與土壤的摩擦力及（或）樁尖與堅硬土層的接觸來承受結構物或建築物的載重，如圖 2-19a 所示。

二、**墩基礎**：是直徑比樁還大的一種基礎型式，可設計為圓形或橢圓形、中空或實心，一般埋深大於 3m、墩身有效長度不超過 5m、直徑不小於 80cm，如圖 2-19b 所示。

三、**沉箱基礎**：是尺寸比墩基礎還大的一種基礎型式，可設計為圓形、橢圓形或矩形等，尺寸過大時內部可設置縱、橫向鋼筋混凝土隔牆，如圖 2-19c 所示。

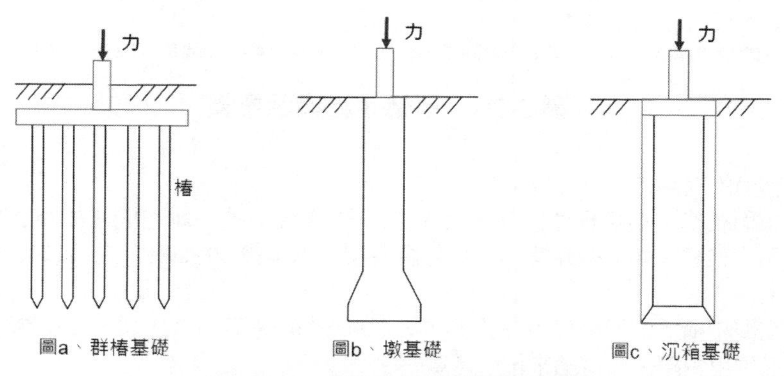

圖 2-19　各式深基礎示意圖

2.10 結構學

根據維基百科的記載，結構是指在一個系統或者材料之中，互相關聯的元素之排列、組織。廣義的材料結構包括建築物、機器在內的人造物體，以及生物、礦物和化學物質在內的天然物質。而抽象的結構則包括計算機科學和音樂形式的資料結構等，若按類別又可分爲等級結構（有層次地排列，由上至下，一對多）、網絡結構（多對多）、晶格結構（臨近的個體互相連接）等。

結構學的二個基本議題及核心概念爲：

一、力：外力（風力、地震力、爆炸力、活載重及靜載重等）、結構支承端部的反力及桿件對應外力所產生的內力等，所有的力需維持平衡，以維持結構穩定。

二、位移：結構及桿件節點的垂直位移、水平位移及轉角等，所有節點不可發生明顯的位移。

在土木及建築工程中，結構係由一個或二個以上固態構件（梁、柱、板／殼、牆、桿／拱、纜索、膜等），經適當安排結合在一起，使能承受及傳遞荷重或作用力，且在加載或卸載時能維持穩固，不發生明顯的變形。

結構形態分爲穩定及不穩定二種，後者是結構設計中應極力避免的，例如結構的支承反力數 < 3、支承端的三個反力相互平行或交於一點、結構在外力作用下會發生繞某一點旋轉等，如圖 2-20 所示；穩定結構又分爲靜定和靜不定（或稱爲超靜定）二種，可以直接利用靜力平衡關係式，求解結構的內力及外力者即爲「靜定結構」，反之則爲「靜不定結構」，需要應用額外的平衡條件才能求解。

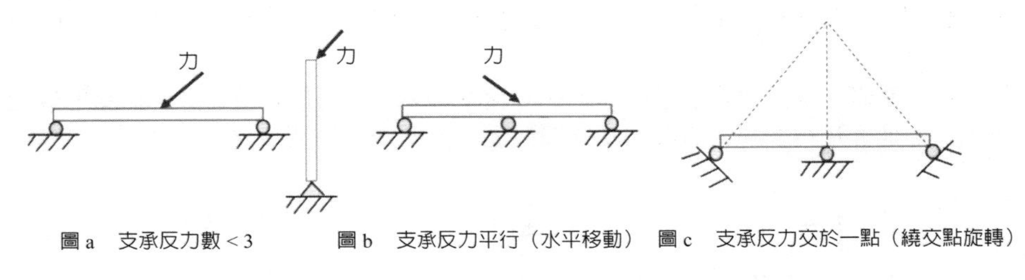

圖 a　支承反力數 < 3　　圖 b　支承反力平行（水平移動）　圖 c　支承反力交於一點（繞交點旋轉）

圖 2-20　不穩定結構示意圖

另依結構的空間維度可分爲：

一、平面結構：結構桿件只存在 X-Y 或 Y-Z 或 X-Z 的二維空間（如圖 2-21a），三維空間的結構（如一般建築物）也可將各個支承架構（Frame）視爲二維空間結構來分析。

二、空間結構：結構桿件存在於 X-Y-Z 三維空間（如圖 2-21b），較複雜的空間結構分析必須用矩陣法由電腦來輔助運算。

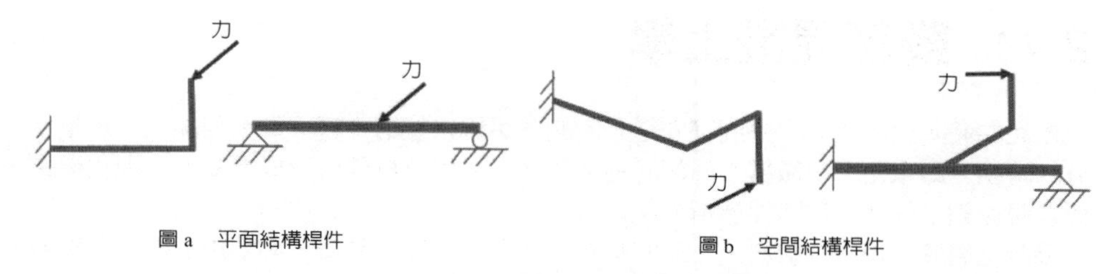

圖 a　平面結構桿件

圖 b　空間結構桿件

圖 2-21　平面結構及空間結構示意圖

結構靜力平衡的三種關係式如下：

1. 力系中水平方向的合力爲 0，即 $\Sigma F_x = 0$。
2. 力系中垂直方向的合力爲 0，即 $\Sigma F_y = 0$。
3. 力系中的合力矩爲 0，即 $\Sigma M = 0$。

另依力與位移的關係，結構又可分爲：

一、**線性結構**：是指外力及外加載重與結構所產生的位移是線性關係，亦即結構桿件材料維持在彈性狀態，並遵守虎克定律（Hooke's law），而且結構桿件的變形量很小。

二、**非線性結構**：是指結構桿件材料已進入非彈性狀態，虎克定律已不適用，而結構桿件已產生較大的塑性變形，且外力移除後變形量不會回復原來狀態。

結構學的二大解題觀念爲：

一、柔度法（又稱力法）：以力爲未知數，列出位移的諧合方程式，解法有卡式第二定理、單位力法等。

二、勁度法（又稱位移法）：以位移爲未知數，列出力的平衡方程式，解法有傾角變位法、彎矩分配法、矩陣法等。

上述的結構分析解法可求得結構的支撐端反力，再求得各桿件的內力（彎矩、剪力及軸力），藉以繪製各桿件的剪力圖、彎矩圖與軸力圖，找出最大的內力來配置結構梁柱的斷面尺寸、鋼筋量（主筋、箍筋、繫筋、扭力筋、溫度鋼筋等）。

實際上，許多作用在結構上載重是移動的，特別是公路及鐵路橋梁結構，因爲車輛及列車通過橋梁，是各別的輪重由橋梁的一端進入、移動到另一端。而研究此種移動載重很重要的方法就是進行影響線分析：

1. 將移動載重作用在結構的不同位置上，求出結構的某一種函數值，包括支承的反力、斷面的彎矩、剪力及軸向力。
2. 在移動載重作用下，求出結構某一種函數的最大值及所發生的位置。

2.11 鋼筋混凝土學

水泥的發明爲人類追求堅固且安全居所的夢想帶來無窮希望，當水泥加入一定量水分的時候，即水化形成微觀不透明的晶格結構，又與骨材混合形成混凝土，硬化後進而包裹並鎖定骨材成爲剛性結構桿件。

混凝土屬於一種工程材料，一般的材料行或量販店無法購得，必須由混凝土預拌廠產製（如圖 2-22a 所示），再由預拌車載運至工地現場，透過泵浦車（如圖 2-22b 所示）及輸送管壓送至地下或地上不同的樓層、區位進行澆置作業，配合現場工人輸送管口的移位、攤平、震動夯實及養治。

圖 2-22a　預拌混凝土廠一景

圖 2-22b　混凝土預拌車及泵浦車

混凝土材料擁有較強的抗壓強度（常用的是 210、280 及 350 kgf/cm^2），由於混凝土的抗拉強度較低（約其抗壓強度的 1/10），任何可察覺的拉應力都會破壞混凝土微觀剛體晶格，導致混凝土的開裂和斷離。根據維基百科的記載，鋼筋混凝土（Reinforced concrete，簡稱 RC），是指通過在混凝土中加入鋼筋、鋼筋網、鋼板或纖維而構成的一種組合材料，兩者共同工作從而改善混凝土抗拉強度不足的力學性質，爲強化混凝土的一種最常見形式。鋼筋混凝土的發明出現在近代，通常認爲法國園丁約瑟夫·莫尼爾於 1849 年發明鋼筋混凝土，並於 1867 年取得包括鋼筋混凝土花盆以及緊隨其後應用於公路護欄的鋼筋混凝土梁柱的專利。

1872 年，世界第一座鋼筋混凝土結構的建築在美國紐約落成，人類建築史上一個嶄新的紀元從此開始，鋼筋混凝土結構在 1900 年之後在工程界方得到了大規模的使用。1928 年，一種新型鋼筋混凝土結構形式── 預應力鋼筋混凝土出現，並於二次世界大戰後亦被廣泛地應用於工程實踐。鋼筋混凝土的發明以及 19 世紀中葉鋼材在建築業中的應用，使高層建築與大跨度橋梁的建造成爲可能。

絕大多數結構構件都有承受拉應力作用的需求，故未加鋼筋的強度混凝土極少被單獨用於工程結構的主要構件上（如梁、柱、板、牆、基礎等），有的話是低強度混凝土於整地後作爲基礎板及箱涵下方打底用，即使只作爲承壓的構件，通常也都會在純混凝土中加上鋼絲網或溫度鋼筋，以避免開裂。

綜上所述，水與水泥拌合成爲水泥漿體，摻入細骨材（砂子）成爲水泥砂漿，再加上粗骨材則成爲混凝土（又稱預拌混凝土）。爲了不同目的性能需求，如低水合熱、高工作性、低密度、高強度、耐磨及耐久性等，混凝土在產製過程中可加入摻料，成爲特殊混凝土係，如早強混凝土、抗裂混凝土、巨積混凝土、耐磨混凝土、水中混凝土、自充填混凝土、輕質混凝土、噴凝土、無收縮混凝土、剛性路面混凝土、重質混凝土、隔熱混凝土及高性能混凝土等。

混凝土內配置適當的鋼筋量，成爲鋼筋混凝土，是目前較多數土木及建築工程結構的主要結構材料，鋼筋與混凝土作用時應力應變相互關係如圖 2-23 所示。混凝土（強度≧ 350kgf/cm^2）加上預力鋼腱（加套管或不加套管），成爲預力混凝土，主要用在橋梁結構的 I 形梁或箱形梁。而混凝土與鋼骨的組合成爲鋼骨混凝土，再加上鋼筋即爲鋼骨鋼筋混凝土，各種組合示意如圖 2-24 所示。

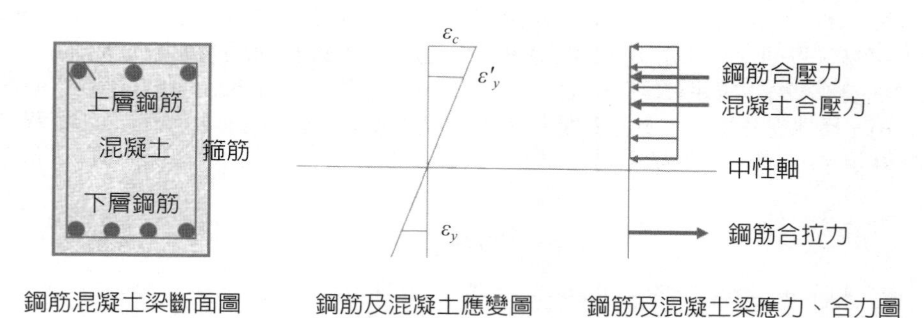

圖 2-23　鋼筋與混凝土應力應變示意圖

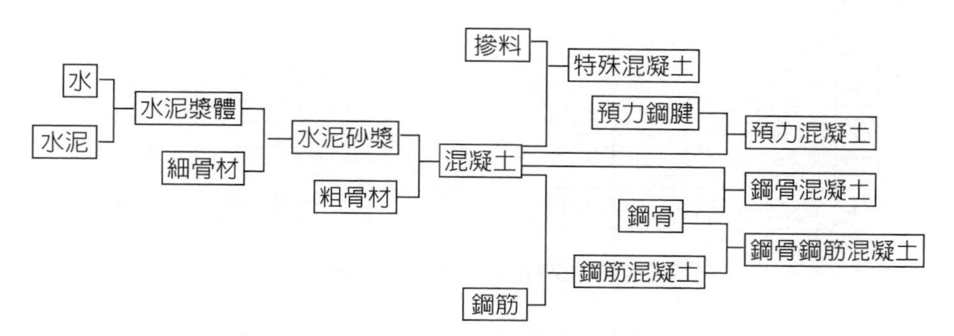

圖 2-24　混凝土的組成與鋼材組合示意圖

2.12 鋼結構設計

如前節所述，「鋼筋混凝土結構」（又稱 RC 結構）係用鋼筋混凝土作為固體桿件材料所施築而成的構造物，即是在預計施築的桿件（梁、柱、板、殼、牆、桿、基礎等）位置依設計尺寸先行組模及進行必要的支撐，之後依斷面設計鋼筋量進行綁紮，再用預拌或場拌混凝土逐步澆置在配有鋼筋的桿件斷面空間內，澆置時同步進行震動，經過一定時間的養護，待強度達到容許值時拆模及表面粉刷而成。

「鋼結構」則是用鋼料製成的固體構件（含鋼索）所組裝或建構而成的構造物，其施工方法與鋼筋混凝土結構有所不同，鋼結構多用銲接或螺栓或球節方式，直接快速的將鋼料構件接合起來。越來越多的鋼材構造物（非僅限於鋼構高層大樓）出現在我們生活的周遭環境，鋼材構件逐漸被建築師、技師及設計師們大量選用。

鋼結構的優點為：1)、總重量較輕、強度較大，2)、材料韌性高，3)、結構造型可以多變，4)、材料均質性高、品質容易管控，5)、施工組裝容易、工期短，6)、構件拆解容易、可回收再利用；而鋼結構也有它的缺點：1)、不耐高溫及低溫，2)、耐腐蝕性較差，3)、構件有挫屈風險，4)、焊接作業技術需求高，5)、構件需要定期維護，6)、構件需考量殘餘應力問題。鋼結構的優點及缺點如圖 2-25 所示，而相關說明將在第 3.6 節中予以詳述。

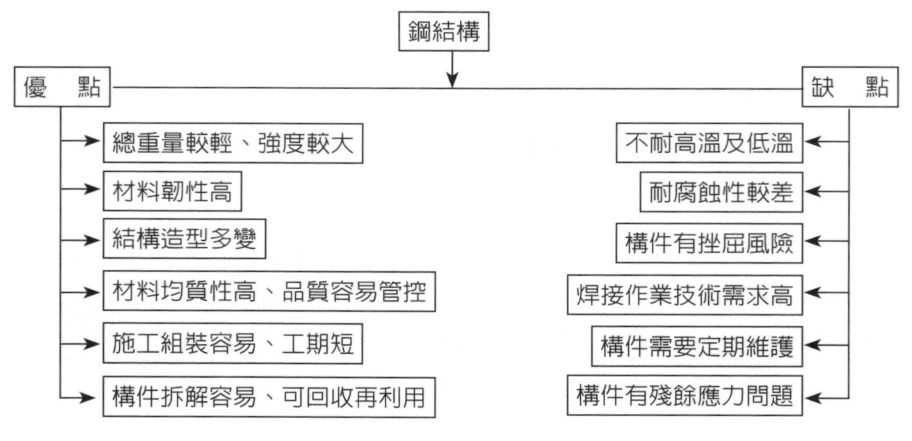

圖 2-25　鋼結構的優缺點示意圖

建築物需由梁柱系統支撐及傳遞各式載重，若梁柱構件斷面越大，空間的使用性就越低、經濟性也越低；RC 結構大樓地下室的柱子尺寸特大（如圖 2-26），影響行車動線及車位安排。鋼結構之總重量較輕，對抵抗地震力也相對有利，因為總橫向作用力係和建築物的總自重成正比。

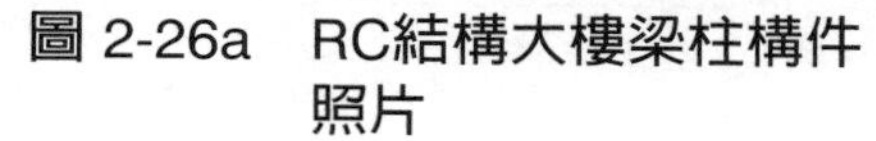

圖 2-26a　RC結構大樓梁柱構件照片　　圖 2-26b　鋼骨大樓梁柱構件照片

鋼結構的分析及設計方法通常分爲 ASD 及 LRFD 二種主流理論，在不同年分的各別修正版次，亦推衍出不同的理論公式，2005 年美國鋼結構協會（AISC）也針對這二種的理論進行整合，將二套規範合而爲一。不同國家地區使用的理論公式有公制（tf/cm^2、tf/m^2、kgf/cm^2）及英制（ksi、psi）二種；台灣也有自已從 ASD 及 LRFD 二種理論基礎，所衍發出來的容許應力法及極限設計法。

目前結構物抵抗作用力能力的評估標準程序，即是依照政府或民間專業團體所研究制訂的相關設計規範內容來辦理，例如鋼柱的設計可依《鋼構造建築物鋼結構設計技術規範》中（一）鋼結構容許應力設計法規範及解說之第八章受軸力與彎矩共同作用之構材，或（二）鋼結構極限設計法規範及解說之第八章構材承受組合力及扭矩相關內容進行分析計算。

依《建築技術規則》構造篇第五章之規定，鋼構造之組成型式分爲三種：

1. 剛構（連續構架，端部束制），假設梁與梁、梁與柱均固接，並維持交角不變。
2. 簡構（端部無束制），假設梁構件承受垂直載重後梁端無彎矩作用，僅承受剪力且可轉動。
3. 半剛構（端部局部束制），假設梁與柱之接合能承受部分彎矩，其剛性介於剛構與簡構之間。

如以 Q 代表外部載重的作用力，包括：直接承受的外力、溫度變化及支承沉陷導致結構體所承受的作用力，可以是外力、構件斷面內力或斷面上某處應力中的任一種形式；另 R 代表材料、構件或結構系統抵抗作用力的強度，可以是外力、內力或應力的任一種形式。例如鋼筋的降伏強度 $2800kgf/cm^2$ 即是一種用應力表示的強度，在結構設計中常見的梁的標稱彎矩強度 M_n 或柱的標稱軸向壓力 P_n，則是以構件斷面內力表示的強度。不論採用那一種設計方法，必須要符合下列原則才能滿足結構的安全性：

$$\text{載重作用力}\ Q < \text{結構強度值}\ R$$

2.13 流體力學

流體（Fluid）係具有流動性的物體，在承受任意大小的剪應力作用時會產生連續性的變形（如圖 2-27 所示），剪應力（單位面積的作用力）則是由切線力作用在表面所形成。自然界的流體包括液體（水、水銀及油）、氣體（空氣及水蒸氣）及電漿。流體力學（Fluid mechanics）是力學的一門分支，是以研究流體現象和相關力學行為的科學。

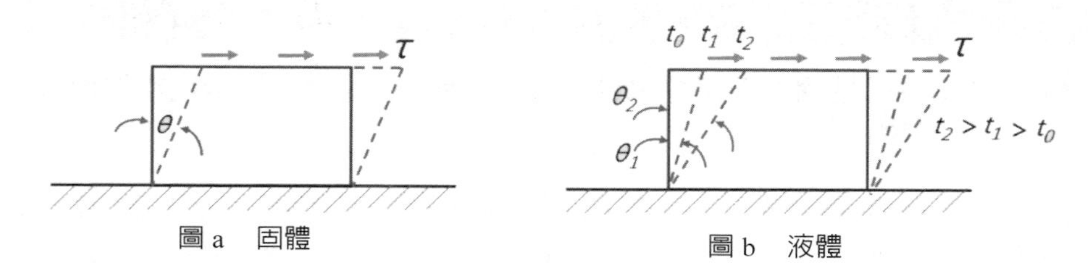

圖 a　固體　　圖 b　液體

圖 2-27　固體與液體受力後變形之差異

流體力學可依照研究對象的運動方式分為：

一、**流體靜力學**：係研究流體處於靜止狀態的力學行為，如靜水壓力及浮力等，並分析其作用於物體之力量。

二、**流體動力學**：係研究運動中流體（含液體和氣體）的狀態與其規律性，亦論及流體所受力量與流體的速度和加速度之間的關係。欲解決流體動力學的問題，需要探究流體的多項特性，包括速度、密度、壓力及溫度等。

流體在流動時呈現穩定狀態（即在流場中任一特定項位置上，任何物理性質不會因時間而改變），而各質點均沿著其路徑滑動，速度向量在任一點都與路徑相切。在流場中若有曲線，線上任意位置上的切線方向與質點之速度向量相同，則稱此曲線為流線，流體通過飛行器及船體前緣之流線如圖 2-28 所示。

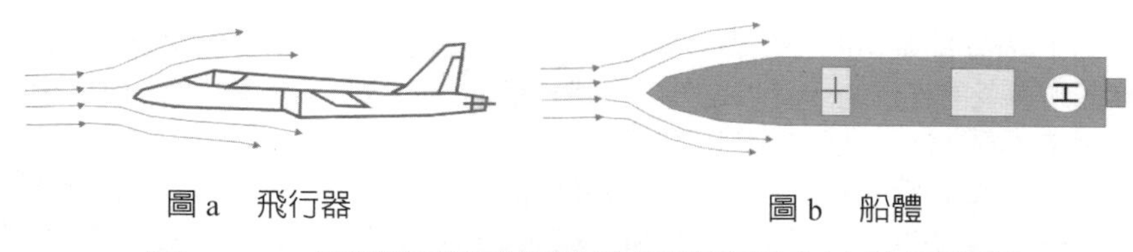

圖 a　飛行器　　圖 b　船體

圖 2-28　流體通過飛行器及船體前緣之流線示意圖

流體動力學除考量質量、動量與能量守恆方程式之外，尚有熱力學的狀態方程式，使得壓力成為流體其他熱力學變數的函數，而使問題得以被限定。其中一個例子是所謂的理想氣體方程式：

$$p = \rho RT$$

式中 p 爲絕對壓力（Pa），ρ 是氣體密度（kg/m^3），R 是氣體常數（J/kg-K），T 表示絕對溫度（K）。

柏努利方程式（Bernoulli equation）則是流體力學中另一著名且重要的工具，也是最古典的方程式之一，雖然在推導過程中涉及許多的假設，但柏努利方程式仍然可有效的估算多種變化形式的流動：

$$p + \rho V^2 + \rho gh = C$$

式中 p 爲流體所受的壓力強度，ρ 是流體密度，V 是流體速度，h 是流體所處的高度（從參考點計），g 是重力加速度（地表約爲 9.8 m/s^2），C 爲沿著流線的常數。

三、流體運動學：係探討流體質點之速度、位移及流線等性質，但而不涉及動量與能量，亦不考慮其造成運動所需的實際作用力，亦即研究流體的速度、加速度及流體運動的描述與視覺化的呈現。

流體力學之理論依應用範圍，分爲空氣力學及水力學等。流體力學也是連續介質力學的一門分支，以宏觀的角度來考慮系統特性，而不是微觀的考慮系統中各個粒子的特性。流體力學（尤其是流體動力學）是具有潛力的研究領域，其中有許多尚未解決或部分解決的問題。流體動力學所應用的數學系統非常複雜，最佳的處理方式是利用電腦進行數值分析，如計算流體力學通過數值分析的方式求解流體力學問題。粒子圖像測速技術是一個將流體流場視覺化並進行分析的實驗方式，也利用了流體高度可視化的特點。

流體力學的應用非常廣泛，在工程上及科學上的應用如下：

一、土木工程：受水流及風力影響的跨河構造物及海灣大橋，河流、溝渠及排水箱涵、堤岸及護岸、受風力影響的大樓建物及大型廣告看板、用水調節的輸送管道、衛生下水道、道路下方埋設的水管、油管、瓦斯管。

二、機械工程：飛機發動機、船舶及車輛引擎、流體機械、燃燒機具。

三、化學工程：化工廠反應槽及管路輸送。

四、環境工程：大氣擴散、室內空調及空氣品質、海洋污染。

五、醫學工程：血液循環、呼吸系統、人體泌尿系統。

六、海洋工程：海流、海岸沖蝕、波浪衝擊、防波堤及港灣設施。

七、航太工程：飛機、火箭推進器、外星探測器軟著陸技術等。

八、電力工程：水力發電機組、洋流發電機組、風力發電機組、潮汐發電機組及氣電共生系統。

九、大氣物理：氣流、季風、颶風、颱風及龍捲風。

十、地球物理：岩漿噴流及地涵運動。

十一、仿生工程：魚類游泳及鳥類飛行。

2.14 工程契約與規範

民間企業或私人機構之採購作業，都依其內規及慣例處理，不管規模大小、金額多寡，通常由老闆或其授權人員定奪。因此採購作業過程既簡單又有效率，既不受政府相關採購法令之約束，也不必接受審計機關之稽察。即或過程中發生舞弊事件，相關涉案人員頂多繳回不法所得、離職了事，特殊重大弊案才會被移送司法機關偵辦。

然而，政府採購案的招標由行使「監督權」的行政院公共工程委員會（以下簡稱「工程會」）主導，而採購案的稽察則是由行使「監察權」的監察院審計部主導。政府採購法所稱的「採購」，指工程之定作、財物之買受、定製、承租及勞務之委任或僱傭等：

一、工程：係指在地面上下新建、增建、改建、修建、拆除構造物與其所屬設備及改變自然環境之行爲，包括建築、土木、水利、環境、交通、機械、電氣、化工及其他經主管機關認定之工程。

二、財物：指各種物品（不含生鮮農漁產品）、材料、設備、機具與其他動產、不動產、權利及其他經主管機關認定之財物。

三、勞務：則指專業服務、技術服務、資訊服務、研究發展、營運管理、維修、訓練、勞力及其他經主管機關認定之勞務。

以上之採購作業適用於各級機關、公立學校、公營事業、接受機關採購金額半數以上補助之法人或團體，以及開放民間投資興建、營運案之甄選廠商程序。

一般依照政府採購法相關規定辦理發包之公共工程案件，其契約書主要包含下列組成要件：1)、契約本文，2) 預算書，3)、施工規範，4)、細部設計圖，5)、其他附件（其中 2、3、4 項的順序並無統一規定，視各機關之作業習慣而定）。由於工程承攬有其專業性，政府機關及政府採購法適用之民間單位，大多設有專責發包作業之單位，經參用工程會所制訂的工程契約樣本，依據該工程之特性及需求作局部修正而得。

所謂的「工程契約」是指因爲某種工程之施作而簽訂之契約，亦即因工程承攬而簽訂之契約，在法律上具備有償契約及雙務契約之二種性質。合意簽約的一方稱爲承攬人，或稱承攬廠商（即施工單位），可能是一般營造廠、專業營造廠、土木包工業者、有施工能力的民間團體，或是室內裝修業者；而另一方則稱爲定作人，可能是政府機關、政府採購法適用之民間單位、民間企業體，或是有工程發包需求之一般民眾。

公共工程案件之細部設計圖通常包含一般說明、地形測量圖、平面配置圖、立面圖、縱橫斷面圖、細部剖面或大樣圖等之相關尺寸及大小，預算書主要包含直接工程費（所有工項、數量、單價、複價及單價分析等）及間接工程費（含營業稅）二大部分。細部設計圖及預算書僅提供施工的相對位置、元件編號、尺寸、數量、接合點處理方式、設備及使用材料種類等。然而，不同工項及材料之施作，除設計圖之相關說明外，尚需依據施工規範所訂之標準、成分、配比、施工要求等進行施工，以符合工程品質之要求。

工程規範可分爲設計規範及施工規範兩種，施工規範爲營建工程施工上不可或缺的必要文件。爲求統一工作項目名稱及編碼，工程會依據美國 CSI 協會（The Construction Specifications Institute）之綱要編碼（Master format），編訂出一整套符合國際工程慣例及國情之「公共工程施工綱要規範」（如表 2-1，相關細節資料可在 https://pcces.pcc.gov.tw/CSInew/Default.aspx 網站查知）、「公共工程製圖手冊」及工程發包及施工文件之編訂架構與格式，配合經過統一規定之工程名詞及製圖標準圖例，著實加速國內工程管理制度化及經費估算作業電腦化之推動。

表 2-1　施工綱要規範及工程製圖篇碼說明一覽表

依 CSI 編碼分類		工程大類				參考名稱（英文）
篇碼	篇名	土木	建築	機械	電機	
00	招標文件及契約要項	☆	☆	☆	☆	INTRODUCTORY INFORMATION、BIDDING REQUIREMENT、CONTRACTING REQUIREMENT
01	一般要求	★	★	★	★	GENERAL REQUIREMENTS
02	現場工作	★	★			SITE CONSTRUCTION
03	混凝土	★	▲	▲		CONCRETE
04	圬工	▲	★			MASONRY
05	金屬	★	▲	▲		METALS
06	木作及塑膠	△	☆			WOOD AND PLASTICS
07	隔熱及防潮	▲	★			THERMAL AND MOISTURE PROTECTION
08	門窗	▲	★			DOORS AND WINDOWS
09	裝修	▲	★			FINISHES
10	特殊設施	★	▲	★		SPECIALTIES
11	設備		▲	☆	☆	EQUIPMENT
12	裝潢	△	☆			FURNISHINGS
13	特殊構造物	△	△	▲	▲	SPECIAL CONSTRUCTION
14	輸送系統	▲	▲	★	▲	CONVEYING SYSTEMS
15	機械	▲	▲	★	▲	MECHANICAL
16	電機			▲	★	ELECTRICAL

Note

第3章
工程材料

北京鳥巢體育場（純鋼骨結構）一景

3.1 工程材料分類

土木工程及營建工程係由各種工程材料組構而成，工程材料包括鋼筋、鋼骨、鋼腱、鋼絲網、水泥、粗骨材、細骨材（砂）、瀝青、黏土、木材、石材、竹材等。依材質不同可分為：金屬材料及非金屬材料，前者又分為鐵金屬、非鐵金屬及合金金屬，後者分為土岩材料、複合材料及聚合物材料，如圖 3-1 所示。

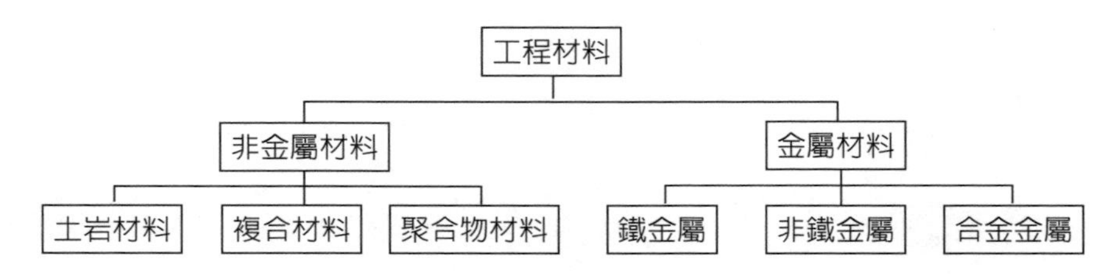

圖 3-1　工程材料分類示意圖

金屬材料：由金屬礦物提煉而成之材料，金屬材料具有較佳力學性質之優點，然而大多數金屬材料曝露於大氣中會和水分、二氧化碳、氧氣等元素產生化學反應，結合成化合物狀態，而鏽蝕及金屬疲勞則是金屬材料最大之缺點，這會增加後續維護保養的作業及影響耐久性；在工程材料中如鋼骨、鋼筋、鋼鈑、鋼腱、鋼架等均為金屬材料。

金屬材料分為下列三種，其在工程上的應用說明如下：

一、**鐵金屬**：自然界中所存在的自然純鐵非常少，甚至比天上掉下的隕石（又稱隕鐵，鐵成分高達 90% 以上）量還少，一般以氧化之赤鐵礦或磁鐵礦形式存在礦石中。嚴格來說，鐵（Iron）和鋼（Steel）都是一種合金，最主要的區別乃在於它們的「含碳量」不同，這會影響它們的延展性、焊接性、強度大小和熔點高低。它們的主要成分是鐵元素（約佔 98% 以上），加上不同比例的錳、鉻、鎢、銅、鉬、釩、鈮、鈷等金屬元素，以及碳、矽、硫、磷等非金屬元素所組成。

如圖 3-2 所示，純鐵又稱熟鐵，是指鐵中含碳量低於 0.0218% 的鐵碳合金，強度低、用處不大；鑄鐵又稱生鐵，是指含碳量大於 2%（有一說是 1.7%）的鐵碳合金，性脆無法進行煅造、軋製或壓製，大部分用作煉鋼原料，一部分作為鑄造鐵器。鋼則是指含碳量在純鐵與生鐵之間的鐵碳合金，其性質既堅硬又具韌性。鋼與鐵的另一不同點是它們的密度不同，鋼的密度約 $7.85 t/m^3$，鐵的密度約為 $7.25 t/m^3$。

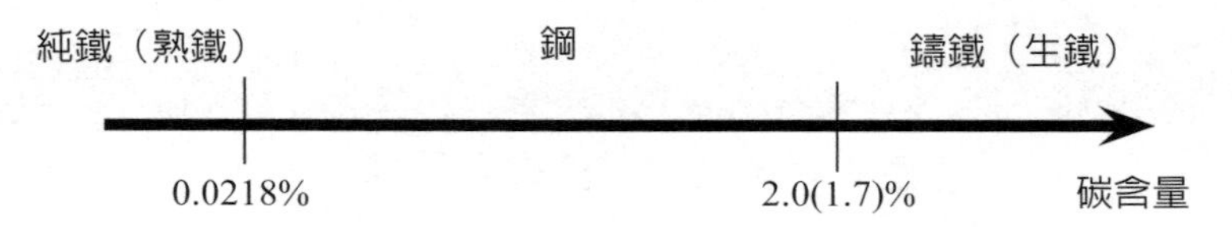

圖 3-2　鋼與鐵之碳含量示意圖

二、非鐵金屬：如鋁（鋁門窗、鋁製欄杆、小型遮雨棚骨架等）、銅、鉛、鎂、鎳、錫、鋅、銻、鉍、鎘、汞、鈦等元素。

三、合金金屬：如不鏽鋼（鉻含量至少11%，外表才能形成氧化鉻保護膜）、碳鋼、高強度低合金鋼、熱處理低合金鋼、高拉力鋼線（含碳、矽、錳、銅、鎳、鉻、磷、硫）、碳素鋼筋、低合金鋼筋（低碳或中碳鋼筋中加入少量矽、錳、鈦或稀土族元素）、普通鋼軌（碳錳合金鋼）及耐磨鋼軌（矽鉻合金鋼）等。

非金屬材料亦可分爲下列三種：

一、土岩材料：爲取自岩石、土壤、黏土礦物或經加工製造而成之材料，如砂、石、水泥、陶磚（作爲人行道磚或地版磚）、外牆磁磚、紅磚（作爲隔間牆或外牆使用）、玻璃（作爲瀝青混凝土之一種摻料，具有夜間反光功能）等。

二、複合材料：爲取自各種不同材料之優點而將多種材料混合而成，以滿足各種用途所需之新材料，如鋼筋混凝土、預力混凝土、鋼骨鋼筋混凝土、竹纖維（如圖3-3所示，作爲共同管道結構材料）等。

三、聚合物材料：由許多小分子單元重複連結而成的巨分子，如聚乙烯（PVC管主要爲聚氯乙烯、HDPE管爲高密度聚乙烯）、尼龍、橡膠、塑木（作爲欄杆及戶外地板）、地工織物（具有補強、隔絕、過濾、排水、穩定土壤功能，用於山坡地護坡、防汛搶修、強固路基、施工便道、重力擋土牆、軍事掩體等工程需求，並可製作土石籠袋、砂袋、海事固袋、砂管、土包袋）、玻璃纖維（GFRP）梁柱、玻璃纖維布（防火和隔熱）。

圖3-3　竹纖維應用在共同管道管體結構

摘自：網路

3.2 木材與竹材

一、木材：在水泥及鋼筋混凝土問世之前，人類只能選擇使用自然的材料（木材、竹材及石材等）來建造居所或安身之地，其中又以木構造使用最多。鋼筋混凝土雖突破了傳統建材、尺度、跨徑與技術上的限制，但也造成環境污染與能源耗竭的危機。爲打造更環保的居住環境，全球興起「綠建築」風，希望減少建築物的能源消耗與環境污染。其中「木構造」（如圖 3-4 所示）是最契合綠建築的營造方式；除房屋建築外，木構造也能應用在其他工程，如橋梁、棚架組構（如圖 3-5 所示）、涼亭、木棧道及渡船頭的浮台等。

圖 3-4a　木構造建築外觀

圖 3-4b　木構造建築內部結構一景

圖 3-5a　木構造橋梁照片（石岡情人橋）

圖 3-5b　火車月台木構造棚架照片

一般人想到木構造總有懷舊、傳統、屬於大自然產物的聯想，對「木構造」多少會有材質、耐久、安全和技術上的不信任，總覺得這種結構不耐久、不防腐、不耐震、不抗風、不防潮、不防蟲、不敵火焰等。但這些觀念將隨著「永續綠建築」的意識抬頭而獲得改善。

事實上，地震的作用力與構造的重量成正比，由於木材的韌性，重量又比混凝土輕許多，可以透過整個構架來分散及吸收地震所帶來的側向推力，對於一定級數以下的地震，木造房屋的吸震力不比鋼筋混凝土房屋差。其次，結構重的建物抗風性能相對較好，因此鋼筋混凝土建築的確比木建築抗風。然而，若將木造建築的搭接與接頭部位改由五金材料來連繫，也能抵抗強風的吹襲。

木構造最難解決的是蟲蛀問題，主要原因是環境潮濕的問題，只要能解決潮濕和進行必要的防蟲處理（除去木材內寄生的幼蟲及蟲卵），白蟻等蛀蟲問題自然可以獲得改善。從建築工法來說，木構造也可以配合鋼筋混凝土樁，避免木材直接與土壤接觸，也能降低白蟻直接從土壤侵入的可能性。

工程上會使用的木料有兩種：方料及圓料，前者分爲大料（兩面或四面鋸平）、條料（四面鋸平、厚度小於10公分、寬度小於厚度的2倍）及板料（厚度小於10公分、寬度大於厚度的2倍，厚板及薄板以3.5公分作爲分界）三種形式；後者又稱爲圓木，直徑約在12公分以上、長度約在9公尺以下，圓木尚可沿縱向剖成兩半，稱爲對開圓木或半圓木。

二、竹材：竹子係高大且生長快速（每日可生長0.3公尺）的喬木狀禾草類植物，莖爲木質，有記載的70餘屬、1千多種，主要分布熱帶、亞熱帶、東亞、東南亞、印度洋及太平洋島嶼上。最矮小的竹種，其稈高1至1.5公分，最大的竹種，其稈高達40公尺以上。而在台灣竹的種類約有170餘種，較常見的有孟宗竹、桂竹、長枝竹、麻竹、刺竹、綠竹等六種。雖然某些種的莖稈生長迅速，但大多數種類的竹子僅在生長12至120年後才開花結籽，而且一生只開花結籽一次。

由於竹子的表皮堅硬，高大修直肉厚，其稈可供建築（如圖3-6a所示）、製造橋梁，或製成竹片供膠合成積層竹材，更多的被人拿來作爲庭園造景或室內裝飾之用（如圖3-6b所示）。另外在制式鋼管鷹架尚未普及之前，竹材也常被用來作爲建築工程的鷹架使用。

大陸盛產竹子，他們也用竹纖維來製作竹纏繞複合材料，應用在高鐵車廂、軌道、地下管道、共同管道（大陸稱爲地下綜合管廊，如圖3-3所示）、容器和現代建築等領域，依目前研發的趨勢，未來極有可能廣泛地替代鋼材、水泥、塑料等高耗能、高污染材料，以促進地球的永續發展。

圖 3-6a　竹子用於茅草房子屋頂複層加固

摘自：網路，朱惠菁攝影。

圖 3-6b　竹子作為庭園造景之用

3.3 磚材與石材

一、磚材：在鋼筋混凝土問世之前，除了木構造之外，磚造房屋（如圖 3-7a 所示）也是三合院、四合院及單層平房的主流建築，而這些當代的主流建物，其屋頂還是以木製的梁作爲主要支撐構件。

圖 3-7a　磚造房屋照片

圖 3-7b　苗栗後龍仿土樓建築照片

人類最早期的居所多半是以茅草房爲主，之後才出現土坯房，就是用泥土和稻草加水混成的「土坯」，一塊塊把它們疊築起來當作房子的外牆，在春夏季雨量較多時，給房子外牆再補上一層土坯，以防雨水滲入。福建土樓是福建省西南部以獨有利用不加工的生土，夯築承重生土牆壁所構成的群居和防衛合一的大型樓房（如圖 3-7b 所示）。

「磚塊」是用黏土窯燒而成，目前較新的工法是採用隧道窯，在製造過程先將配製後之原料，經由製磚機製成磚坯後堆置於台車上，送入乾燥室進行乾燥作業，以降低磚坯的水分含量，再送入隧道窯（概分爲預熱帶、燒成帶、冷卻帶三段），其燒成溫度約 950～980℃ 左右，磚坯在此溫度下進行化學反應而成紅磚。產製過程採用靈敏度相當高的微動開關和紅外線感應器，配合全系統的自動操控，使整座磚廠的生產線完全自動化。

實用上分爲空心磚及實心磚兩種：

1. 空心磚

顧名思義，這種磚塊內部是有孔洞的，又分爲：1) 承重空心磚：豎向孔洞，孔洞率約小於 35%；2) 非承重空心磚：孔洞率約爲 60-70%，一般作爲裝潢材料。

2. 實心磚

依燒製方法不同可分爲：1) 紅磚：產製過程不需加水浸潤，處理過程較爲簡單，可大量生產；2) 青磚：產製過程需加水浸潤，處理較爲麻煩，只能少量生產，目前已少用。

依 CNS382，R2002 規範之規定，紅磚的尺寸爲 200（±6）×95（±4）×53（±2.7）mm（如圖 3-8 所示）。由於磚造房屋的耐震能力較差，且建造過程的疊砌作業費時費工，近年來加上工資高漲，已漸漸被鋼筋混凝土所取代。

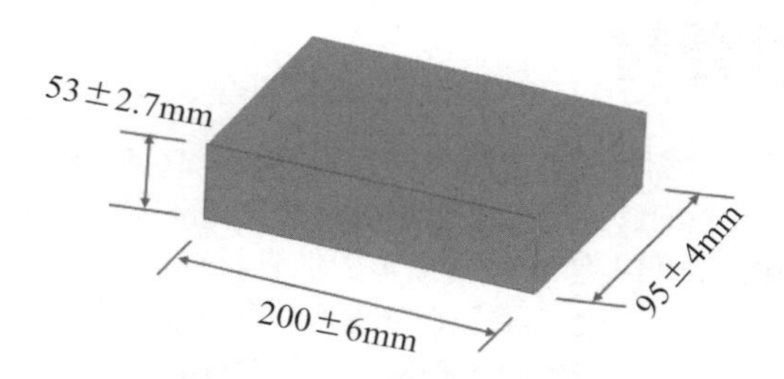

圖 3-8　紅磚尺寸示意圖

二、石材：由於石材具有強度、美觀、耐久及耐磨等特性，在混凝土問世之前，石材一直被當做重要的建築材料（如石板屋，圖 3-9a）、裝飾材料（室內裝潢——地板及牆面）、石砌擋土牆及庭園造景材料（如石造拱橋，圖 3-9b）。其次，又因石材的體積及重量較大、產量不大且不易搬運，故在混凝土出現後，石材的用途就以室內裝飾及庭園造景為主。另石材依性質可分為天然石材及人造石材，依種類可分為火成岩、變質岩及沉積岩，依形狀可分塊石、板石及楔形石，石材的分類如圖 3-10 所示。

圖 3-9a　石板屋照片

資料來源：蔡坤養拍攝

圖 3-9b　石造拱橋照片

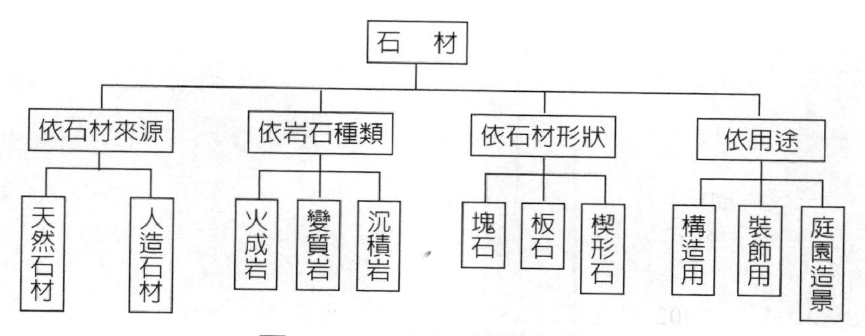

圖 3-10　石材分類示意圖

3.4 粗、細骨材

基本上骨材概分細骨材和粗骨材，細骨材粒徑約在 0.16-5mm 之間（即通過四號篩者），多爲河沙、山沙及海砂；粗骨材之粒徑大於 5mm（即停留在四號篩以上者）。按其來源可分爲天然骨材和人造骨材兩種，天然骨材爲河床中的天然卵石及礫石加以軋製而得；人造骨材包括：火力發電廠的飛灰、煉鋼廠的爐石（須符合 CNS 11827 高爐爐碴或 CNS 15305 內之爐碴規定，經碎解、篩選或軋製而成）、焚化爐底渣（須符合環保署垃圾焚化廠焚化底渣再利用管理方式），以及 AC 路面刨除回收料碾碎和清除雜質而得（如圖 3-11 所示）。

圖 3-11a　AC 路面刨除回收料處理前照片

圖 3-11b　AC 路面刨除回收料處理後照片

在土木及營建工程上，粗、細骨材主要使用在下列五種工項：

一、預拌混凝土的填充料：粗、細骨材是組成混凝土的主要成分，在混凝土中建立骨架的作用，也可以減少水泥漿硬化所產生的收縮作用，也可提高混凝土的強度，但其流動性較小，因此拌合作業過程中需有適量的水分摻入來增加流動性。

二、瀝青混凝土的填充料：瀝青混凝土和預拌混凝土都是使用粗、細骨材作爲填充材料（如圖 3-12a 及 3-12b 所示），不同的是它們的膠凝材料，前者是瀝青膠泥、後者是水和水泥混合成的水泥漿。

圖 3-12a　AC 廠供料槽粗細骨材照片

圖 3-12b　預拌混凝土廠骨材儲區照片

三、道路路基的級配料：一般瀝青混凝土道路結構係採多層設計，由下往上分別有路基（或稱爲路床）、基層、底層及面層（如圖 3-13a 所示），基層及底層通常是使用由粗、細骨材混合的級配料。另在工程實務可依需要作適當之設計調整，例如可不設基層或不設底層，亦有同時不設基層及底層者。

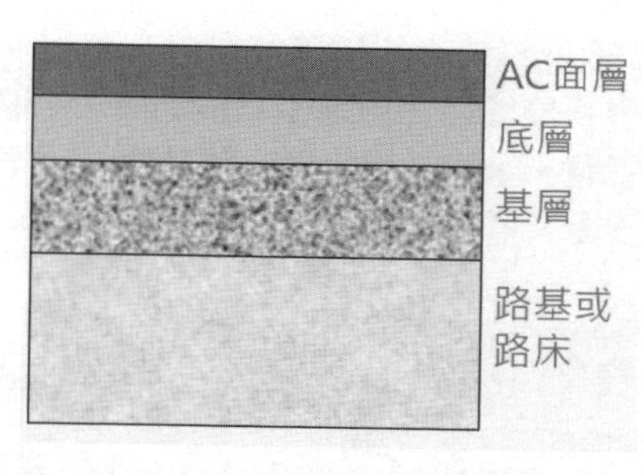

圖 3-13a　道路分層結構示意圖

圖 3-13b　道路 AC 面層底下的級配料照片

四、產業道路及停車場的面層鋪料：在部分山區或郊區的產業道路，由於預拌車或 AC 載具不易到達，以及有些臨時性的停車場（如圖 3-14a 所示），也可以碎石級配（粗骨材）面層替代瀝青混凝土及鋼筋混凝土面層，這種粗骨材面層鋪料在降雨過後，也比泥土路面較不易形成泥濘或積水，有利人車通行。

五、軌道工程的道碴：一般鐵路、高速鐵路、捷運的軌道，係以兩條平行的鋼軌組成。平面路段之施設方式係將鋼軌以道釘或特殊螺栓固定於枕木上，枕木下方襯以道碴，以將列車通行之載重傳遞到路床（基）上。因此，道碴（如圖 3-14b 所示）的功能是用來傳遞軌道上的列車載重至路基，並吸收列車通行時之能量，以維持列車的平穩。此外，碎石間的孔隙尚可吸收震動及噪音，及迅速排除雨水。然而，道碴路軌不及混凝土堅固，需經常巡視、校正路軌位置並篩換、補充碎石；而道碴的高排水性能亦會使鐵軌下方雜草叢生，需經常予以清理，其保養週期較道板軌道短、頻率高。

圖 3-14a　停車場鋪設粗骨材地坪照片

圖 3-14b　鐵路軌道道碴照片

3.5 混凝土

混凝土是由水、水泥、砂（細骨材）和碎石（粗骨材）按適當重量比例配置、拌合，再經一定時間硬化而成，必要時可加摻料。由於混凝土的硬度大、耐壓性高、耐久性佳、原料來源廣泛、產製方法簡單、成本較低、可塑性高、適用於各種自然環境，目前是世界上使用量最大的人工土木及營建材料，廣泛使用於房屋、橋梁、隧道、公路、護欄（如圖 3-15a 所示）、機場跑道及停機坪（如圖 3-15b 所示）、擋土牆（如圖 3-15c 所示）、堤防、護岸、涵洞、管體、水壩、攔水堰、防砂壩、地下槽體、排水溝渠（如圖 3-15d 所示）、碼頭、防波堤、軍事掩體、核電廠等構造物。

圖 3-15a　道路及塊石護欄照片

圖 3-15b　機場停機坪照片

圖 3-15c　邊坡擋土牆照片

圖 3-15d　排水溝渠照片

混凝土中水泥：砂：碎石的重量比例稱爲配比，水和水泥的重量比例稱爲水灰比。水灰比大，施工性較佳，但混凝土的強度較低；反之，水灰比小，施工性較差，容易造成輸送管阻塞，解決方法可加入輸氣劑來改善。少量非結構性構件用的混凝土可在現場拌製外，其餘用途的混凝土及控制性低強度回填料（CLSM），鑑於品質及強度的要求，需由合法的混凝土預拌廠產製，並由預拌車在 90 分鐘內送達工地進行澆置，並取樣製作試體供後續進行圓柱體試驗（如圖 3-16a 所示）；而瀝青混凝土的膠凝材料則是瀝青膠泥，並由合法的瀝青混凝土廠產製（如圖 3-16b 所示），由傾卸式卡車載運至工地鋪築，瀝青混凝土送抵工地的溫度不得低於 120℃。

圖 3-16a　混凝土圓柱試體取樣照片

圖 3-16b　瀝青混凝土廠照片

根據維基百科的記載，混凝土又稱砼（ㄊㄨㄥˊ），「砼」一詞是由著名結構學家蔡方蔭教授於 1953 年創造。在當時教學科技落後，沒有錄音機、影印機之類的電器設備，學生上課聽講全靠記筆記。「混凝土」是建築工程中最常用的詞，但筆劃太多，寫起來費力又費時。於是蔡方蔭大膽採用筆畫減省的「人工石」三字代替「混凝土」，大大加快了筆記速度。後來「人工石」三字合成了「砼」字，並在學界得到廣泛使用。

為免混凝土氯離子含量過高，造成鋼筋鏽蝕，現行規範規定鋼筋混凝土用之預拌混凝土最大水溶性氯離子含量為 0.15kg/m^3（經濟部標準檢驗局 CNS3090 預拌混凝土）。除了氯離子含量需在混凝土到場後立即取樣試驗外（如圖 3-17a 所示），另一項需在現場試驗的是混凝土的坍度，如圖 3-17b 所示。

圖 3-17a　混凝土氯離子含量試驗照片

圖 3-17b　混凝土坍度試驗照片

為使混凝土具備特殊功能或用途，額外添加的混凝土的摻料（或稱添加劑），可分為輸氣、化學、礦粉及其他四類，簡述如下：

一、**輸氣摻料**：是在混凝土中添加一種輸氣劑，可以在拌和中產生直徑 1mm 或更小的氣泡料，通常可用以改善工作性、抗凍性及不透水性。

二、**化學摻料**：係將溶解性化學物質，稀釋後依需求量加入混凝土中拌和，可改善多項產品性質：

1. **速凝劑**

可增加水化速率，加快混凝土凝結，但後期會降低強度，應適量使用。

2. **緩凝劑**

可延緩水化速率及保持連續性，夏天可避免因高溫快凝所產生的冷縫。

3. **減水劑**

是一種表面活性劑，可減少用水量、提高工作性、強度及耐久性。

4. **強塑劑**

可減水 15%～30%，比傳統減水劑高出 3～6 倍之多，可使混凝土形成高坍度而無泌水的流動混凝土，但其效果僅約 30～70 分鐘，逾時將會功能失效。

5. **氯化鈣**

可提高早期強度及略增工作性，但避免用於受電蝕之混凝土，以免鋼筋鏽蝕，造成混凝土龜裂。

三、**礦粉摻料**：係將卜作嵐礦粉、飛灰、高爐熟料等固體材料加工或研磨成細粉狀，依配比加入混凝土內，以分別改善工作性、耐久性、抗硫性、抗膨脹性、降低透水性、減少水化熱、節省水泥用量或其他性質。

四、**其他摻料**：

1. **防水劑**

係為減少混凝土吸水性及透水性之化學藥劑，如矽酸鈉、脂肪酸鹽。

2. **發泡劑**

可使混凝土硬化前產生膨脹或在硬化後充滿孔隙之摻料，如鋁、鋁合金、鋅、鎂等粉沫，亦可作為防熱材料。

3. **表面硬化劑**

係為增加混凝土表面之耐磨性（如停車場之地板）而在混凝土中加入一種金屬礦物骨材，如鐵、金鋼砂、石英等。

使用混凝土作為結構材料時，具有下列優點及缺點：

一、混凝土的優點

1. 抗壓強度大。
2. 耐久性、耐候性及耐火性佳，鋼筋混凝土結構耐震性亦佳。
3. 可塑性佳，依模板造型可製作各種形狀。
4. 施工時技術水準要求不高。
5. 可就地取用骨材，必要時可在工地組裝臨時性拌合設備。

二、混凝土的缺點

1. 屬脆性材料，受外力作用時容易脆裂。
2. 抗拉強度及抗彎強度低，抗拉強度約為其抗壓強度之 1/10。
3. 自身重量較大，結構的跨度受限制。
4. 混凝土澆置前需先行組立模板（含內外部支撐）及綁紮鋼筋，澆置中需使用震動棒不斷震動搗實，澆置後亦需進行養護。
5. 現場品質管制及施工管理較不容易。

鋼筋混凝土自 1849 年問世以來，經過 170 多年的研發及改良，應用在工程上的項目越趨廣泛，混凝土的種類也越趨多元，依強度、拌合場所、密度大小、加勁材料及用途目的之不同需求亦有不同的分類，如圖 3-18 所示。

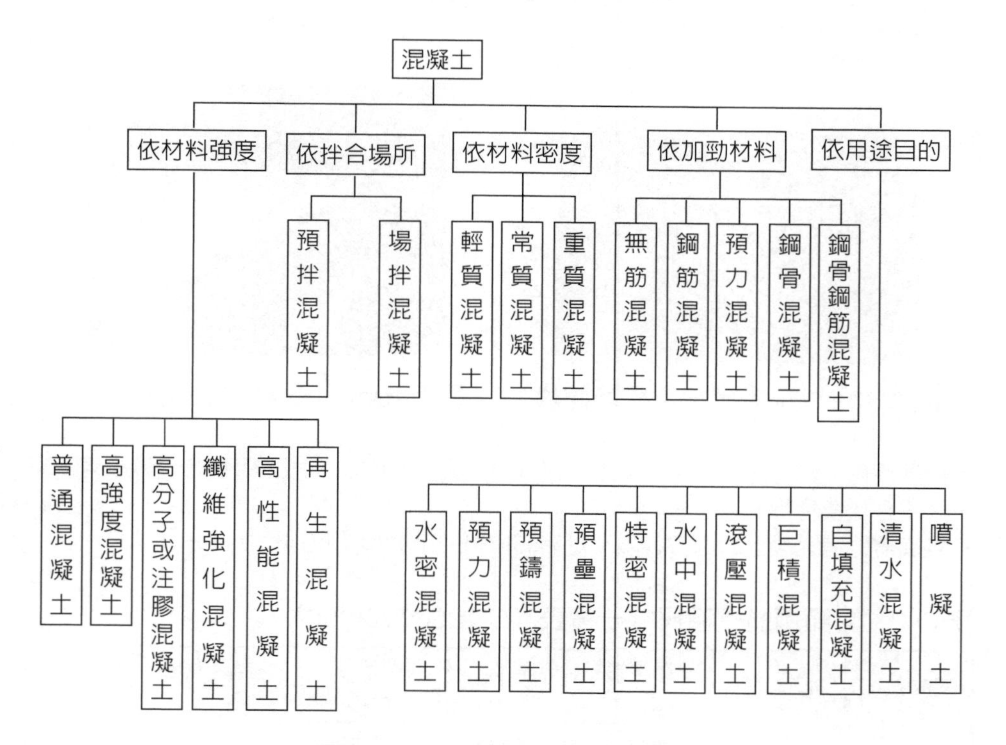

圖 3-18 混凝土分類示意圖

3.6 鋼材

本書所述應用於土木及營建工程之主要鋼材分為四類：

一、鋼筋：混凝土是極佳的抗壓材料，唯其抗拉強度僅為抗壓強度的 1/10 左右，故需於構件可能受拉之部位配置適量之鋼筋（如圖 3-19 所示）。鋼筋主要分熱軋和冷軋兩類，常見的鋼筋多為熱軋鋼筋，係經加熱軋製成型並自然冷卻的鋼筋，依其外形又分為光面鋼筋（適用於螺箍筋）及竹節鋼筋二種，竹節鋼筋相關標稱尺寸如表 3-1 所示；冷軋鋼筋則是在熱軋鋼筋的基礎上再行冷加工成型的鋼筋。工程上使用的鋼筋應具備下列特性：

1. 高降伏點：一般 #3～#5 鋼筋的降伏強度為 2800kgf/cm^2，#6 以上鋼筋的降伏強度為 4200～5600kgf/cm^2，降伏強度愈大，抗拉力愈大，但韌性較差。

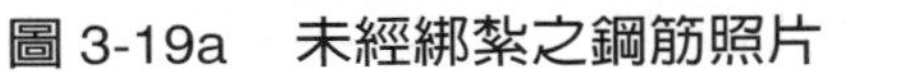

圖 3-19a　未經綁紮之鋼筋照片

圖 3-19b　已經綁紮之鋼筋照片

2. 延展性佳：鋼筋是延展性較佳的工程材料，耐震性亦佳，加工彎折時也較不易斷裂（不含反覆彎折）。
3. 鋼筋需透過混凝土的適當包覆及足夠的握裹力來發揮抗拉作用。

表 3-1　竹節鋼筋標稱尺寸一覽表（CNS560.A2006）

鋼筋稱號	標示號數	單位重（kg/m）	直徑（mm）	截面積（cm²）	標稱周長（cm）	備 註
D10	#3	0.561	9.53	0.713	3	
D13	#4	0.994	12.7	1.267	4	
D16	#5	1.556	15.88	1.986	5	
D19	#6	2.24	19.05	2.865	6	
D22	#7	3.049	22.23	3.871	7	
D25	#8	3.982	25.4	5.067	8	
D29	#9	5.071	28.65	6.469	9	

鋼筋稱號	標示號數	單位重（kg/m）	直徑（mm）	截面積（cm^2）	標稱周長（cm）	備 註
D32	#10	6.418	32.26	8.143	10.1	
D36	#11	7.924	35.81	10.07	11.3	
D39	#12	9.619	38.1	12.19	12.4	
D43	#14	11.41	43	14.52	13.5	
D57	#18	20.284	57.33	25.79	18	

二、鋼腱（鋼線、鋼鉸線、鋼索）：主要用在預力混凝土結構，是用來改善混凝土先天上抗拉力不足的解方，主要用來製作橋梁、地板以及普通鋼筋混凝土難以達成的大跨徑結構物。預力混凝土係利用高拉力鋼腱（或鋼線或鋼鉸線）來提供兩端的壓力，藉以抵抗和抵消由彎矩在混凝土受拉部分產生之拉力，相關作用機制如圖 3-20 所示。另鋼索或鋼鉸線也被應用在懸索橋（如圖 3-21a 所示）、斜張橋及背拉地錨（如圖 3-21b 所示）等，作爲承受拉力之構件。

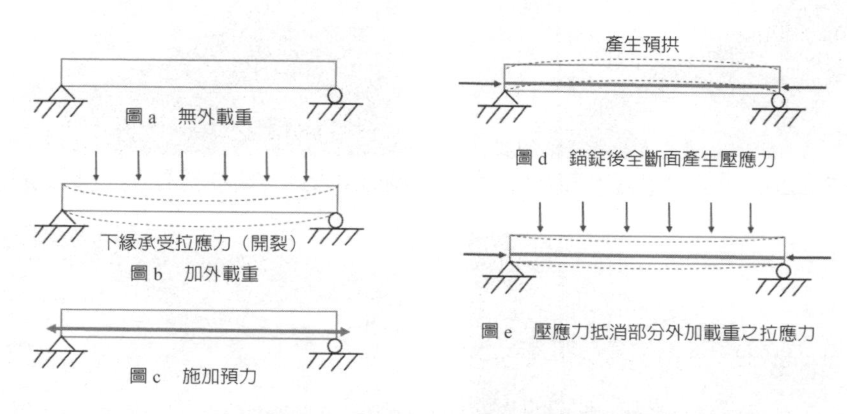

圖 3-20　預力混凝土作用方式示意圖

圖 3-21a　懸索橋照片

圖 3-21b　背拉地錨施工照片

預力施作方式分為先拉式及後拉式：

1. 先拉式預力

即先在台座上施拉鋼腱及予以臨時固定，再澆置混凝土，待混凝土達到一定的強度後（約≧設計強度的 70%）之後，放鬆鋼腱之施力設備，鋼腱在回縮時要擠壓混凝土，使混凝土獲得預壓力，其預力是藉鋼腱與混凝土之間的握裹力來傳遞的，如軌道工程中的預力混凝土軌枕（如圖 3-22a 所示）通常以先拉法施作。

2. 後拉式預力

相對於先拉法，後拉法則是在混凝土澆置前先預置套管，待完成澆置和養護完成之後，再於套管內穿拉鋼腱，藉端錨設備施加壓力，如預力箱型梁、I 型梁（如圖 3-22b 及 3-22c 所示）等；另預力亦可在既有鋼筋混凝土結構，以外加方式施加預力（如圖 3-22d 所示）。

圖 3-22a　預力混凝土軌枕照片

圖 3-22b　預力混凝土 I 型梁照片

圖 3-22c　預力混凝土 I 型梁構築照片

圖 3-22d　捷運帽梁外加預力照片

三、鋼骨：主要應用在低層建築、高層建築（如圖 3-23a 所示）及景觀性構造物（如圖 3-23b 所示），而市面上可見的結構工程使用之鋼材可分為：

1. 碳鋼：1) 低碳鋼：即含碳量少於 0.15%，2) 軟碳鋼：含碳量介於 0.15% 至 0.30% 之間者，含碳量越高、降伏強度越高，但延展性越差，結構用鋼多屬此類，3) 中碳鋼：含碳量介於0.30%至0.60%之間，4) 高碳鋼：含碳量在0.60%至2.0%之間。

2. 高強度低合金鋼：係在碳鋼中加入銅、鋁、鈷、鉻、錳、鈮、鎳、鎢、釩、鈦、矽、磷等元素煉製而成，其降伏強度約在2800kgf/cm^{2}至4900kgf/cm^2，且具有明顯之降伏點，其耐腐蝕性較佳。
3. 熱處理低合金鋼：係經由淬火（Quenching）及回火（Tempering）熱處理之鋼材，其降伏強度可提高爲5600kgf/cm^{2}至7700kgf/cm^{2}之間，但無明顯的降伏點，須以0.2%之偏距法或0.5%之伸長法定出其降伏強度，故AISC明定此類鋼料不適用於塑性設計。所謂淬火係將鋼料由885℃～913℃以水急冷方式降至150℃～205℃，此舉可增加強度並使鋼材變硬，但卻會降低延展性及韌性；回火則再將鋼料加熱至590℃後冷卻之，如此可補救淬火所產生之缺點。

圖 3-23a　高層建築照片

圖 3-23b　景觀性構造物照片

四、不鏽鋼及鋼棒：

1. 不鏽鋼：可應用在護欄、欄杆（如圖3-24a）及其他會暴露在大氣中的其他構件。
2. 鋼棒：可應用在預力基樁、岩栓、拉桿及基座螺栓（如圖3-24b）等構件。

圖 3-24a　不鏽鋼護欄及欄杆照片

圖 3-24b　懸索橋基座螺栓照片

3.7 聚合物

根據維基百科的記載，有機聚合物（Polymer）是指具有非常大分子量的化合物，分子間由結構單位（Structural unit）或單體由共價鍵連接在一起。這個聚合物是出自於希臘字：polys 代表的是多，而 meros 代表的是小單位（Part），所以很多小單位連結在一起的這種特別分子，稱之爲聚合物，例如塑膠和高分子。通常聚合物的分子量大於十萬，聚合度大於三千。

本書簡介工程上常用的三種聚合物：

一、聚氯乙烯（PVC）：是由氯乙烯單體（VCM）聚合而成，它的開發已有 100 年的歷史，1925 年首先使用於商業用途。聚氯乙烯的材料特性爲抗腐蝕佳、耐候性佳、對電的絕緣性良好等，而且可以和其他樹脂共聚，並可與各種可塑劑混合以改變其物理性質及增進機械性質，因此在工程上應用甚廣。硬質的 PVC 常被用於建築物的水管及電路導管（如圖 3-25a 所示），以及管道工程（如圖 3-25b 所示）。

圖 3-25a　建築物水電工程使用 PVC 管照片

圖 3-25b　管道工程使用的 PVC 照片

二、高密度聚乙烯（HDPE）：是一種無味、無毒的白色粉末或顆粒狀產品，結晶度約爲 80%～90%，軟化點介於 125～135℃，使用溫度可達 100℃；硬度和抗拉強度優於低密度聚乙烯，且韌性、耐磨性、耐酸鹹性、對電的絕緣性及耐寒性較佳，但抗老化性能、耐環境應力開裂性不如低密度聚乙烯。目前 HDPE 廣泛用在瓦斯管、冷卻水管、給水管、排水及污水管、農業灌溉，以及油田、化學工業和通訊纜線之管道（如圖 3-26a 及 3-26b）等。

三、地工織物：係將單絲、複絲、扁絲、複合扁絲或是天然纖維紗線原料等，利用針織、梭織織造或是以不織布的方式加工完成，纖維原料具有高拉力強度、低延伸性等特點，可作爲加勁擋土、邊坡抗沖蝕等用途，可部分取代加勁格網的功能；此外，因地工織物的孔隙度平均且穩定，亦可用於濾水及排水之功用。

地工織物在土木工程之應用，迄今已有 50 多年之歷史，業界仍然不斷地研究發展各種產品種類，由於它具有隔離、加勁、過濾、排水、抗沖蝕與保護等功能，其運用範圍包括加勁擋土牆、加勁邊坡、軟弱土層鋪面補強、地基穩固、道路鋪面、排水系統、河岸及海堤保護，以及水土保持等工程。圖 3-27a 所示爲碎石級配未使用不織布分層時，承受垂直載重後立即潰散情形，而圖 3-27b 則顯示碎石級配每 5 公分以不織布隔層，在承受垂直載重後未發生潰散之情形。

圖 3-26a　管道工程使用 HDPE 管照片一

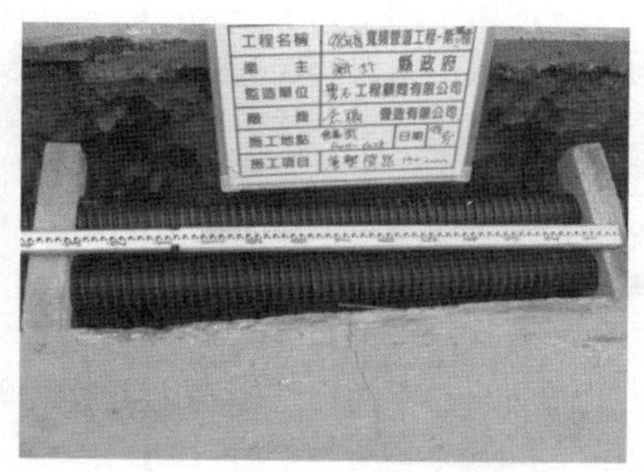

圖 3-26b　管道工程使用 HDPE 照片二

行政院公共工程委員會編製的施工綱要規範第 02342 章，針對地工織物的材料規格、施工及檢驗訂出相關規定。其中產品規定：土木及水利工程用不織布爲聚乙烯纖維、聚丙烯纖維或聚酯纖維等編織而成之織布，其物理性質須符合表 3-2 之標準。

表 3-2　地工織物之物理性質一覽表

項　目	單　位	結　果	試　驗　方　法
拉力強度	kg/5cm	> 140	ASTM D 1682-85
破損前延伸率	%	< 30	ASTM D 1682-85
起始模數	kg/5cm	>1,000	ASTM D 1682-85
透水係數	cm/sec	$>1*10^{-2}$	定水頭高 10cm ASTM D 4491-85

圖 3-27a　單層碎石承壓後潰散照片

圖 3-27b　碎石以不織布分層承壓後照片

資料來源：本項試驗展示由盟鑫工業股份有限公司提供，2013 年 10 月 12 日。

3.8 膠凝及複合材料

在土木及營建工程上，膠凝材料指的是：

一、水泥漿：即水和水泥混合而成具有黏結性的漿液，加上填充材料（粗骨材及細骨材），就成為本書第 3.5 節所述的混凝土。

二、瀝青材料：是一種可塑性高、具黏彈性及絕緣性的材料，加熱後與填充材混合即為瀝青混凝土，作為道路鋪面之用（如圖 3-28a 及 3-28b 所示），亦可作為屋頂防漏、防水、防潮濕、木材防腐及油漆等材料，瀝青材料可分為天然及人造二種：

1. 天然瀝青材料：係原油滲出地表或滲入砂土或滲入岩石之間，經過日曬及風吹作用，將其揮發性油料（如煤油及汽油）蒸發後所留下的殘餘物資。
2. 人造瀝青材料：係原油經過化工廠蒸餾作業提取煤油、汽油及潤滑油等蒸餾物後，所留下的殘餘物質。

圖 3-28a　瀝青混凝土鋪築作業照片

圖 3-28b　瀝青混凝土滾壓作業照片

廣義來說，複合材料是由兩種或兩種以上的材料結合在一起，即可稱為複合材料，其特性是具有高強度、高韌性、質量輕、耐腐蝕及耐磨耗等，目前已廣泛應用在電子及電機產業、航太工業、汽車工業、船舶工業及運動器材上。以土木及營建工程來說，預拌混凝土、鋼筋混凝土、預力混凝土及瀝青混凝土均屬複合材料。

除此之外，本書亦介紹另一種工程上常見的複合材料——玻璃纖維強化塑膠（Glass fiber-reinforced plastic; GFRP），一般是指使用玻璃纖維來增強不飽和聚酯、環氧樹脂與酚醛樹脂基體的複合材料，即以玻璃纖維或其製品來增強材料的強化塑膠，又稱為玻璃鋼。具有質輕而剛硬、不導電、性能穩定、機械強度高、耐腐蝕等特性，可以代替鋼材來製造機械的零件、汽車車體、船舶外殼、水力導槽等。

GFRP、聚氯乙烯、松木、結構鋼和鋁合金的物理性質比較如表 3-3 所示。

表 3-3　GFRP 和其他材料物性比較表

性 能	單位	GFRP	聚氯乙烯	松木	結構鋼	鋁合金
比重	g/cm^3	1.8	1.4	0.56	7.8	2.7
強度	MPa	258	46.5	40	400	124
彈性模數	GPa	25.5	3.9	9	200	69
熱膨脹係數	$10^{-6}(^{\circ}C)^{-1}$	6.6	150	5	11.7	23.6
電傳導	S/m	5e-14	6e-15	3e-7	5e6	3.8e7
熱傳導	W /（m K）	0.29	0.16	0.13	46	210

資料來源：威山複材科技工業股份有限公司

在土木、營建及景觀工程上，GFRP 可以作為棧橋、步道（如圖 3-29a）、護欄、爬梯、景觀異象柵欄、涼亭（如圖 3-29b）、遮陽棚骨架、捷運系統第三軌保護覆蓋、港灣鋼管防蝕套襯（如圖 3-29c）、污水處理廠擋泥板及沉澱池覆蓋板、排水溝格柵板、休閒座椅、道路方向指示牌及其他非主要承重結構之梁柱（如光電板骨架，圖 3-29d）等。

圖 3-29a　GFRP 步道照片

圖 3-29b　GFRP 涼亭照片

圖 3-29c　港灣鋼管 GFRP 防蝕套襯照片

圖 3-29d　GFRP 光電板骨架照片

資料來源：圖 3-29a～d 四張照片由威山複材科技工業股份有限公司提供

Note

第4章
結構及軍事工程

立體高架道路結構一景

4.1 結構的分類

「結構」通常是指一個結構系統，當某一物體承受其他物體施加的作用力或自然力（風力、地震力、水流力、衝擊力、積雪重量等）後，將該作用力或自然力傳給另一個物體；一如本書第 2.10 節所述：在土木及建築工程中，結構係由一個或二個以上固態構件（梁、柱、板／殼、牆、桿／拱、索、膜等），經適當安排結合在一起，使能承受及傳遞荷重或作用力，且在加載或卸載時能維持穩固，不發生明顯的變形。而以工程施作的角度來探討、分析解決結構系統可能存在或面臨的問題，即稱為「結構工程」。

人們生活環境中望眼所及和經常使用的結構，依使用材料、配置構件、功能及受力、用途目的之不同，分類如圖 4-1 所示，說明如下：

一、依使用材料不同

1. 土石結構

以泥、土、磚及石材作為材料，如土石壩（曾文水庫及石門水庫壩體，不用任何鋼筋混凝土）、磚造牆、石板屋、土坏房、石橋等。

2. 木作結構

以木材作為材料（含塑木），如木造橋（含獨木橋）、木造房屋、木造棚架、木質步道及棧橋、木造桌椅、木造床架、木造書櫃等。

3. 鋼骨結構

以鋼骨作為材料，如鋼骨房屋、鋼骨大樓、鋼骨陸橋、鋼拱橋、鋼桁架橋、鋼箱橋、鋼板梁橋等。

4. 鋼筋混凝土結構

以鋼筋混凝土為材料，如房屋、辦公大樓、板橋、道路鋪面、機場跑道及停機坪、隧道、管道、渠道、壩體（如翡翠水庫壩體）、擋土牆等。

5. 鋼筋鋼骨混凝土結構

以鋼筋鋼骨混凝土為材料，如防火建物、核電廠圍阻體、超高層大樓等。

6. 預力混凝土結構

以預力混凝土為材料，如 I 型梁及箱型梁橋、預力混凝土軌枕、特殊及補強結構等。

7. 聚合物結構

以聚合物為材料，如棧橋、步道、護欄、爬梯、景觀異象柵欄、涼亭、遮陽棚骨架、港灣鋼管防蝕套襯、污水處理廠擋泥板及沉澱池覆蓋板、排水溝格柵板、休閒座椅、道路指示牌、光電板骨架等。

二、依配置構件不同：

1. 梁構件：簡支梁、懸臂梁、連續梁、外伸梁、固定梁等。

2. 柱構件：建物內柱及外柱、照明立杆及桅杆等。
3. 板／殼構件：房屋樓板、司令台頂棚、槽體及運具外殼等。
4. 桿／拱構件：平面二力構件爲桿（如圖 4-2a）、曲面二力構件爲拱（如圖 4-2b）。

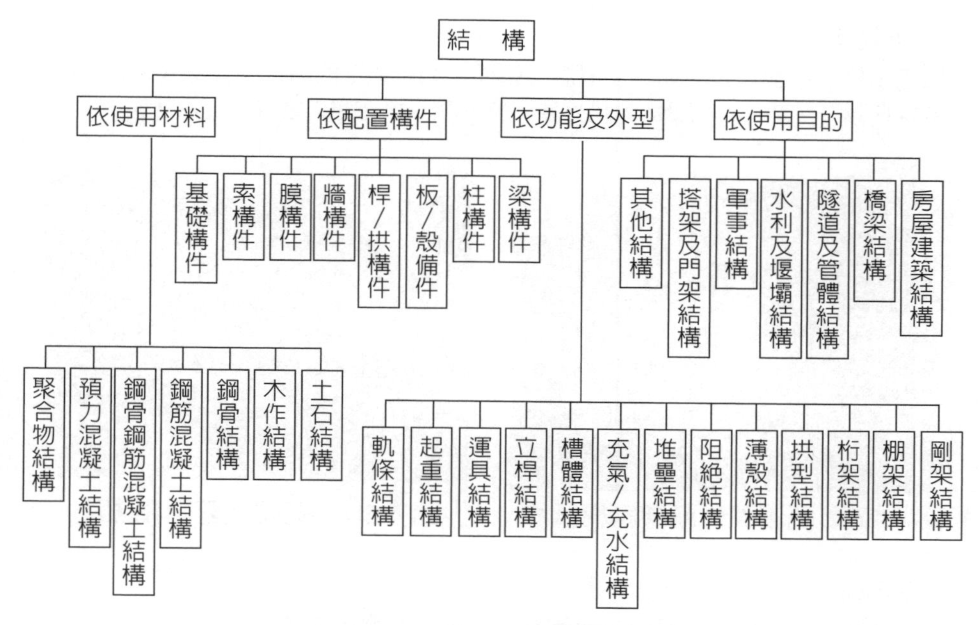

圖 4-1　不同的結構分類示意圖

5. 牆構件：建物內牆及外牆、圍牆、隔音牆等。
6. 膜構件：遮陽及抗 UV 棚架（如圖 4-2b 所示）等。

圖 4-2a　桿構件照片

圖 4-2b　拱構件及膜構件照片

7. 索構件：懸索橋及斜張橋之拉索、背拉地錨之錨索等。
8. 基礎構件：淺基礎（獨立基礎、聯合基礎、連梁基礎、連續基礎、筏式基礎）及深基礎（樁基礎、墩基礎及沉箱基礎）。

三、依功能及外型不同：

1. 剛架結構：不論是鋼骨或鋼筋混凝土結構，梁與柱之間均以剛性方式接合（如圖 4-3a 所示），意即結構受力、構件產生變形時，接合處仍維持原交角狀態。

圖 4-3a　高層鋼骨剛架結構照片

圖 4-3b　遮陽及遮雨棚照片

2. 棚架結構：各式遮陽棚及遮雨棚（如圖 4-3b 所示）。
3. 桁架結構：建築桁架（如圖 4-4a 所示）及公路、鐵路（含高鐵及捷運）、自行車及行人通行之桁架橋（如圖 4-4b 所示）。

圖 4-4a　建築物桁架結構照片

圖 4-4b　自行車及人行桁架橋照片

4. 拱型結構：石拱橋、磚拱橋、鋼拱橋、鋼筋混凝土拱橋、拱型鋼管骨架（同圖 4-2b）等。
5. 薄殼結構：東海大學教堂（如圖 4-5a 所示）、皇宮及其他建物圓型穹頂或雙曲面結構等。

6. 阻絕結構：擋土構造物、擋水構造物（水壩及攔河堰）、阻水圍堰、欄杆及警用拒馬等。
7. 堆疊結構：土石壩、路堤、金字塔、萬里長城、塊石砌及磚砌駁崁等。
8. 充氣及充水結構：橡皮壩及充水式紐澤西護欄，拱型及其他造形之充氣構件（如圖 4-5b 所示）。

圖 4-5a　薄殼結構照片

圖 4-5b　充氣結構照片

9. 槽體結構：儲油槽、儲氣槽、水泥儲槽、穀倉、水槽等，外型有長方型、球型及圓柱型。
10. 立杆結構：球場夜間照明用桅桿、停車場立式照具、道路標示牌、共桿構件、旗桿、電力桿及電信桿等。
11. 運具結構：機體、船體、浮台及車體結構等。
12. 起重結構：碼頭裝卸貨櫃之吊具、工廠吊運重物之起重設備、大樓施工之吊塔、各式吊車等。
13. 軌條結構：捷運、鐵路、採礦輸送及遊憩設施之軌道（如圖 4-6a 及圖 4-6b 所示）。

圖 4-6a　遊憩區的軌條結構照片

圖 4-6b　典型的遊憩結構照片

四、依使用目的不同

1. 房屋及建築結構：一般大眾所居住的房屋、辦公廳舍、集合住宅、商辦大樓、體育館、綜合運動中心、公路客運站、鐵路及捷運車站、機場航站、港口服務中心、工廠、倉儲、庫房、大型展場及世貿中心等。

2. 橋梁結構：各式公路及軌道運輸（捷運、一般鐵路、快速及高速鐵路）沿線跨河及跨谷橋梁、立體交叉橋梁、人行陸橋、森林區動物陸橋、管線橋及玻璃廊橋等。
3. 隧道及管體結構：鐵路及公路隧道、未來磁浮式飛鐵（時速可達數千公里）的眞空管道（如圖 4-7a 所示）、捷運及地下鐵隧道，輸油、輸氣、輸水、郵件及垃圾輸送管道等。

圖 4-7a　磁浮飛鐵及真空通道意象圖

摘自：網路

圖 4-7b　水利升降匣門結構照片

4. 水利及堰壩結構：道路側溝、雨水箱涵、灌溉及引水渠道、河流護岸、攔河堰、水壩、橡皮壩、橋墩施工之圍堰、水利升降匣門（如圖 4-7b 所示）等。
5. 軍事結構：雷達站、飛機及砲陣地掩體、地下碉堡、跑道、戰壕、彈藥庫房、軍醫院、營舍、營區圍牆及阻絕設施等。
6. 塔架及門架結構：高壓電塔（如圖 4-8a 所示）、電視台及電台微波站塔、通訊中繼站塔、纜車中間站塔、觀光鐵塔、起重設施、電子收費及標誌門架等。
7. 其他結構：裝飾性及景觀性結構、獨立或大樓廣告看板、道路及賣場的標識和指示牌、鐵公路隔音牆、移動式車阻、施工鷹架、電梯間結構、桌椅（如圖 4-8b 所示）、臨時施工構台、橋梁施工臨時支撐、單槓、雙槓及高低槓等。

圖 4-8a　電力高壓鐵塔照片

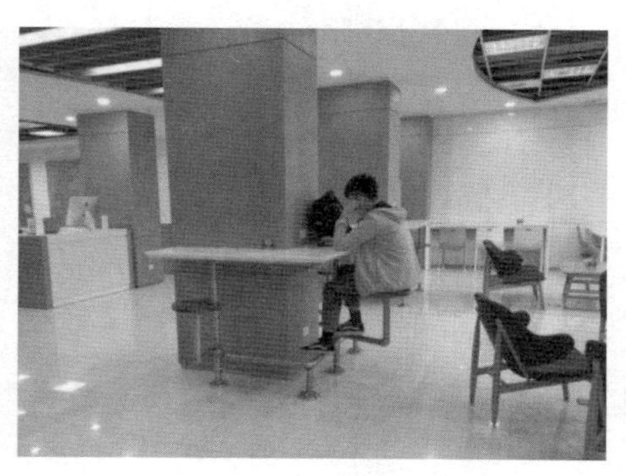

圖 4-8b　桌椅結構照片

Note

4.2 結構的載重與設計考量

大多數的結構物是提供人類生活、居住、辦公、運動、休閒的空間，故其安全性至關重要。作用在結構物上的載重包括：靜載重、活載重、衝擊載重及環境載重，因載重種類及大小具有地域性，各國對結構物載重值之規定不盡相同，如內陸地區較少受到颱風或颶風侵襲，美國有些州則經常受到龍捲風的肆虐，而有些地區從未發生地震，寒帶地區建築物則需考慮雪載重的影響（屋頂呈細尖塔形以減少積雪的厚度及重量）。然而，隨著極端氣候及環境變遷的影響，風、雪、水對結構物的衝擊越來越強烈，各國亦需採取因應措施及調整載重值的大小。

一、**靜載重（Dead loads）**：又稱呆載重，凡是結構物自身的重量（包括梁、柱、樓板、外牆、隔間牆）及固定設置在結構物上的設施（包括外牆大理石、玻璃窗、遮陽棚、照具、空調管線、給排水及污水管線等）。簡單地說就是不會移動的構件及物件屬於靜載重，反過來說，可移動的構件及物件不可列爲靜載重。至於不同的材料單位重及不同結構物的靜載重值，讀者可參閱《建築技術規則構造編》。

二、**活載重（Live loads）**：依《建築技術規則構造編》第 16 條：「垂直載重中不屬於靜載重者，均爲活載重，包括建築物室內人員、傢俱、設備、貯藏物品、活動隔間等。工廠建築應包括機器設備及堆置材料等。倉庫建築應包括貯藏物品、搬運車輛及吊裝設備等，積雪地區應包括雪載重。」建築物的活載重會因樓地板用途不同而異，請詳《建築技術規則構造編》第17條，不同材料的單位重可參閱第12條～15條；而鐵公路橋梁的活載重則請分別參閱《鐵路橋梁設計規範》及《公路橋梁設計規範》。

三、**衝擊載重（Impact loads）**：車輛行駛在道路上，因路面凹凸不平致使車輪彈跳撞擊路面，或因車輛由進橋板駛入橋面後所引起的振動致使車輛載重被放大，或者是結構物的承載構件（樓板或梁）因往復式機器作用所產生的振動，這些因動力作用放大的作用力即爲衝擊載重。在橋梁設計中，車輛載重的衝擊作用力即爲車輛載重乘以衝擊係數，而衝擊係數與橋梁的跨度有關，跨度越小衝擊係數越大；但在建築物的設計中，衝擊載重與跨度無關，依《建築技術規則構造編》第 23 條：承受往復式機器或原動機之構材，其活載重須加計機器重量的百分之五十。

四、**環境載重（Environmental loads）**：由結構物周遭環境所產生而作用在結構體上的載重即爲環境載重，包括：風壓力、地震力、土壓力、水壓力、溫差及不均勻沉陷等。受風力破壞最著名的橋梁係 1940 年發生在美國華盛頓州的「Tacoma Narrows Bridge」，由於當時的橋梁設計規範尙未考慮到風力造成的渦振效應，致使完工四個月即因海灣強風所形成的渦振而震垮；2009 年 10 月 10 日位於俄國莫斯科南方「伏爾加格勒市橋梁」及 2020 年 5 月 5 日位於廣東省的「虎門大橋」也都曾發生渦振現象。

結構設計的主要訴求目標如下：

一、**安全性**：對於位處環太平洋地震帶和颱風肆虐帶的台灣而言，安全性是結構設計的首要目標，任何結構物都必須符合耐震及抗風的要求。不當的設計在各種外力的極端意外組合下，可能會帶來無限的遺憾，如 2016 年 2 月 6 日因美濃地震而倒塌的台南市維冠大樓，造成 115 人不幸罹難之意外。圖 4-9a 及圖 4-9b 係結構物及圍籬被風力吹垮照片。

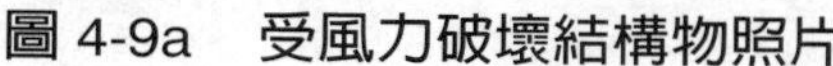

圖 4-9a　受風力破壞結構物照片　圖 4-9b　工地圍籬被颱風吹倒照片

二、經濟性：這項議題乃是結構設計中要考慮的第二要務，設計者可以輕易地放大構件尺度或增加材料用量以達到安全的目標，然而過度設計也將產生資源浪費的情形。尤其是公共工程，其預算來自人民的納稅錢，而私部門大部分講求的是利潤最大化，反過來說就是成本最小化。因此，設計者須在結構安全與經濟實惠之間取得一個平衡點。

三、適用性：結構物的設計除了安全性及經濟性之外，尚需考慮使用者的感受，如大梁的過度垂直變位會影響家具的擺設及產生地板積水等缺失，而高層建築在地震時太大的水平晃動也會讓住戶產生心理上的驚恐。

四、美觀性：由於鋼料在各種結構中逐漸被廣泛應用，使得鋼結構的造型較鋼筋混凝土結構更具變化及多樣性，設計者可以將力與美的結合發揮到淋漓盡緻的境界；不只是建築物，連橋梁結構的美觀性也日益受到重視，許多「鋼結構」的出現就成為當地著名的地標，如「美國舊金山金門大橋」、「英國倫敦塔橋」、「法國巴黎鐵塔」、「比利時布魯塞爾原子塔」、「台北 101 大樓」等等，比比皆是。

五、環保性：工程設計儘可能採用具有環保標章之材料、節能減廢以及資源再利用，施工方法則考量採用近自然的工法。

4.3 房屋建築結構

房屋建築是我們生活最常看到的結構物，主要是提供人們居住、辦公、休閒或進行商業、旅遊活動之用，低矮建築（高度低於 15m）及中高層建築（高度介於 15～50m）的主結構大多採用鋼筋混凝土構造，少部分採用鋼構造用於公共服務設施，如宜蘭縣的蘭陽博物館（如圖 4-10a 及圖 4-10b）；而超高層建築（高度大於 50m）則多採鋼骨構造或鋼骨鋼筋混凝土構造（SRC），台灣較著名的超高層建築爲「台北 101 大樓」、「南山人壽大樓」。

圖 4-10a　蘭陽博物館外觀照片

圖 4-10b　蘭陽博物館内部結構照片

依《建築法》第 4 條規定：「本法所稱建築物，爲定著於土地上或地面下具有頂蓋、梁柱或牆壁，供個人或公衆使用之構造物或雜項工作物。」同法第 7 條規定：「本法所稱雜項工作物，爲營業爐灶、水塔、瞭望臺、招牌廣告、樹立廣告、散裝倉、廣播塔、煙囪、圍牆、機械遊樂設施、游泳池、地下儲藏庫、建築所需駁崁、挖填土石方等工程及建築物興建完成後增設之中央系統空氣調節設備、昇降設備、機械停車設備、防空避難設備、污物處理設施等。」

除了以高度區分低矮、中高層及超高層建築外，本書另依使用功能將建築法所稱之構造物分爲：

一、**住宅商辦建築**：係供人們居住（如圖 4-11a）、營業商用、辦公及會議之用，此類構造物的內部空間平日及例假日都會有人使用，即使商辦大樓也可能有人晚上加班、物管人員按時巡檢。

二、**災防及醫療建築**：此類結構物係於地震災害發生後，必須維持機能以救濟大衆之重要建築物，如防救災中心、消防隊（如圖 4-11b）、醫院、發電廠、自來水廠與緊急供電、供水直接有關之廠房與建築物、避難中心等。

三、**廠房及庫房建築**：如工業廠房、物品堆置庫房、商品展示及賣場空間，此類構造物內部通常需要較大的無柱空間或大跨徑柱位（如圖 4-12a），因此，中間無柱的拱形及人形鋼構造（如圖 4-12b）即成爲重要選項，人形架及拱架主要是承受壓力。

圖 4-11a　早期住宅建築外觀照片

圖 4-11b　消防隊外觀照片

圖 4-12a　大賣場內部照片

圖 4-12b　穀物儲倉內部照片

四、娛樂體育場館建築：運動、休閒及娛樂（如電影院、歌劇院、影城）已是現代人生活中不可或缺的部分，各級政府亦越來越重視市民的身體素質，許多政府籌建的體育運動館場（如棒球場、田徑場、足球場、綜合運動中心等）特別強調外觀造型，此類的結構物屋頂的設計除自重外，主要考慮風力及地震力作用，台灣較著名的體育館場爲「台北大巨蛋」（如圖 4-13a）、大陸則以「北京奧運國家體育館——鳥巢」（如圖 4-13b）著稱。

圖 4-13a　大巨蛋鳥瞰照片

圖 4-13b　鳥巢外觀照片

五、站區建築：交通及旅遊是現代人日常生活中不可或缺的一部分，各國及各地政府亦越來越重視對旅客的服務品質，衆多交通服務的站區如鐵公路、捷運、高鐵、港口、機場等，同樣強調外觀造型及結構功能，此類的結構物要求空間寬敞、較大跨度、構造簡潔、光線通透、環保節能，因此設計師利用質輕且造型多變之鋼構件來組合站區結構（如圖 4-14a 及 4-14b）。此類結構物之屋頂設計除自重外，主要考慮風力及地震力作用。

圖 4-14a　高架車站月台照片

圖 4-14b　機場航廈內部照片

六、宗教性建築：各種宗教（基督教、天主教、猶太教、道教、佛教、伊斯蘭教、東正教等）都會建造供會友聚集、朝拜之建築物，如宮廟、教堂等。

七、紀念性建築：主要是爲了緬懷某些生前對國家社會做出重大貢獻的名人，或對某種重大事件中逝去的人們表達哀掉之意而建造的建築物，如紐約市 911 恐攻事件中原雙子星大樓遭受重創而重建的世貿中心轉運站（如圖 4-15）。

圖 4-15　紐約世貿中心轉運站外觀及內部照片

摘自：網路

依《建築物耐震設計規範》第 2.8 節，建築物用途係數（I）規定如下：

一、第一類建築物

地震災害發生後，必須維持機能以救濟大眾之重要建築物，I = 1.5。

1. 中央、直轄市及縣（市）政府、鄉鎮市（區）公所涉及地震災害緊急應變業務之機關辦公廳舍。
2. 消防、警務及電信單位執行公務之建築物。
3. 供震災避難使用之國中、小學校舍。
4. 教學醫院、區域醫院、署（市）立醫院或政府指定醫院。
5. 發電廠、自來水廠與緊急供電、供水直接有關之廠房與建築物。
6. 其他經中央主管機關認定之建築物。

二、第二類建築物

儲存多量具有毒性、爆炸性等危險物品之建築物，I=1.5。

三、第三類建築物

下列公眾使用之建築物，I = 1.25。

1. 各級政府機關辦公廳舍（第一類建築物之外）。
2. 教育文化類：幼稚園、各級學校校舍（第一類建築物之外）、集會堂、活動中心、圖書館、資料館、博物館、美術館、展覽館、寺廟、教堂、補習班、體育館。
3. 衛生及社會福利類：醫院、診所（第一類建築物之外）、安養、療養、扶養、教養場所、殯儀館。
4. 營業類：餐廳、百貨公司、商場、超級市場、零售市場、批發量販營業場所、展售場、觀覽場、地下街。
5. 娛樂業：電影院、演藝場所、歌廳、舞廳、舞場、夜總會、錄影節目播映、視聽歌唱營業場所、保齡球館。
6. 工作類：金融證券營業交易場所之營業廳。
7. 遊覽交通類：車站、航運站。
8. 其他經中央主管機關認定之建築物。

一棟建築物如係混合使用，上述供公眾使用場所累計樓地板面積超過 3,000 平方公尺或總樓地板面積百分之二十以上者，用途係數才需用 1.25。如一棟建築物單種用途使用時，必須總樓板面積超過 1,000 平方公尺，用途係數才需用 1.25。

四、第四類建築物

其他一般建築物，I = 1.0。

註：醫院也必須具有急救功能及手術設備者才屬第一類建築物。航空站或航空站控制中心之建築物必須執行公務者，用途係數用 1.5。

4.4 地震工程

台灣位處環太平洋地震帶上，每年大小地震平均超過萬次，建築物的防震是非常重要的課題。地震工程是一門研究建築物受到地震作用時對其結構行爲影響的學科，用以減少地震發生時對建築物的損害，也是結構設計的重要一環。

國內最具權威的地震工程研究單位爲「國家地震工程研究中心」，此係行政院國家科學委員會爲有效推動我國震災科技之研究與發展，擇定於國立臺灣大學校園內設立的。該中心於民國八十七年十一月底正式啟用研究大樓，其設立之宗旨爲設置地震模擬試驗室，利用大比例尺或足尺寸靜動態試驗方式，提升與落實地震工程之研究。另外也結合國內外與地震工程有關之學者及工程師，從事有關地震工程之基本研究和應用研究，分別從理論或試驗方面解決國內工程界之耐震問題，帶動地震工程科技研究之創新，提升學術研究地位。另配合震前準備、震中應變、震後復建之需要，整合國內學術資源，執行整合型計畫，發展地震工程新技術，以減輕地震災害損失爲最終目的。

該中心八大未來發展方向如下：

1：確保新建建築與橋梁耐震能力，研究創新耐震設計規範。

2：提升既有建築與橋梁之耐震能力，研發耐震診斷與補強之技術。

3：因應震災緊急應變與風險管理之需求，研發地震損失之評估技術。

4：建構優質耐震結構系統，研發新材料、新工法及新技術。

5：建構卓越實驗與分析研究環境，提升實驗與數值模擬技術。

6：強化研究成果之推廣與分享，建置地震工程知識庫。

7：強化地震工程與地震學之整合，提升地震基礎研究成果之應用。

8：強化大地地震工程研究，落實結構物基礎耐震設計技術。

根據臺灣地質知識服務網的記載，地震發生的位置稱爲「震源」，而震源投影於地球表面之點稱爲「震央」。地震波動可以兩種方式經由地球內部傳播，第一種爲縱波或伸縮波（P 波），另一種爲橫波或變形波（S 波）。當能量在地震震源開始釋放時，這兩種波同時開始向四面八方傳播出去。其中 P 波的傳播速度較快，因此它到達地面的時間也比較早。地震的初動部分係由這種波動所引起，隨後而來的是橫波（S 波）和表面波。所以，從震源至觀測點之距離大致和初動持續時間（P 波到後至 S 波到達之時間）成正比例，其比例常數一般約爲 8 公里／秒。因此，初動持續時間之秒數乘以 8 公里／秒，就是震源傳遞至測站之距離。當從 3 個觀測點決定震源傳遞至測站之距離後，我們便可以這 3 個觀測點爲中心，以對應各點之震源距離爲半徑劃 3 個球面，這 3 個球面之交接處即是震源所在。

如圖 4-16 所示，一般在地殼內 P 波的速度約 6.5 公里／秒，S 波則約 3.5 公里／秒，P 波及 S 波在傳經地球表面時，因爲建設性的干涉，會形成表面波，沿著地表傳播，其傳播速度比 S 波慢一些。P 波及 S 波干涉的表面波爲雷利波（Rayleigh wave），由 S 波相互干涉的表面波爲洛夫波（Love wave）。地震大多屬於斷層的錯動，因此震波能量主要由 S 波傳播，但是像核爆或是爆炸等震源，主要震波能量以 P 波爲主。

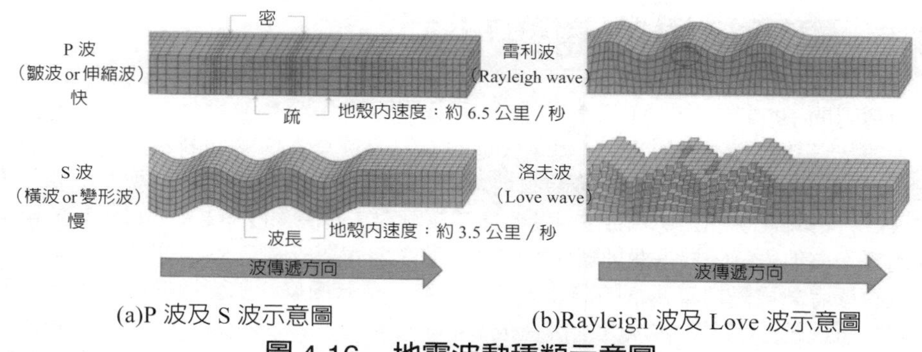

(a)P 波及 S 波示意圖　(b)Rayleigh 波及 Love 波示意圖

圖 4-16　地震波動種類示意圖

摘自：臺灣地質知識服務網，吳逸民。

《建築物耐震設計規範（2011.01.19版）》考量的三種地震水準及耐震設計目標為：

1. 中小度地震：回歸期約 30 年，其 50 年超越機率約 80%，在建築物使用年限中發生的機率相當高，因此要求建築物於此中小度地震下結構體保持在彈性限度內，地震過後建築物結構體沒有任何損壞，建築物在中小度地震後無需修補。
2. 設計地震：回歸期 475 年，其 50 年超越機率約 10%，建築物不得產生嚴重損壞，以避免造成嚴重的人命及財產損失。設計地震下若限制建築物仍須保持彈性，殊不經濟，因此容許建築物在一些特定位置如梁之端部產生塑鉸，藉以消耗地震能量，並降低建築物所受之地震反應。又為防止過於嚴重之不可修護的損壞，建築物產生的韌性比不得超過容許韌性容量。
3. 最大考量地震：回歸期 2500 年，其 50 年超越機率約 2%。設計目標在使建築物於此罕見之烈震下不產生崩塌，以避免造成嚴重之損失或造成二次災害。因為地震之水準已經為最大考量地震，若還限制其韌性容量之使用，殊不經濟，所以允許結構物使用之韌性可以達到其韌性容量。

總而言之，現階段建築物對地震之設計原則為：小震不壞、中震可修、大震不倒。在辦理建築物的結構設計時宜避免立面及平面的不規則性：

1. 立面不規則：1) 勁度不規則性（軟層），即該層之側向勁度低於其上一層之 70% 或其上三層平均勁度之 80%，2) 質量不規則性，即任一層之質量若超過其相鄰層質量的 150% 者，3) 立面幾何不規則性，即任一層抵抗側力結構系統之水平尺度若大於其相鄰層者之 130% 以上，4) 抵抗側力的豎向構材立面內不連續，即抵抗側力的豎向構材立面內錯位距離超過該構材長度者，5) 強度不連續性（弱層），即該層強度與該層設計層剪力的比值低於其上層比值 80% 者。
2. 平面不規則：1) 扭轉不規則性，2) 具凹角，3) 橫隔版不連續，4) 面外之錯位，5) 非平行結構系統。（其他資料詳參《建築物耐震設計規範》表 1-1 及表 1-2）

4.5 建築結構的補強方式

台灣時間 1999 年 9 月 21 日上午 1 時 47 分 15.9 秒，發生台灣中部山區的逆斷層型地震，芮氏規模 7.3 的「921 集集大地震」，台灣全島均感受劇烈搖晃，時間長達 102 秒，係第二次世界大戰後台灣地區傷亡損失最大的天然災害。震央位於北緯 23.85 度、東經 120.82 度，約在南投縣集集鎮境內，震源深度僅 8.0 公里，屬於極淺層地震。該地震肇因於車籠埔斷層的錯動，並在地表造成長達 85 公里的破裂帶，另外也有學者認為是由車籠埔斷層及大茅埔－雙冬斷層兩條活動斷層同時再次活動所引起。根據統計資料，本次大地震造成 2,415 人死亡，29 人失蹤，11,305 人受傷，51,711 間房屋全倒，53,768 間房屋半倒。不但人員傷亡慘重，也震毀了許多道路與橋梁等交通設施、堰壩及堤防等水利設施，以及電力設備、維生管線、工業設施、醫院設施、學校等公共設施（如圖 4-17a 及 4-17b 所示），更引發了大規模的山崩與土壤液化災害，其中又以台灣中部受災最為嚴重。臺灣鐵路管理局西部幹線一度全面停駛，多數的客運公司也都暫時停駛。

(a) 原光復國中教室倒塌照片

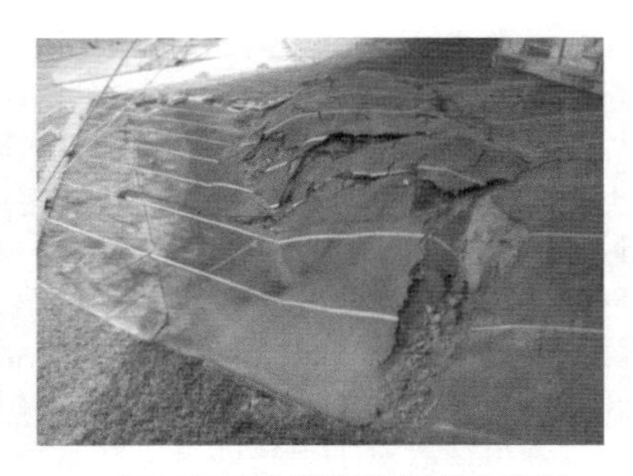

(b) 原光復國中操場跑道錯位照片

圖 4-17　1999 年 921 集集大地震災損照片

921 大地震之後，政府積極主導修正結構物（含建築及橋梁等）耐震規範，而且對於公立學校教室及校舍、公有建築物之耐震安全亦進行全面性之耐震評估作業，安全性有疑慮的建築物及橋梁均需辦理結構補強，公有建物多為鋼筋混凝土建物，其補強方式主要是使用鋼構件來增設樓層間斜撐系統（大樓的抗震系統亦然），藉以提升對水平作用推力之抵抗，常見的結構補強方式如圖 4-18 所示。

根據內政部《建築物耐震設計規範（2011.01.19 版）》第二章〈靜力分析方法〉之說明，形狀規則之建築物，不屬於須進行動力分析者，可將地震力之計算以靜力法進行結構分析，並將地震力假設為單獨分別作用在建築物之兩主軸方向上。構造物各主軸方向分別承受地震力之最小設計總橫力為：

$$V=\frac{S_{aD}I}{1.4\alpha_y F_u}W \quad (4\text{-}1)$$

（4-1）式中之 $\dfrac{S_{aD}}{F_u}$ 得依下式修正，並令 $\left[\dfrac{S_{aD}}{F_u}\right]_m$ 如下：

$$\left[\frac{S_{aD}}{F_u}\right]_m = \begin{cases} \dfrac{S_{aD}}{F_u}，\dfrac{S_{aD}}{F_u} \leq 0.3 \\ 0.52\dfrac{S_{aD}}{F_u}+0.144，0.3<\dfrac{S_{aD}}{F_u}<0.8 \\ 0.70\dfrac{S_{aD}}{F_u}，\dfrac{S_{aD}}{F_u} \geq 0.8 \end{cases} \tag{4-2}$$

則（4-1）式可改寫爲：

$$V=\frac{I}{1.4\alpha_y}\left[\frac{S_{aD}}{F_u}\right]_m W \tag{4-3}$$

其中

S_{aD}：工址設計水平譜加速度係數，爲工址水平向之設計譜加速度與重力加速度之比值。

I：用途係數。

W：建築物全部靜載重。活動隔間至少應計入之重量，一般倉庫、書庫應計入至少 1/4 活載重，水箱及水池等容器，應計入全部內容物之重量。

α_y：起始降伏地震力放大倍數。

F_u：結構系統地震力折減係數。

圖 4-18　常見的建築結構補強照片

4.6 橋梁工程

爲了滿足公路及軌道運輸（捷運、一般鐵路及高速鐵路）之需求，不論市區、郊區或森林區，都會興建各式的橋梁（立體或平面、跨河谷或非跨河谷）。依使用功能、支撐及受力方式、使用材料、跨越地形及施工方式，橋梁分類如圖 4-19 所示。

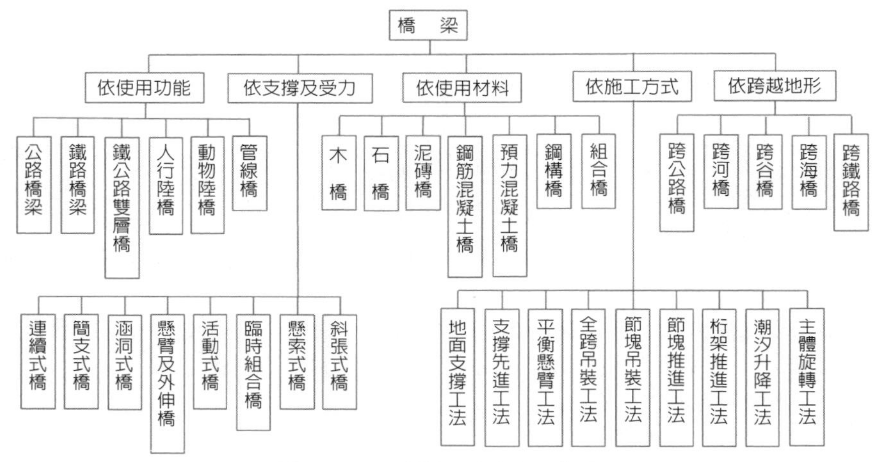

圖 4-19　橋梁分類示意圖

限於篇幅，橋梁型式僅整合簡介下列十種：

1. 桁架橋：軌道運輸（列車）的載重一般均遠大於公路運輸，採用鋼桁架橋（如圖 4-20a）可達到增加跨度、減輕自重的目的，另一種供人員通行之空中廊道也可以採用這種型式的橋梁（如圖 4-20b），國外有一些提供鐵公路運輸的雙層橋，一層做爲公路運輸之用，另一層則做爲鐵路或捷運之用，如「南京長江大橋」及「日本瀨戶大橋」。

圖 4-20a　台灣高鐵桁架橋照片

圖 4-20b　人行桁架橋照片

桁架橋節點可以採用鉚接、螺栓接或球節接合方式組合，其構件屬於二力構件，主要受力爲壓力及拉力，上弦桿通常承受壓力，下弦桿則承受拉力，斜桿則不一定，不同型式的桁架橋斜桿配置方式不同，須經過分析才能知道何者承受壓力或拉力。

2. 拱橋：鋼造拱橋（如圖 4-21a）通常以拱肋配搭順車行方向之主梁，以及連結拱肋和主梁之吊桿（垂直或斜交），拱肋及主梁爲箱型斷面，拱肋受壓、主梁及吊桿受拉。鋼筋混凝土拱橋（如圖4-21b）係以拱肋撐起橋面板，通常不設吊桿或垂直拉桿。

圖 4-21a　人行鋼拱橋照片

圖 4-21b　鋼筋混凝土拱橋照片

3. 板梁及箱型橋：鋼造板梁多以三片鋼板附加支撐及中間加勁板組合成較大斷面之 I 型梁，又兩 I 型梁連同側向支撐組合成單跨等斷面橋梁（如圖 4-22a），一般跨度不大的鐵路橋多採此種型式；而抗扭矩功能更佳的鋼箱型橋可採連續多跨變斷面或多跨等斷面形式，藉以建構比板梁橋跨度更大的高架橋梁，例如圖 4-22b 所示爲台北市市民大道高架橋照片。

圖 4-22a　鐵路板梁橋照片

圖 4-22b　快速道路鋼箱型橋照片

4. 懸索橋：又稱吊橋，係以鋼纜（或鋼鉸線）、橋塔（多爲 RC 構造）、垂直索及橋面板構成（如圖 4-23a 及 4-23b），鋼纜及垂直索承受拉力、橋塔承受壓力，橋面板主要承受彎矩。目前全世界最著名的懸索橋屬位於日本本州與四國之間，連接神戶和淡路島的「明石海峽大橋」，全長 3,911m，橋墩主跨距 1,991m，寬 35m，兩邊跨距各為960m，橋身呈淡藍色，它擁有世界第三高的橋塔（298.3m），僅次於法國密佑（Millau）高架橋（342m）以及大陸蘇通長江公路大橋（306m）。另一著名的懸索橋是跨越連接舊金山灣和太平洋金門海峽的「舊金山金門大橋」，其橋墩跨距長1,280.2m，建成時曾是世界上跨距最大的懸索橋，橋身呈褐紅色，曾擁有世界第四高的橋塔（高度227.4m），全橋總長度2,737.4m。

圖 4-23a　懸索橋照片

圖 4-23b　懸索橋（碧潭人行吊橋）照片

5. 斜張橋：斜張橋由主梁、斜向鋼索以及支承鋼索的橋塔（多為RC構造）組成（如圖4-24a及4-24b），其剛度比吊橋大，但跨度比懸索橋小。鋼索張拉成直線狀，橋塔承受壓力，主梁與彈性支承上的連續梁性能相似。斜張橋在構造上有單塔或雙塔、單面索或兩面索、密索或少索等形式，索的配置也有不同的放射形式，而橋塔、主梁、橋台之間有鉸接或固接等多種類型。目前全世界最長的斜張橋位於俄羅斯海參崴的「俄羅斯島大橋」，主跨長度1,104m，於2012年7月建成；另外目前全世界最高的斜張橋係位於法國南部的「密佑高架橋」（Millau Viaduct）。

圖 4-24a　公路斜張橋照片一

圖 4-24b　公路斜張橋照片二

6. 管線橋：公共設施管線包括電力、電信（含軍、警專用電信）、自來水、下水道、瓦斯、廢棄物、輸油、輸氣、有線電視、路燈、交通號誌等，其中自來水、瓦斯及輸油管屬於硬管，過河段常須獨立以自身管道長度布放在橋墩之間（如圖4-25a），落墩數有限制之河道或橋墩間距較大者，須以桁架、拱架及其他方式輔助管道佈放在橋墩之間（如圖 4-25b）；其餘纜線類的管線則多附掛在其他交通橋梁上通過河道。

圖 4-25a　跨河水管橋照片

圖 4-25b　跨河管線橋照片

7. 棧橋：棧橋是一種具有碼頭功能的橋狀建築物，由岸邊伸向海面或河面（如圖 4-26a），主要結構係採用建於靠近海岸或河岸的鐵路站、港口、碼頭、礦場或工廠，如位於大陸青島市市南區青島灣內的「青島棧橋」，主要建築是橋頭的一個二層建築——回瀾閣。另一種型式的棧橋是建於邊坡的沿線上，供車輛或行人通行。

圖 4-26a　碼頭供旅客登船用之棧橋照片

圖 4-26b　機場供旅客登機之空橋照片

8. 活動橋：又稱開啟橋、開合橋或可動橋，供通航、通行需要而建，橋身能以立轉、旋轉、直升、側升、捲縮、平移、運渡等方式開合的橋梁，適用於交通不很頻繁但須讓船隻通行的河道、航道或港口，歐洲較著名的活動橋是位於英國的「倫敦塔橋」。另一種活動橋是設在機場的空橋或稱登機橋，是從登機門延伸至機艙艙門，方便乘客進出機艙，空橋的前緣可平移、升降及伸縮直通至登機口（如圖 4-26b）。位於彰化火車站的扇形車庫前可 360 度旋轉的平台即為旋轉橋（如圖 4-27a），而台灣首座景觀式的升降橋是位於屏東大鵬灣的「鵬灣跨海大橋」（如圖 4-27b），於 2008 年 3 月開始興建，於 2011 年 2 月完工，全長為 579m，橋寬 30m，主塔高度距水面 71m。

圖 4-27a 旋轉橋（彰化扇形車庫）照片

圖 4-27b 升降橋（鵬灣跨海大橋）照片

9. 玻璃廊橋：設於景觀區，以鋼結構作骨架、上鋪強化玻璃、外伸出去懸崖，供遊客驚悚體驗高空漫步的樂趣，如「美國大峽谷天空步道」、「重慶最長玻璃廊橋」等。
10. 臨時組合橋：一為浮橋，係提供軍事及輜重車輛通過水面而搭建的浮動通道，任務結束後即拆卸收回；另一種倍力橋是預先設計好的鋼桁架迅速組合而成的桁架橋。

針對橋梁的施工，本書簡介九種工法說明如下：

1. 地面支撐工法：這種工法係在橋跨之間的地面上架設支撐、組立模板、配置鋼筋及鋼腱套管、澆置混凝土，養護後再穿拉預力鋼腱及施拉預力，是混凝土橋梁使用最早及最多的一種工法（如圖 4-28a 所示）。

圖 4-28a 地面支撐工法施工照片

圖 4-28b 支撐先進工法施工照片

2. 支撐先進工法：若因山區地勢起伏過大或橋跨之間的土地無法進行支撐作業時，可採用本工法（如圖 4-28b 所示），即在事先完成各橋墩之施工，並在橋墩之間架設移動式支撐鋼架及系統模板，於該跨模板上方配置鋼筋及鋼腱套管、澆置及養護混凝土，再穿拉預力鋼腱及施拉預力，之後再將整跨支撐鋼架及系統模板推移至下一跨。
3. 平衡懸臂工法：由橋墩處向前後端方向同時施作預力節塊之工法（如圖 4-29a 所示），以維持二端懸臂之平衡狀態，此工法係在已完成之節塊上架設模板工作車來代替支撐鷹架或工作架，對於無法架設支撐之地域極爲方便。

圖 4-29a　平衡懸臂工法施工照片　**圖 4-29b　全跨吊裝工法施工照片**

4. 全跨吊裝工法：倘若橋下空間不便架設支撐，可選擇採用預鑄預力混凝土節塊或採用整跨鋼箱梁，直接吊裝至已完成之橋墩上進行組裝（如圖 4-29b 所示）。
5. 節塊吊裝工法：前者係整跨的預鑄節塊或鋼箱梁吊裝，而本工法則是在橋墩之間將各別的預鑄節塊吊上定點，再各別節塊穿拉鋼腱及施加預力，逐步完成任二橋墩之間的組裝（如圖 4-30a 所示）。

圖 4-30a　節塊吊裝工法施工照片　**圖 4-30b　桁架推進工法施工照片**

6. 節塊推進工法：此法係先完成橋墩及整跨預力節塊，逐塊由前導鼻梁及推進系統往前推送之工法。
7. 桁架推進工法：第 2 項工法係在支撐先進系統上以場鑄方式施作該跨之節塊，而本工法則是以桁架推進系統逐步將已完成之整跨預力節塊或鋼箱梁推送至預定橋墩之間置放（如圖 4-30b 所示）。
8. 潮汐升降工法：係跨河鋼構橋梁之主體結構，利用漲潮時段以重型運輸船載至定點（梁底高度略高於橋墩），待退潮水位下降時主體結構降至橋墩上，如關渡鋼拱橋。
9. 主體旋轉工法：適用跨越深谷或鐵路、公路的大跨徑橋梁（鋼拱、預力箱梁等），先擇定在不妨礙橋下交通的位置施作橋梁主體，再以適當方法旋轉至定點接合。

4.7 隧道工程

「隧道」是一種穿越山地、平地、河底或海底的地下構造物，供人、車、物通行，及水庫排泥，或輸送自來水、污水、發電用水、工業用水及灌溉用水。隧道工程係爲開挖礦產、興建鐵公路及捷運交通設施、供水及排水、各式纜管線（共同管道）、地下庫房、軍事掩體等需要而發展出來的工程技術，使用特殊機具及相關材料用來開鑿出一個地下空間並予穩固支撐，以供各種需求使用。

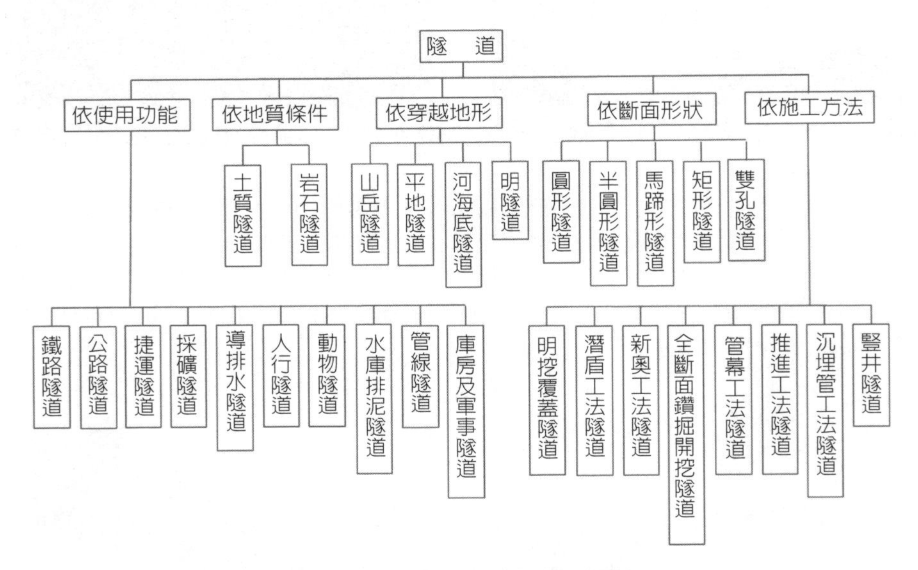

圖 4-31　隧道分類示意圖

隧道依使用功能、地質條件、穿越地形、斷面形狀及施工方法等分類如圖 4-31 所示。限於篇幅，隧道型式僅整合簡介下列十種：

1. 鐵路隧道：穿越山區或市區，供一般鐵路、快鐵、高鐵列車通行，如圖4-32a所示。
2. 公路隧道：常見於通過山區的普通公路、快速道路、高速公路，供行人及車輛通行，如圖 4-32b 所示。另一種公路隧道爲車行地下道，主要建於市區交通十分頻繁的路口，以減少不必要的停等；而部分路段穿越流經市區河流時，會以河底隧道型式出現。
3. 捷運隧道：常見於大都市的地下，供捷運（或稱地鐵）列車通行，部分路段穿越流經市區河流時，也會以河底隧道型式出現，常以潛盾工法施築。
4. 海底隧道：主要是穿越海灣或海域的隧道，供鐵路列車或汽車通行，如「高雄過港隧道」、「英法海底隧道」、「港珠澳大橋海底隧道」等。
5. 採礦隧道：主要是提供採礦工人進出以及將所採礦料輸送之通道，一般都以簡陋方興築，安全性較低，這也是過去常發生礦災之原因。

圖 4-32a　山區高鐵隧道照片

圖 4-32b　山區公路隧道照片

6. 水庫排泥隧道：為避免水庫容量被集水區流入的泥砂吞蝕，部分水庫會興建排泥隧道，將淤積在水庫底部的泥砂抽至下游地區沉積，如圖 4-33a 所示。
7. 導排水隧道：如明潭抽蓄發電用的導排水隧道，白天將上池的蓄水排入下池進行發電，夜間再以剩餘電力將下池的水回抽至上池。
8. 庫房及軍事隧道：軍用的庫房、醫院、營舍建於堅硬的岩盤內，如「南竿八八坑道」。

圖 4-33a　曾文水庫排泥隧道口照片

圖 4-33b　中部橫貫公路明隧道照片

9. 明隧道：為防止山區道路邊坡上土石崩落而建造的側面縷空隧道，如圖 4-33b 所示。
10. 動物隧道：穿越山區或森林區公路下方，專供動物通行的管涵或箱涵。

圖 4-34a　潛盾工法隧道內部照片

圖 4-34b　潛盾工法豎井隧道照片

4.8 軍事工程

根據維基百科的記載，軍事工程（Military engineering）可以大致定義爲設計及建立軍事設施和設備，維持軍事運輸及通訊的藝術、工程及實務。軍事工程也要負責軍事戰術的後勤。現代的軍事工程和土木工程不同，二十世紀及二十一世紀的軍事工程也要包括機械工程以及電機工程的相關技術。

依照北約的定義：「軍事工程是塑造實際作戰環境的工程活動，軍事工程整合了對機動和整體力量的支持，軍事工程機能包括有工程師支持的部隊防護、反簡易爆炸裝置、環境保護、工程智能以及軍事搜索。軍事工程不包括維護、修理及操作軍車、船舶，飛機，武器系統和設備等由『工程師』進行的工作。」

軍事工程是軍校中的一個學術領域，與軍事工程相關的建設和拆遷工作通常由軍事工程師進行，包括專門訓練的工兵。在現代的部隊中，若士兵受過訓練，可以在砲火下進行上述工作，會稱爲戰鬥工兵。

茲列舉軍事工程中與本書介紹的土木相關工程如下：

1. 防禦工事：自古以來就是戰爭中對防守方有利優勢的主要來源，因爲只有防守方能擁有，而攻擊方無法擁有，以逸待勞是防禦工事的存在條件之一，因此施築地點必須是假想敵軍可能進攻或經過的路線上，如果施築在錯誤位置將毫無用處。防禦工事泛指一切軍事上增加防守方優勢的臨時或永久建築，例如要塞、城牆（萬里長城）、護城河、壕溝、城堡、防空洞、反登陸阻絕設施及障礙物等。
2. 飛機及砲陣地掩體：軍事機場都會建造飛機的掩體（強化機堡）並加以僞裝，以避免飛機被轟炸，然而隨著現今科技及武器系統的大幅進步，飛彈命中目標的精準度已不可同日而語，例如 2017 年 4 月 7 日敘利亞停在掩體內的飛機，被美國以 59 枚戰斧飛彈全數精準命中（如圖 4-35 所示）。

圖 4-35　掩體内飛機被炸毀照片

摘自：網路

但是也有些軍事機場的飛機掩體是設在堅硬岩層的坑道內，如「花蓮軍用機場佳山基地」，如圖 4-36a 所示。

圖 4-36a　軍事機場飛機進出洞庫照片

摘自：網路

圖 4-36b　金門翟山隧道內部照片

摘自：網路

3. 戰地醫院：過去海峽兩岸在軍事對峙期間，金門及馬祖的戰地醫院均設在花崗岩地層內，如圖 4-37a 及 4-37b 所示。

圖 4-37a　金門花崗石醫院照片

摘自：網路

圖 4-37b　小金門九宮坑道醫院照片

摘自：網路

4. 雷達站：台灣較有名的雷達站是樂山雷達站，位於台灣新竹縣五峰鄉、苗栗縣泰安鄉交界處附近的軍事設施，在加里山山脈最高峰樂山，隸屬於空軍作戰指揮部，設有美國雷神公司所製造的鋪路爪長程預警雷達（PAVE PAWS），可提供遠程飛彈預警。2011 年 3 月雷達架設完成，同年 9 至 11 月配合國軍執行單枚、多枚戰術彈道飛彈進襲場景等 21 項模擬演習訓練。12 月恰好遇到北韓試射銀河 3 號運載火箭，國軍也趁此機會驗證雷達性能，證實比日本還早 2 分鐘掌握發射軌跡。
5. 機場跑道及滑行道：多以鋼筋混凝土材料鋪築，供戰機及運輸機起降之用。
6. 部隊營區設施：官兵營舍、寢室、辦公樓、伙房、浴廁、區內道路、圍牆及衛哨等。
7. 浮橋及倍力橋：如 4.6 節所述，前者提供軍車、戰車及輜重車輛通過水面而搭建的浮動通道；後者是預先設計好的鋼桁架組件，可以在現地迅速組合而成，除了軍事用途外，平時若有重要橋梁被洪水沖毀或在地震中倒塌時，亦可發揮應急的功能。

Note

第5章
水利工程

作者攝於著名水利工程——都江堰紀念碑前

5.1 水資源及伏流水

「水資源」係指由人類控制並可供給民生、發電、農業灌溉、工業冷卻、航運、養殖等用途的地表水、地下水、江河、湖泊、井、泉、潮汐、港灣等水體，近年亦包括經污水處理場、海水淡化廠及回收再生利用處理後的水。水與食物同是人類的兩大基本需求，而水資源更是發展經濟不可缺少的重要自然資源。在許多地方，國民對水的需求已經超過水資源所能負荷的程度。因此，政府管制民衆使用水源的措施稱做水權（Water right），例如民衆欲自行鑿井取水，必須檢具相關書件向政府水利主管機關申辦水權。

雖然台灣地區年平均降雨量約在 2,500mm，2018 年的缺水狀況卻是全世界排名第 19，主要原因不外乎：1)、台灣本島南北長（富貴角至鵝鑾鼻長約 394 公里）、東西短（最寬處約 144 公里），加上中央山脈高峰連綿（百岳就有 69 座名峰位於中央山脈，3,000 公尺以上的高山也有 181 座），河川短、流域坡度大、水流湍急，所降雨水進入河川後即直奔大海；2)、設置水庫的條件較為嚴苛，非隨處可建；3)、農業、工業及科技廠用水需求量大，大廠不願投資興建水資源再生利用設備，4)、水價便宜，大多數百姓不珍惜水資源。

2021 年台灣遭逢 56 年來最嚴重的缺水問題，依經濟部水利署水庫水情資料（截至 2021 年 5 月 12 日），全台 31 座主要水庫僅 2 座水庫的有效蓄水量超過 50%，分別為基隆的新山水庫 86.2% 和台北的翡翠水庫 66.2%，桃園的石門水庫剩 15.4%，中部的德基水庫只剩 2.77%（停止供水），台南的白河水庫已經掛零。

中國古代歷史上最有名的水利工程，非四川省的都江堰莫屬。都江堰是由戰國時期秦國蜀郡太守李冰及其兒子，約於西元前 256 年至前 251 年之間所主持興建的大型水利工程，整個工程的樞紐可分為堰首和灌溉水網兩大系統，其中堰首包括魚嘴（分水工程，如圖 5-1a 所示）、飛沙堰（溢洪排砂工程）、寶瓶口（引水工程，如圖 5-1b 所示）三大主體工程。經過歷代整修，兩千多年來都江堰依然發揮巨大的作用。都江堰工程以引水灌溉為主，兼有防洪排砂、水運、城市供水等綜合效用，它所灌溉的成都平原即為素來聞名天下、物產豐富的「天府之國」。

圖 5-1a　都江堰分水魚嘴照片

圖 5-1b　都江堰引水寶瓶口照片

「水」乃天然資源，也是上天養育萬物的生命泉源，水資源必須予以珍惜和有效利用，地球上各種動植物的生命才得以延續。水資源工程可分爲水源控制、水源利用、水源涵養及水源開發四部分，玆分述如下：

一、水源控制

1. 洪水控制：以人爲方式控制或防止洪水氾濫，以減少洪災帶來的危害。
2. 排水工程：以人爲方式排除足以造成危害或可回收再利用的水，如農地排水、市區排水、事業排水（工廠廢污水及水力發電後之尾水）、區域排水等。
3. 輸水工程：包括自來水管線、渠道、箱涵、管涵及輸水隧道等。
4. 污水工程：污水下水道系統、污水處理廠及排放管路系統等。

二、水源利用

1. 民生用水：興建水庫及攔河堰、淨水廠及自來水管線工程（如圖 5-2a 所示）等。
2. 工業用水：廠區外部供水、內部管線配置及回收水處理工程。
3. 農業用水：農田水力灌溉系統。
4. 消防用水：火災發生時供消防人員滅火之用，屬於不計價供水。
5. 發電用水：水庫及水力發電廠相關用水。
6. 航運用水：內河航運之渠道及船閘用水。

圖 5-2a　自來水管線施工照片

圖 5-2b　大潮州人工湖照片

摘自：網路

三、水源涵養

降雨屬於大自然水氣循環的一部分，人力無法操控，唯有效涵養及儲蓄水源，才能提高水資源利用的效率。例如廣泛植樹造林、加強坡地水土保持措施、水庫清淤及集水區保護、取締非法排放廢水及維護水質潔淨、生態之保育，以及建造大型人工補注湖及串連地下伏流水（如圖 5-2b），以形成「水銀行」的作法等。另外工程師亦可思考是否能在主要河川鄰出海口周邊大片荒蕪土地，用來興建大型儲槽及簡易淨水廠，將雨後河川的水流引至儲槽，經沉澱處理後抽送至附近淨水廠。

四、水源開發

1)、築壩，2)、設置河口壩，3)、湖沼流出口設閘門，4)、廣設海水淡化廠、污水處理廠及水資源回收處理中心，5)、鼓勵及強制高用水量的工廠裝設水資源回收處理設備，6)、教育民衆建立珍惜用水及善用回收水的觀念。

台灣河川的特性是坡度陡急、豐枯期流量差異甚大，北中南各區的河川上興築了大大小小的堰壩，年平均降雨量也有 2,500mm（全球平均值的 2.6 倍），總雨量的供水利用率僅 21%，每人每年平均可以分到的用水量卻只有全球平均值的 1/7。然而伏流水存在於河床下透水層，因經過砂礫層過濾可取得較潔淨之原水，亦可作爲因應原水高濁度問題之有效對策。如經評估不影響鄰近及下游用水人之權益，可作爲常態供水水源。因此，本書另增篇幅特別介紹水利署、中區水資源局及台灣自來水公司，在後龍溪、通霄溪、濁水溪、高屏溪及利嘉溪推動建置的伏流水工程。依「前瞻基礎建設水環境計畫——伏流水開發工程執行計畫（2017 年 12 月版）」內容，前述伏流水工程主要內容整理如表 5-1 所示。

表 5-1　前瞻基礎建設水環境計畫推動伏流水工程主要內容一覽表

項次	計畫名稱	工程主要內容	備註
1	後龍溪伏流水工程	取水量 4 萬噸 / 日、幅射井 2 座（深 15-20m）、Ø300mm 集水管長 400-500m、集水井 1 座、Ø1,000mm 導水管長 1,000m、配套地下水井 10 座、閘門、抽水機及監控設施。	
2	通霄溪伏流水工程	取水量 0.3 萬噸 / 日、Ø300mm 集水管長 800m、集水井 7 座、輸水管長 1,000m、配套地下水井 10 座。	
3	濁水溪伏流水工程	取水量 3 萬噸 / 日、寬口井 3 座（深 25-30m）、Ø300mm 導水管長 1,000m、抽水機及機電設施。	
4	高屏溪伏流水工程	取水量 10 萬噸 / 日、取水井 1 座、Ø1,200mm 集水管長 1,200m、Ø1,200mm 導水管長 230m、抽水機及機電設施。	
5	利嘉溪伏流水工程	取水量 3 萬噸 / 日、Ø1,200mm 集水管長 320m、Ø800mm 導水管長 540m。	

另台灣自來水公司亦在 2018 年耗資 6 億元，推動「高屏溪溪埔伏流水工程」，係於距高屏溪攔河堰上游約 5.55 公里處之溪埔段東側高屏溪河床下埋設外徑 1,200mm 集水管 1,600 公尺，每日汲取 15 萬噸（CMD）伏流水源爲目標，並另案於攔河堰上游約 0.5 公里之新設大泉伏流水取水井，同樣於高屏溪河床埋設集水管 1,600 公尺，汲取 15 萬 CMD 伏流水源，兩案預計於 2021 年前完工，並配合之前已完工之竹寮及翁公園集水管各汲取 10 萬 CMD，合計 50 萬 CMD 納入備援系統，對每年暴雨期間原水之調度及各淨水場之處理效能有極大助益，有助於維持大高雄地區供水穩定度。

該工程主要工項（配置如圖 5-3、施工照片如圖 5-4a～d 所示）如下：

1. 集水井 1 座：內徑 15m、深 16.3m（井頂高程 27.3m – 刃口底高程 7.2m = 20.1m）。
2. 導水管（推進施工）：內徑 1,200mm、長 150m。
3. 不鏽鋼集水管：外徑 1,200mm、長 1,600m。
4. 抽水機總出水管銜接聯通管之導水管：ϕ1,200mm、長 270m。
5. 斜盤式逆止閥（底部油壓緩衝）：各抽水機出水管設 ϕ400mm 各 1 只，共 8 只。

6. 洩壓閥：抽水機總出水管反向尾端設 ϕ600mm 水力式洩壓閥 2 只。
7. 閘門：集水井內 1 只。
8. 機電及監控設施。

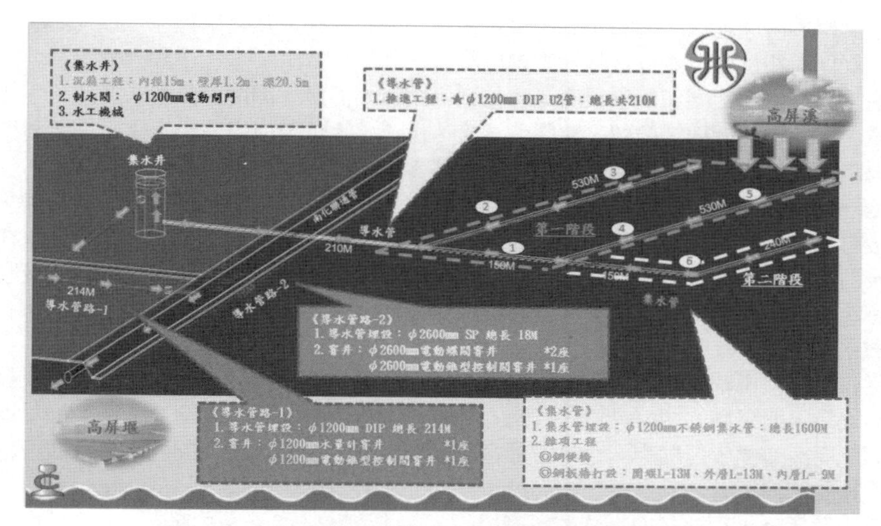

圖 5-3　高屏溪溪埔伏流水工程配置示意圖

同下照片資料來源：台灣自來水公司

圖 5-4a　工區及施工便橋照片

圖 5-4b　集水管施工照片

圖 5-4c　集水井施工照片

圖 5-4d　高、低揚程抽水機照片

5.2 水文及河川治理

依「美國科學技術聯邦委員會」的定義：

水文學爲研究地球上有關水的發生、循環、分布、物理及化學特性，以及與環境間的相互作用和反應，並包含其對生物反應的科學。

水文學的研究範圍和對象很廣泛，包括：大氣、溫度、濕度、氣壓、降水、逕流、流量、入滲、蒸發散、截留、窪蓄、滲流、伏流、水位及河川等，水文研究所獲得之資料及數據，都將提供水利工程設計的重要參據。

地球表面的風是由內太空的空氣移動所產生，風將海洋上空的水蒸氣吹向內陸，遇冷後凝結成雨降至地面、海面、湖面等，一部分會蒸發上升到空中，一部分雨水在地球表面流動匯入河川再流入海洋，另一部分則滲入地下形成地下水、泉水、伏流水及瀦留水，地下水及伏流水再流入江河又匯入海洋。水在地球上以此方式不斷循環，即稱爲水文循環。

從古至今河川都是孕育人類文明的泉源，河水提供農業灌溉、工業用水及民眾日常生活之需，而早期的內河港口（台南安平港、彰化鹿港、台北萬華等，即台灣早期所稱的一府、二鹿、三艋舺）也是帶動經濟繁榮的重要據點，現代的商港更扮演各種貨物吞吐的交換平台。

河川乃是降水長期在地表流動所形成的天然排水路（如圖 5-5 所示），位於鄰近河川之山區，在地形上會形成分水嶺，由分水界線所圍成的區域，亦即在某一河川上空降水（含降雨及降雪）所流入的區域，稱爲流域。河川流域的平面形狀大致分爲：羽狀、樹枝狀、幅射狀、平行狀及複合狀等，而流域之特性則以河川密度（Dr）表示：

$$D_r = L/A \text{（Neumann 公式）}$$

其中 L 爲本支流長度之總和，A 爲流域面積。

圖 5-5　台灣地區大小河川照片

河川的平均流速（V）及單位時間的流量（q）可依下式計算：

$$V=\frac{1}{n}R^{2/3}S^{1/2} \qquad \text{(Manning 公式)}$$

$$q=AV=\frac{1}{n}R^{2/3}S^{1/2}A$$

其中 n 為粗糙係數，R 為水力半徑，S 為水力坡降，A 為水流面積。

河川治理是水利工程中最重的一項工作，得依流體力學、地質、地形及土壤等相關學術原理，研究各河川的特性，對河川提出適當的處理措施，包括：

圖 5-6a　梳子壩照片

圖 5-6b　典型攔砂壩照片

一、**攔砂工程**：河岸凹凸及河床高低不平，水流容易發生漩渦及滾流，破壞河槽及岸壁，影響河川的安定性；而攔砂壩（防砂壩）的主要功能為減緩溪床坡度、防止縱橫向沖蝕、控制流心、固定兩岸山腳、抑止土石流出，如未設置會加速溪床縱橫向刷深，使溪谷兩岸崩塌、溪谷擴床及向源侵蝕，造成土砂下移。為降低對生態環境影響，壩的設計須因地制宜，採梳子壩（如圖 5-6a）或高壩低矮化（如圖 5-6b）等方式。

二、**束水工程**：即約束河槽的工程，包括：1)、丁壩係使用永久性材料築成，垂直於岸壁用來橫截水流，2)、透水壩如同丁壩，但使用非永久性材料，3)、順壩係在水中無泥砂或流速較大的河中，興建與流線平行的構造物，其上游端需與河岸相連。

三、**護岸工程**：因河岸最易受到水流的破壞，此係河川治理中最常施作的工項，可分為簡式及複式兩種：

1. 簡式護岸：包括草皮護岸、植柳護岸（於護岸堤趾種植柳樹以減低堤腳處水流速度）、梢工護岸（用嫩樹枝或農作物的莖或野生草類，以植物性纖維捆紮成束狀體，鋪於岸面而成）、堆石護岸、蛇籠護岸、混凝土塊護岸、鋼筋混凝土護岸（含造型模板混凝土護岸）等。
2. 複式護岸：包括漿砌卵石護坡配混凝土塊護腳、蛇籠護坡配混凝塊護腳、三明治式護坡（卵石、混凝土及碎石三層）等。

5.3 防洪及疏洪工程

過往國內水患治理概念比較著重於線形規劃，以建造護岸、堤防或雨水下水道為主，河川排水被動概括承受集水區內之全部雨水；然而台灣半世紀以來，人口成長迅速，土地高度開發與都市化區域日趨擴大，治水用地取得越來越困難，致使水道拓寬不易；且土地開發所造成降雨入滲減少、逕流量體增加、洪峰流量增大和集流到達時間提早，導致洪災程度更甚以往。防洪工程的保護有其極限，政府財政亦有限，無法無止盡投資防洪工程建設，未來應透過逕流分擔與出流管制措施（如圖 5-7 所示），將原本全部由水路承納的逕流量，藉由集水區內水道與土地共同來分擔，以減輕洪水災害的損失。

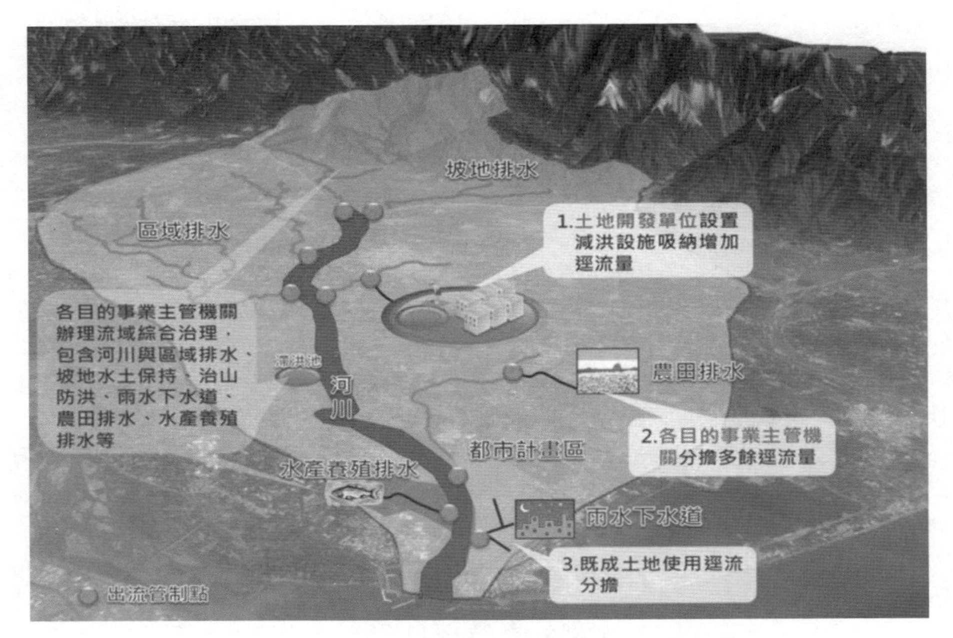

圖 5-7　逕流分擔與出流管制概念示意圖

摘自：水利署電子報

政府對於逕流分擔與出流管制，除了修改內容外，也採取下列措施：

一、增修訂《水利法》相關條文：

於 2018 年 6 月 20 日增訂《水利法》第七章之一章名〈逕流分擔與出流管制〉、第 83-2 條至第 83-13 條及第 93-9 條至第 93-11 條條文；並修正第 99 條條文。

二、土地開發出流管制：

開發單位於土地開發利用或變更使用計畫時，需擬具排水規劃書及排水計畫書送區域排水主管機關審查核定後方可辦理開發，並訂定相關查核監督規定與罰則，強制落實土地開發出流管制。開發單位應於排水規劃書及排水計畫書內，規劃設計減洪設施以承納因開發所增加之逕流量，避免增加開發基地鄰近地區淹水風險及下游銜接水路負擔。

三、特定河川流域或區域排水集水區域實施逕流分擔：

由中央主管機關就淹水潛勢、都市發展程度或國家發展需要等條件，指定公告特定河川流域或區域排水之集水區域，由地方政府擬定逕流分擔計畫，報經中央主管機關核定後實施。逕流分擔計畫內容包含：

1. 水道分擔方案由各水道及各類排水主管機關各本權責分年編列預算辦理。
2. 土地分擔方案，由直轄市政府或縣（市）政府於逕流分擔計畫內，擬訂各類型土地應分擔標準及分擔措施，並訂定相關自治條例要求土地管理單位依所訂分擔標準分擔逕流量。

由於河川的上游降下暴雨或大量積雪融化，因而發生河川的最大逕流，即成爲「洪水」；而最大洪水則是在氣象、水文、地形及地質等因素最有利的條件下，所產生的最大洪水流量（如圖 5-8a）。顧名思義，「防洪」乃爲防禦洪水所建構的各式工程，如興建堤防、護岸、擋水牆、水庫等；而疏洪則是爲疏導及分洩洪流所採用的各種工程及措施，如疏洪道、分洪道、逕流分擔與出流管制等，相關作法說明如下。

圖 5-8a　2013 年中歐發生大洪水照片

摘自：網路

圖 5-8b　員山子分洪道出口照片

一、堤防及護岸防洪：在河川兩岸築堤是古老且簡易的工法，除了施工容易外，經費也較省；但若河槽水位提高，堤防外側農地可能發生滲流，導致堤防崩潰。

二、河槽防洪：河槽淤塞會造成通洪斷面不足，在非最大洪水情況下溢出堤防，河槽防洪可採取的方法爲：

1. 河道清淤：清除河道上的植物、沉樹、垃圾，以及疏浚沙洲等。
2. 截彎取直：將彎曲的河道兩端拉直接通，以增加坡度及流速，減少淤積，如台北市基隆河截彎取直。

三、水庫防洪：雖工程費用龐大，但後續維護經費較少，而且截留上游洪水及洪峰之效果明顯；全台已有 31 座主要水庫，但水庫之清淤、排泥及集水區之管制仍待加強。

四、疏洪及分洪道：如新北市的二重疏洪道工程及員山子分洪道工程（如圖 5-8b）。

5.4 多功能滯洪池

由於人類過度開發且未重視環境保育及氣候變遷之趨勢，也未採取有效的措施進行全面性減碳作爲，長此以往，導致極端氣候成爲常態。全球暖化現象是指大氣和海洋中的溫室氣體過量（包括二氧化碳、甲烷、水蒸氣、氧化亞氮），使地球猶如被籠罩包覆在厚厚的溫室中，太陽照射的熱量難以散去，導致溫度升高，引發各種極端天氣如久旱不雨、瞬間暴雨或強降雨（如圖 5-9 所示）、熱浪侵襲寒帶地區、熱帶沙漠地區降雪、森林火災等。

圖 5-9　地區性排水系統在久旱不雨及瞬間暴雨情況下照片

台灣過去平均氣溫和海平面的上升速度，超越全球變化的速率，足見氣候變遷對台灣氣候的影響已經很顯著；全台平均季節降雨強度有增加趨勢；年平均降雨量增加趨勢不明顯，而北部較南部有明顯逐年增加的趨勢。全台不降雨日數逐年增加，和淹水、坡地等災害有密切相關的極端降雨，中央山脈以西地區的極端降雨強度逐漸偏強，以東地區變化則不明顯或是偏弱。而伴隨颱風的極端強降雨是造成災害的主因，過去十年來具有此特性的颱風發生頻率較之前三十年增加一倍以上。

滯洪池（detention basin）是防洪工程和疏洪工程之外，另一項可行的措施，而且相較於水庫及堤防工程，所需工程費較低。滯洪池即是在河川或湖泊內、或鄰接處、或支流上挖出的區域、或是都市內新開發土地及新的建築基地內，以挖填土方產生窪地所建的池堰構造物（如圖 5-10a 所示），可將基地及鄰近範圍內之地表逕流暫時儲存，以收調節洪水之功效，降低因爲暴雨尖峰流量對下游地勢較低地區所帶來的傷害。

一般來說，滯洪池大多數屬人造工程，但可以多功能爲目標進行規劃；除了一般收納洪水功能外，在天候良好的季節其周邊可提供遊憩功能（如公園、綠地、運動、步行等，如圖 5-10b 所示），或成爲生態湖泊提供生物多樣性之棲息地點，甚至在火災發生時提供池水作爲備援用水。

中部地區較知名的滯洪池位於「秋紅谷景觀生態公園」內，是台中市西屯區七期重劃區內的大型滯洪池公園，由臺灣大道、朝富路、市政北七路和河南路所圍成，佔地 30,000 平方公尺，「秋紅谷」凹陷在地平面下，蓄水量可達 20 萬公噸，臺中市政府耗資 2.3 億元打造，目前地價高達 220 億元以上。

圖 5-10a　新開發區內新設滯洪池照片

圖 5-10b　公園內闢建滯洪池照片

秋紅谷景觀生態公園的誕生，其實是一個美麗的錯誤，該基地原本是臺中市政府與建設公司之間的 BOT（Build，Operate，Transfer 即興建、營運、移轉）案「台中國際會議及展覽中心」，讓民間機構參與市府之重大公共建設。然而因市政府認定承包的公司開挖地基後，延宕工程將近 10 年，雙方對此展開法律訴訟，最終市府獲得勝訴；臺中市政府則於 2008 年與承包商終止合約，而工程所留下已開挖地基的土地，荒廢二年變成大水窪。後來臺中市政府決定將此地變更規劃爲人工湖的綠地景觀公園（如圖 5-11 所示），兼具滯洪、排水、休閒、景觀、生態等功能。

圖 5-11　秋紅谷景觀生態公園照片

5.5 堰壩工程及橡皮壩

堰與壩均是橫截溪流或河川的水工構造物，為了滯洪、蓄水、取水、攔砂、發電而建。台灣河川坡度陡急、降雨分布不均，豐水期及枯水期流量差異甚大，且全島地質脆弱，為有效利用水資源及穩定河床，在台灣的河川上興築了大大小小的堰壩等跨河攔水結構物。就水利角度而言，堰、壩的功能為集水、蓄水及抬高水位，以供取水及水力發電之用。

一般高大者、或是排洪時僅局部溢流或通洪者稱為壩（如圖 5-12a 所示），而低小或可全面溢流者則稱為堰（如圖 5-12b 所示），惟大小之間目前工程界尚無明確區分。若就功能而言，壩主要在蓄水形成水庫以供調節運用，而堰則只抬高水位以利取水或引水進入灌溉系統，未有蓄水調節功能，且由於其抬高水位形成之水域有限，所貯積的水域一般不稱為水庫。如北部的青潭堰及位於高雄市甲仙區 1999 年 6 月完工攔水之甲仙攔河堰，後者在旗山溪豐水期時將河水引入南部重要水庫之一的南化水庫儲存，以提供南部地區枯水期之水源。

圖 5-12a　翡翠水庫照片

摘自：ETtoday

圖 5-12b　引水攔河堰照片

堰與壩的分類如圖 5-13 所示，分述如下：

一、堰：

1. 固定堰：構造物設施為固定式的堰，古代多用石塊堆砌而成，近代則多使用鋼筋混凝土結構。
2. 可動堰：構造物設施高度可調整或可移動的堰，如自動倒伏堰。

二、壩：

(一) 依壩身材料不同：

1. 土壩：係利用壩址附近取得的優質土壤及砂礫，經過逐層滾壓填築而成，其形式亦屬於重力壩，但不容許洪水從壩頂溢流而過。
   (1) 均一型壩：壩體使用均質材料填築而成，屬水密性一致的土壤構造物。
   (2) 分層型壩：壩體內部分成幾層，各使用水密性不同的材料填築而成的土壤構造物，通常中間層是不透水層，前後二層是透水層。

(3)心牆型壩：壩體中心的部分，設置黏土或混凝土或鋼板、塑膠板等作爲擋水壁（即心牆），在其左、右方則使用土壤填築的土壤構造物。

2. 堆石壩：係利用石塊來堆砌、填築而成的一種重力壩，由於堆石壩的水密性欠佳，必須在堆石主壩的表面另加截水壁及保護層，以防止壩體的漏水與滲水。

3. 橡皮壩：又稱自動倒伏堰，係使用高強度合成纖維織物做爲結構骨架，內外塗敷合成橡膠作黏結保護層，加工成橡膠布，依設計尺寸錨固在基礎底板上，用水或空氣的壓力充脹起來，形成擋水壩。不需要擋水時，排空壩內的水或空氣，恢復原有河渠的斷面。橡皮壩的優點爲造價低、結構簡單、施工期短、抗震性好、不阻礙水流、止水效果好、對環境景觀衝擊小、不破壞自然等，1957 年世界上已有第一座橡皮壩，至今已在世界各國得到廣泛的應用。

4. 混凝土壩：即壩體是使用混凝土或鋼筋混凝土作爲材料。

(1) 實心重力壩：係以混凝土壩體的自重來抵抗壩身所承受的水壓力及其他外力者，也是較常見的壩。

(2) 中空重力壩：係將壩體中央做成中空的混凝土壩，可以減少混凝土的用量。

(3) 拱壩：係利用拱結構的原理及使用鋼筋混凝土作爲材料，拱體二端設置於河流兩岸岩盤的一種壩。

(4) 撐牆壩（扶壁壩）：係使用鋼筋混凝土爲材料，利用平面或斜面的止水壁，加上止水壁後方的扶壁（撐牆）共同承受水壓力，屬於非溢流壩。

(二) 依使用目的不同：

1. 蓄水壩：係以蓄水爲目的而建的壩體，壩身較高，兼具防洪、灌溉、發電、給水等功能。

2. 取水壩：係爲從河川取水而建的壩體，其壩身較蓄水壩爲低。

3. 攔砂壩：係建於河川的上游，可將土、砂、礫石、卵石等攔截貯存於上游河槽，防止河川下游的淤塞。

4. 多功能壩：係爲防洪、灌溉、發電、給水及觀光而建的壩體，多爲大型的高壩。

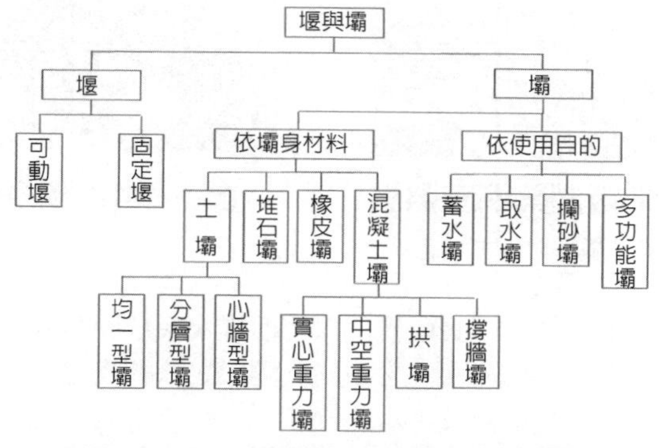

圖 5-13　堰與壩的分類示意圖

5.6 灌溉工程

依農委會農田水利署（前身爲民間農田水利會，政府依《農田水利法》於 2020 年 10 月 1 日收歸國有）資料，台灣之土地資源，大致劃分爲三大部分：

一、平地：除作爲從事農業生產之耕地外，其餘作爲都市工商住宅、工業區、科學園區、交通、水利、警政、醫療等公共事業用地。

二、山坡地：依《山坡地保育利用條例》，山坡地土地利用限度可分爲宜農牧地、宜林地及加強保育地三種。宜農牧地即可耕地，2002 年間台灣地區可供農耕利用之平地及宜農牧使用之山坡地面積共 847,334 公頃，佔總土地面積之 23.53%。可耕地依坡度大小、土層有效深度及水資源供給是否充裕等因子，分成水田和旱田；同時期台灣水田面積共有 435,369 公頃，旱田面積 411,965 公頃。

三、高山林地：全島約有三分之二的面積屬於高山林地。

一般農地利用因受水稻生產較具有穩定性、農民傳統之栽培習慣及「糧食生產優先」之影響，多偏重於水田利用，故於地形平坦之平原及台地區域，凡水源充足者，開闢爲雙期作水田，其他期間栽培短期旱作物；水源不足且蓄水力差之砂土及砂礫土，則作爲旱田利用。在山坡地的使用上，除極小部分水源豐富、地形較整齊及土層厚之緩坡地，開闢成梯田栽培一期作或二期作之水稻外，其餘則作爲旱田、牧地或保留爲林地使用。

爲增加農業生產及提高農地利用的價值，農業縣致力於推動農地重劃作業，以苗栗縣爲例，自 1959 年起至今已辦竣 36 處農地重劃區（如圖 5-14a 所示），分布於苗栗市、公館鄉、頭屋鄉、後龍鎮、竹南鎮、頭份市、造橋鄉、西湖鄉、通霄鎮、苑裡鎮等 10 個鄉鎮（市），面積達 12,548 公頃，同時亦將灌溉及排水系統一併納入。

圖 5-14a　農地重劃案例空照圖

摘自：網路

圖 5-14b　噴灌作業照片

灌溉系統係爲提供灌區作物生長所需用水，而排水系統則爲排除區內因灌溉或降雨等多餘之水分而建之系統。由於水源之不同、地形之崎嶇變化、土地所有權不同及管理體系之差異等因素，使得灌溉及排水系統亦因之有所差異。從水源開始，自水源地之蓄水、攔水或抽水，經由渠首工取水後，再經由導水路、幹渠、支渠、分渠等將水引至給水路，由給水路配水至各小給水路等，將灌溉水分送至灌區各角落，其間又因地形地物而需經由相關設施，如隧道、虹吸工、渡槽、制水門、分水門、量水設備、暗渠、跌水工等；多餘之水量藉大、中、小排水路，甚或溢洪道、排洪閘、抽水站等排水設施排除。

基本上可將田間灌溉排水系統區分爲 1)、水源設施，2)、輸水設施，3)、配水設施，4)、排水設施等四大部分。原各農田水利會管轄灌溉區域內，至西元 2002 年底各項灌溉排水工程設施，計有各種大小圳路（水渠）69,293,728 公尺、攔水壩 1,163 座、水閘 17,815 座、給水門 18,293 座、渡槽 4,181 座及其他水工構造物 140,840 座。

灌溉的主要功能爲補助自然降雨量的不足，一般灌溉的方法簡介如下：

一、地上灌漑法

1. 噴灌法：利用壓力將灌溉用水，經由管路系統及直管上之噴頭，將水噴在空中向地面灑布，使作物滋潤的灌溉方式，如圖 5-14b 所示。
2. 滴灌法：在小口徑 PE 管上，按一定間隔安裝滴嘴、毛細管或極細小孔，以少量水流經由滴水支管上所裝置之滴嘴，連續滴水在作物株幹旁的方法。
3. 微噴法：以低壓給水，只在作物生長範圍實施局部灌溉。

二、地面灌漑法，屬最古老的灌漑方法，又可分為：

1. 漫灌法：不需整地，依地形高低將灌區分爲若干區塊，同一區塊地面高度宜一致，此法省工價廉但浪費水源，適用於平坦地區。
2. 溝灌法：農地整理出若干條畦溝，將水灌至畦溝，適用於平坦地區。
3. 區埂法：將農地稍加整理，同一高度圍成一小埂，水由高處往低處流下，全區得水灌溉，如圖 5-15a。
4. 點灌法：適於果樹的灌溉，即在每一果樹下設一小池與溝渠連接，如圖 5-15b。

三、地下灌漑法

又稱滲灌法，如圖 5-15c，在田間挖深溝或埋設透水盲管於地下，使水滲入土壤下層，再利用毛細作用上升，供作物吸收。

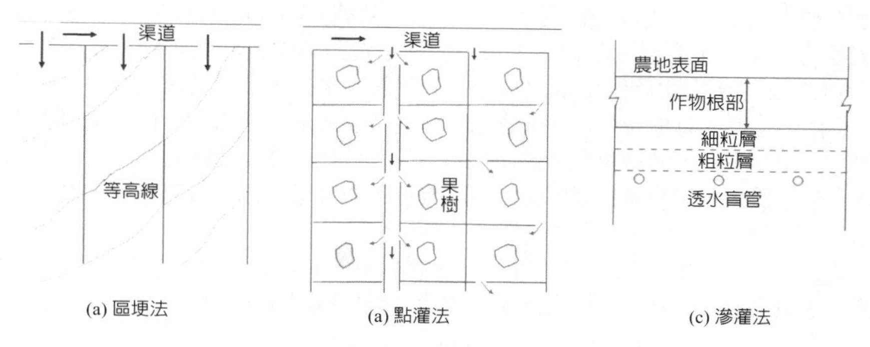

圖 5-15　不同灌漑方法示意圖

5.7 給水工程

給水工程（Water supply engineering）又稱自來水工程，依《自來水法》第 16 條：「本法所稱自來水，係指以水管及其他設施導引供應合於衛生之公共給水。」及第 20 條：「本法所稱自來水設備包括取水、貯水、導水、淨水、送水及配水等設備。」由上可知，自來水工程必須提供充足水量、良好水質，以及足夠水壓配水到給水區內各用戶的受水池體。圖 5-16 爲雙溪及基隆河自來水取供水系統示意圖。

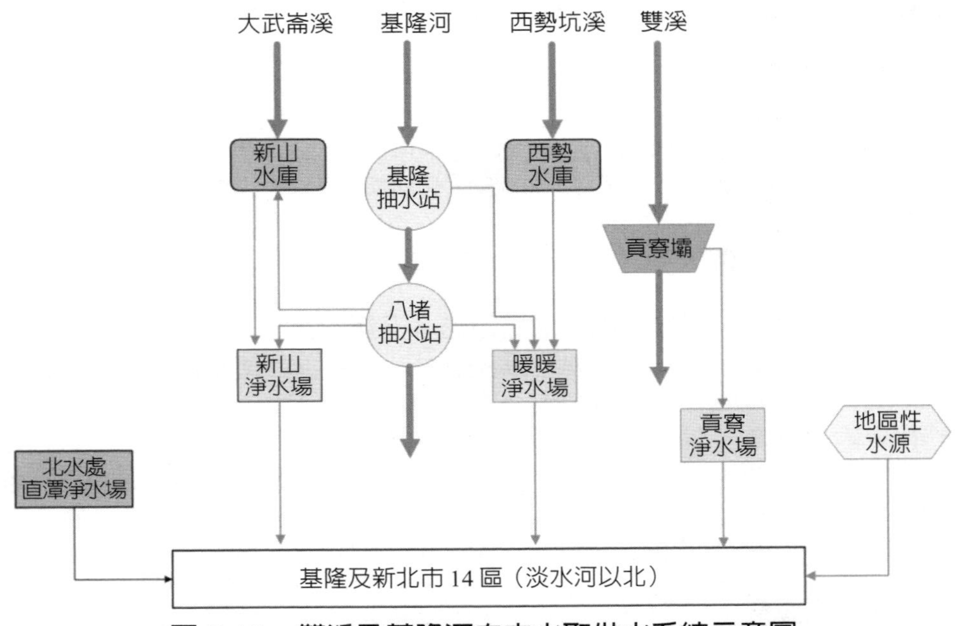

圖 5-16　雙溪及基隆河自來水取供水系統示意圖

摘自：水利署北水局網站

水是人類生活中不可或缺的物質，人體的水分佔體重的 60～65%，人若失去 20～22% 的水分，將對生命產生危害。人每日的飲水量因氣候及環境而異，成人每日大致爲 1～1.5 公升或以體重乘以 30 之毫升數。除飲用水外，尙有馬桶、廚房、洗滌、洗衣、淋浴、庭園、草地和街道清洗之用水。其次還有消防用水及各種工業用水如：製造用水、冷卻用水、鍋爐用水。然而水體也是水致病菌之主要媒介物，故提供良好水質及充分水量，可以改善民衆的衛生環境條件，對降低死亡率具有重要意義。

給水工程可分爲下列四個主要部分：

一、取水及貯水工程：取水是估計給水區域在計畫目標年之人口數及用水量，選擇水質、水量均適當的水源，取入充足的水量，以供後續淨水及配水之用。貯水量並非指淨水廠及配水廠的貯存量，而是指水源供水的貯備量，例如《自來水工程設施標準》第 13 條：「水庫有效貯水量基準枯水年之決定，應以重現期距爲二十年之枯水年爲準。」及第 14 條：「水庫有效貯水量應依前條基準枯水年，以水庫進水量與水庫計畫取水量之差額累加決定。」依取水來源不同可分爲：

1. 河川取水：需考慮附近是否有污染源、河川的安全出水量、河心的變化、水質狀況、自淨能力、河岸是否有沖刷及沖毀情形。
2. 湖泊及水庫取水：台灣河川坡度大，無法維持穩定的流量，需建水庫儲備枯水期之水源；澄清湖爲典型的平原湖泊，可以供應大高雄地區用水，而日月潭則爲台灣地區典型的高山湖泊（如圖 5-17a），湖水亦做爲抽蓄發電及下游農田、民生用水。水庫（如圖 5-17b）及湖泊集水區應避免廢水或污水的排入，亦需經常清除水面漂浮物。
3. 地下水取水：包括深井水、淺井水、伏流水及泉水等，需考量安全出水量、避免海水入侵、可能的污染源、附近建築物及土地利用。

圖 5-17a　日月潭一景照片

圖 5-17b　明德水庫一景照片

二、導水及送水工程：導水工程係自取水處將原水輸送至淨水廠進行處理，導水方式則依沿線地形和路線的水位關係，採重力流方式及抽水加壓方式。又依地面關係可分爲地下方式（管路、暗渠、隧道等）及地上方式（明渠）。抽水方式又可分爲：

1. 原水抽水：將較低處的水源抽送至較高處的淨水廠進行水質處理。
2. 清水抽水：將淨水處理後的淨水抽送至配水池，等待分送至用戶。
3. 配水抽水：爲維持配水系統的水壓而進行的抽送水或加壓。
4. 加壓抽水：送水至地勢較高處、增加用水量、水管阻力增加時而進行加壓處理。

三、淨水工程：主要目的係淨化原水和改善水質，包括混凝和膠凝、沉澱、過濾、消毒等作業。

四、配水工程：乃是應用配水管、配水池及附屬設施，將淨水廠處理過的水，分送到供水區域各用戶使用，此階段需維持足夠且均勻的水壓，確保供水穩定可靠。

5.8 港埠工程

交通爲實業之母，而運輸方式分爲：陸運（公路運輸及鐵路運輸或軌道運輸）、空運及海運（含內河航運）三類。港灣係水陸的交界點，其機能包括：

1. 作爲交通據點：港灣可供船隻停泊、緊急避難、港口間之連繫，也是與陸上交通的接駁據點。
2. 作爲都市開發的起點：早期空運不發達的年代，人及貨物的運輸只能依靠船運，前人所稱的「一府、二鹿、三艋舺」，是描述清朝統治時期台灣島政經重心，由南轉至中北部的開墾史。當代的經濟發展，三個商港：台南安平港、彰化鹿港及台北的萬華港，扮演了非常重要的關鍵角色。
3. 作爲觀光據點：近年全球經濟快速發展，各國人民搭乘豪華遊輪出國觀光旅行逐漸盛行，港口則擔負著重責大任。
4. 作爲工業發展據點：濱海工業區或臨海工業區的開發，可帶動鄰近地區的整體發展，如彰濱工業區。

圖 5-18a　漁港的集船區照片

圖 5-18b　港口防波堤照片

港灣的主要功能雖是停靠船舶，但仍需有許多配合的設施才能提供周全的服務，港灣設施包括下列六項：

一、水域設施

1. 航道：係船泊通行的水道，其寬度需依船隻噸數、尺寸、數量及單向、雙向來回等因素決定。
2. 停泊區：係供船泊停靠的水域，該水域需有足夠的面積、水深及水面保持平靜。
3. 集船區：以防坡堤圍成的水域，大都繫留小型船隻，如圖 5-18a 所示。
4. 船閘（Locks）：係連接兩端不同高度水域的一種水工構造物，通常建在人工運河上，如南美洲的巴拿馬運河；水深需超過通行最大船舶的最大吃水深度，寬度則需讓船泊雙向通行。

二、外廓設施

主要目的是保護港口，避免受到波浪、高潮及海嘯的沖擊，同時也防止海砂侵入港口，維持港口有足夠的水深。

1. 防波堤：係為防止海浪侵襲港口而建的堤防（如圖 5-18b 所示），依結構形式可分為垂直堤（堤面垂直）、傾斜堤（堤面傾斜）及合成堤三種。
2. 防砂堤：為防止漂砂沿著海岸線向港口侵入的堤防，通常可兼具防波堤功能。
3. 導流堤：通常設在河川的出海口，用來防止土、砂堆積在河口的航道上。

三、繫留設施

為使船舶能安全靠岸、繫留，也能使貨物順利裝卸、乘客上下船的設施，包括岸壁、浮橋、棧橋、繫船柱及繫船浮標等。

四、碼頭（埠頭）

係港口之繫留設施、倉庫、貨物裝卸場、鐵路、道路等陸上設施之總稱，依其機能可分為：

1. 埠頭碼頭：包括平行碼頭、突堤碼頭、內控碼頭、島式碼頭及雙手碼頭等，如圖 5-19 所示。
2. 貨櫃碼頭：由於貨櫃已被廣泛應用在海上運輸，因此有其專用碼頭。
3. 渡船碼頭：係各式車輛能以自身動力上下船舶的碼頭，一般設有供車輛上下的活動橋、候船的服務中心及停車場。

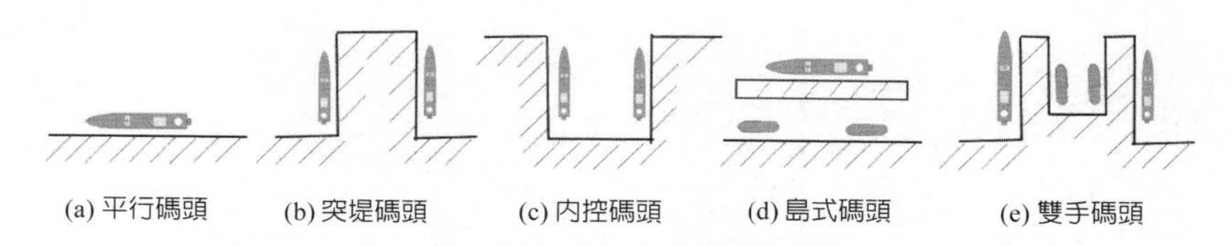

圖 5-19　不同型式碼頭示意圖

五、航道設施

為使船隻安全通行而設的目標物和信號設備，告知暗礁及淺灘等障礙物、安全航道及港口位置、航行中船舶的位置和前進路線。

1. 光波標識：係肉眼能辨識的標識，包括日標（立標、浮標、導標）及夜標（燈塔、燈船、燈桿、柱燈浮標）。
2. 音波標識：係人耳能辨識的標識，包括霧笛、霧燈等。
3. 電波標識：係利用電波來辨識港口方向及位置，包括無線電及沿岸雷達等。

六、其他設施

1. 旅客服務設施：供旅客使用的候船室、候車室、升降機、電扶梯、販賣部及商品區。
2. 貨物裝卸設施：以起重機爲主，分爲固定式及門形移動式二種。
3. 保存設施：包括倉庫、露天堆置場、油料儲存設備等。
4. 船泊補給設施：提供船舶用水、油料等設施。
5. 臨港交通設施：包括鐵路、道路及運河等。

第6章
大地工程

921 大地震造成高壓電塔基座傾斜照片

6.1 何謂大地工程

「大地工程」英文稱為「Geotechnical engineering」，是土木工程最古老卻在導入現代科技後成為最新興的專業領域。受限於古代文字記載及傳承知識的方法，許多古老的工藝技術（如古文明時期的大地工程知識）並未流傳下來。然而，由於人類的需要，工程師們除了必須能夠設計出高層建築、大跨度橋梁、隧道、堰壩、擋土構造之外，更面臨了如何使得這些結構物能安全的佇立問題，亦即工程師必須確保所在的土壤，能承受這些來自結構物自身和外加的載重，使得結構物不會傾倒、下陷、崩塌、滑動。

為了人群和社區間的連繫，道路必須藉由橋梁跨越河川與深谷（如圖 6-1a 及 6-1b 所示），或蜿蜒於崇山峻嶺中或以隧道穿越無法翻越的山頭。而在人群密集的都會裡，必須利用高層建築（附帶深層地下室）來克服土地不足的問題。這些土木工程的成敗與大地工程環環相扣，工程師必須要提供適當的基礎，使得橋梁與高樓得以屹立不搖；工程師也必須要提供適當的設計，即使在惡劣天候裡山間道路仍得以暢通；工程師必須要分析如何打通隧道，並確保在施工中及使用中不會坍塌。

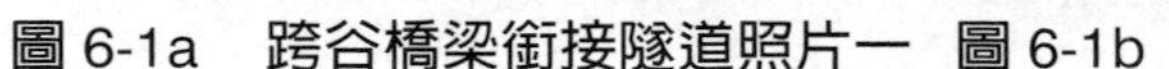

圖 6-1a　跨谷橋梁銜接隧道照片一　圖 6-1b　跨谷橋梁銜接隧道照片二

簡言之，「大地工程」係指一切與下部結構、擋土構造、擋水構造、邊坡穩定有關的理論與實務，而研究大地工程的學科如下：

1. 工程地質：研究地質材料、構造及環境，供土木及營建工程設計及施工之參考。
2. 土壤及岩石力學：研究土壤及岩石分類、物理性質、土壤結構及組成、滲透性、剪力強度、孔隙壓力、土壓力、有效應力、壓密、沉陷、液化等。
3. 土壤動力學：研究土壤承受動力載重（地震、機械振動等）作用時之強度及穩定。
4. 基礎工程：研究土壤承載力、各種結構物之基礎型式，以及軟弱土壤之處理。
5. 坡地工程學：研究山坡地之工程特性、邊坡穩定、抑制滑動、擋土構造物等。
6. 地質工程學：研究與地質有關的工程問題，如壩址處理、深開挖、隧道施工等。

圖 6-2　中部橫貫公路邊坡崩塌照片

6.2 工址調查與鑽探

地殼是一顆星球最外層的實心薄殼，而地球的地殼是指地球地表至莫霍界面之間的薄層，主要由土壤及岩石組成，土壤係由岩石風化而來，而岩石主要有火成岩，變質岩和沉積岩三種，也是岩石圈組成的一部分，地殼有薄有厚，平均厚度約 17 公里。地殼和地函之間的分界線被稱爲莫氏不連續面，地殼下面的是地函，地殼的質量只占全地球 0.2%。

人類在地球表面上鑽過的最深的洞，位在北極圈內的科拉半島（Kola Peninsula），現在地屬俄羅斯，這是一個 2008 年被廢棄的蘇聯科研站。在一棟破敗的建築中間，有一個厚實的、生鏽的金屬蓋嵌在水泥地上，由一圈同樣鏽跡斑斑、粗大的金屬螺栓所固定。這就是科拉超深鑽孔（Kola Superdeep Borehole，如圖 6-3 所示），也是地球上最深的人造井和最深的人工標誌點，鑽深達地底 40,230 英尺（約 12,262m），是蘇聯人花了將近 20 年的時間才鑽到這個深度，但在蘇聯解體後這個項目已戛然而止。這個世界上最深的鑽孔紀錄在 2008 年和 2011 年被在卡達的阿肖辛油井（12,289m）和俄羅斯在庫頁島的 Odoptu OP-11 油井（12,345m）兩次打破，到了 2016 年排名只列世界第五。

圖 6-3　科拉超深鑽孔照片

摘自：網路

吾人所居住及平日活動的構造物都在地殼的最外層裡，它的組成非常複雜，不同深度、不同位置，土壤性質即迥然不同。爲了安全起見，各種工程規劃設計之前必須進行工址調查及地質鑽探，以了解不同土層的厚度、粗細顆粒組成、含水量、凝聚力、單位重、內摩擦角、地下水位、剪力強度、標準貫入係數及承載層之深度等。

工址調查的目的取得地層構造、強度性質、地形、地物、水文狀況、地質敏感條件（斷層、山崩及滑動、地下水補助等）及周邊環境，作爲下列作業之參考：

1. 基礎型式選擇及設計深度。
2. 決定土壤的承載力。
3. 推估沉陷量。
4. 量測地下水位的深度。

5. 估算土壤的側向土壓力。
6. 工程經濟性考量。
7. 調查工址周邊的既有結構物，評估安全的施工方式。

《建築技術規則構造篇》第 62 條規定：「基礎設計及施工應防護鄰近建築物之安全。設計及施工前均應先調查鄰近建築物之現況、基礎、地下構造物或設施之位置及構造型式，為防護設施設計之依據。」及第 65 條：「地基調查計畫之地下探勘調查點之數量、位置及深度，應依據既有資料之可用性、地層之複雜性、建築物之種類、規模及重要性訂定之。其調查點數應依左列規定：

一、基地面積每六百平方公尺或建築物基礎所涵蓋面積每三百平方公尺者，應設一調查點。但基地面積超過六千平方公尺及建築物基礎所涵蓋面積超過三千平方公尺之部分，得視基地之地形、地層複雜性及建築物結構設計之需求，決定其調查點數。

二、同一基地之調查點數不得少於二點，當二處探查結果明顯差異時，應視需要增設調查點。

調查深度至少應達到可據以確認基地之地層狀況，以符合基礎構造設計規範所定有關基礎設計及施工所需要之深度。同一基地之調查點，至少應有半數且不得少於二處，其調度深度應符合前項規定。

圖 6-4a 建築基地鑽探照片

圖 6-4b 區域排水渠道鑽探照片

「鑽探」係在土層內鑽孔取樣的作業方法（如圖 6-4a 及 6-4b 所示），包括：

1. 試驗坑法：使用徒手工具或挖土設備挖掘一明坑，觀察土壤狀況及粒徑分布。
2. 土鑽法：使用徒手操作的土鑽或動力鑽進行接近地表的地質調查。
3. 沖鑽法：利用高壓射流和切土鑽頭進行鑽孔及取樣，對粒狀土層價廉且快速。
4. 旋鑽法：使用前端配置鑽石鑽頭的鑽桿以高速旋轉進行鑽孔及取樣。
5. 衝鑽法：利用空壓設備的動力鑽機，由鑽頭快速上下振動達到鑽進的目的，適於岩層及硬土層內的鑽孔作業。

6.3 軟弱地層改良

土木及營建工程的基地經工址調查後，若發現有不良的地質或軟弱土層，足以影響開挖作業及周邊地盤結構時，必須進行地層改良，以確保工址及周邊環境的安全性。地層改良的目的是為增加土壤承載力和地層穩定、提高土壤密度和剪力強度、減少壓縮性和透水性、防止土壤液化等。

依《建築物基礎構造設計規範》第九章〈地層改良〉、第 9.1 節通則之規定：

1. 基地地層得視需要以適當之人為方法進行改良，使基地地層之整體工程性質符合構造物之設計與施工之需求，並維護基地鄰近構造物及設施之安全。
2. 地層改良得利用置換、夯實、振動、壓密、脫水、固化、加勁或溫度增減等物理或化學原理進行之，以增加地層之承載及抗剪強度、減少壓縮性、改變透水性、增加地層穩定性及改善地層動態性質等。

針對淺層及深層土壤，地層改良方法分類如圖 6-5 所示，本書僅選擇數種簡介如下：

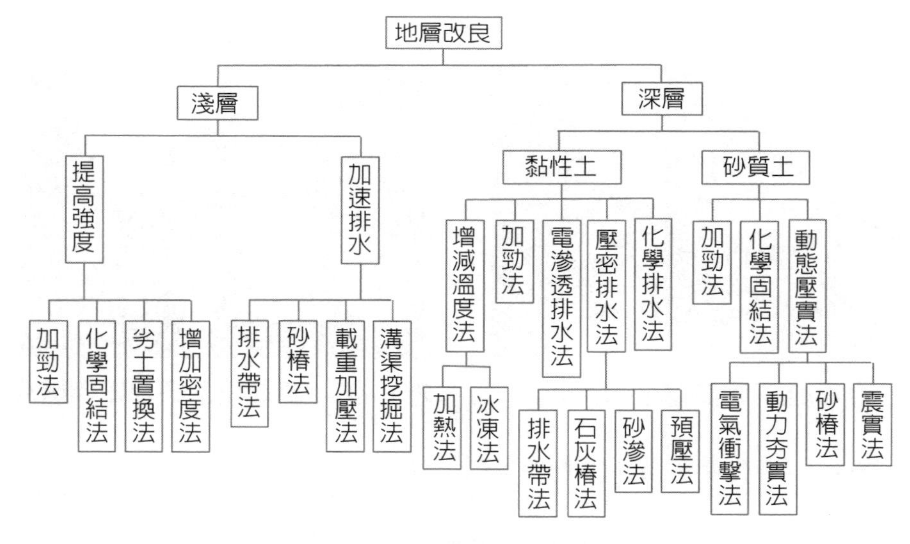

圖 6-5　地層改良分類示意圖

一、劣土置換法：係將表層的劣土予以清除，換以良土並分層夯實，較適用於淺層及位於地下水位以上的土層，其施工條件及經濟性較佳。

二、增加密度法：係利用機械振動、滾壓、夯實或其他外力（如重錘反覆落下夯擊地面）來增加工址土層的密度、減少孔隙比，以達到提高土壤強度的目的，也是最常用的地層改良工法。

三、土層排水法：係利用預加壓力或以人工排水方式（直向及橫向），來排除軟弱黏土之孔隙水，以達到快速沉陷及增加土壤密度之效果。

1. 載重加壓法：如圖 6-6a 所示，係預先以堆置土方或型鋼等重物將基地加載預壓，經土壤排水、壓密作用後完成部分沉陷量和增加土壤承載力，之後再移除原堆置的物料。
2. 眞空預壓法：如圖 6-6b 所示，係在基地表層鋪設砂墊和蓋一層不透氣薄膜，並將薄膜埋入土內，再以眞空泵浦將砂墊內空氣抽出，如此以形成膜內眞空狀態，其下的土層即因大氣壓力形成預壓作用，一般可達 7-8tf/m^2。
3. 降低地下水位法：係採取開挖排水溝、利用抽水泵浦或以砂樁、排水帶等來降低基地內之地下水位，使地層的有效應力增大，提早完成壓密沉陷，提高地層的支承力。
4. 電滲透排水法：係在基地的黏土層內插入金屬電極並通以直流電，陽極離子連同水分子受電場作用流向陰極，並以點井法排除水分，如此可降低陽極處的含水量，提高土壤強度及承載力。

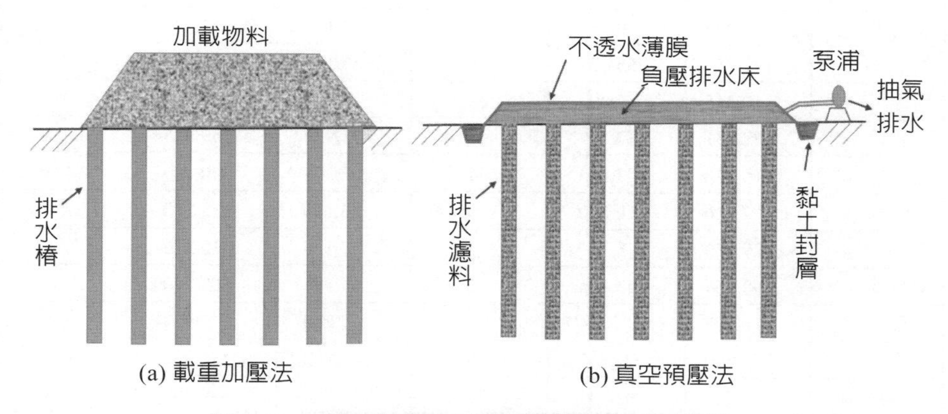

圖 6-6　載重加壓法及真空預壓法示意圖

四、化學固結法：係利用攪拌、滲入或灌漿等方法將添加物（水泥、水玻璃、石灰、飛灰、高爐石粉等無害化學物質）來改良土壤之物理及化學性質。

五、增減溫度法：以人工方法變更地層內的溫度，藉以改變土壤的性質。

1. 冰凍法：係通過埋入土中的注滿冷媒的循環冷凍管，將軟弱地盤或含水性的地盤，施以短暫性的人工冰凍，使土壤中的地下水結成冰，形成「截水牆」或「耐力牆」的人爲凍土，以降低土壤的透水性，可適用於飽和砂土及軟弱黏土層，但於主要工程完成後，使其解凍復原，由於經費高昂，通常只作爲臨時性工法。
2. 加熱法：係於地層中進行鑽孔並予以加熱，藉以降低土層含水量及壓縮性。

6.4 治山與邊坡穩定

台灣位處歐亞板塊與菲律賓海板塊之間，因兩者互相擠壓形成造山運動發達，地殼被擠壓抬升而形成的山脈，南北縱貫全台，其中以中央山脈為主體，地勢高峻陡峭。台灣的土地總面積為 36,188 平方公里，南北狹長（394 公里）、東西窄（最大寬 144 公里），形狀呈紡錘形又似番薯。地勢東高西低，地形主要以山地、丘陵、盆地、台地、平原為主體。山地及丘陵地約佔本島總面積的 77%，若含六都及離島則佔 73%，如表 6-1 所示。

表 6-1　全台山坡地面積統計表

省市及縣市別	(1) 土地總面積	(2) 山保條例山坡地	山保條例山坡地	(3) 國有林＋保安林＋試驗林	(4) 水保法山坡地【(2)＋(3)】	水保法山坡地
			(2)/(1)			(4)/(1)
宜蘭縣	214,363	33,032	15%	141,876	174,908	82%
基隆市	13,276	10,219	78%	2,108	12,327	94%
新竹縣	142,754	65,427	46%	58,144	123,571	87%
新竹市	10,415	4,097	39%	99	4,196	40%
苗栗縣	182,031	87,389	48%	71,926	159,315	88%
南投縣	410,644	127,822	31%	262,358	390,180	95%
彰化縣	107,440	10,020	9%	3,180	13,200	12%
雲林縣	129,083	8,150	6%	5,120	13,270	11%
嘉義縣	190,364	42,644	22%	66,596	109,240	57%
嘉義市	6,003	394	7%	289	683	11%
屏東縣	277,560	91,955	33%	89,882	181,837	66%
台東縣	351,525	97,540	28%	231,750	329,290	94%
花蓮縣	462,857	78,384	17%	334,137	412,521	89%
澎湖縣	12,686	-	0%	520	520	4%
台灣省小計	**2,511,001**	**657,073**	**26%**	**1,267,985**	**1,925,058**	**77%**
新北市	205,257	109,439	53%	70,319	179,758	88%
台北市	27,180	15,007	47%	2,349	17,356	55%
桃園市	122,095	31,317	26%	24,344	55,661	46%
臺中市	221,490	56,301	25%	103,033	159,334	72%
臺南市	219,165	50,609	23%	31,807	82,416	38%
高雄市	294,627	62,718	21%	155,594	218,312	74%
金門縣	15,166	-	0%	-	-	0%
連江縣	2,880	-	0%	-	-	0%
合計	**3,618,861**	**982,464**	**27%**	**1,655,431**	**2,637,895**	**73%**

資料來源：農委會水土保持局（資料統計至 2018 年 7 月）。

森林雖可防洪、保持水土、涵養水源，究其功能仍有其極限，倘若超過其極限者，無論其有多茂密之森林覆蓋，仍會發生崩坍。除藉森林機能治水外，仍需以工程方法加以補救其不足。以往政府在山區之治山防洪，大都以混凝土材料爲之，而其工程在青山綠水之間，缺乏景觀協調性，並影響各種生物棲息空間。近年來已顧及生態環境保育觀念，工程施作兼顧安全與生態。興建攔砂壩及潛壩時，會兼顧魚類的棲息和移動範圍，工程中並附帶興建魚梯，使河中的魚類可自由上下溪流，另給予其他各種生物有更多的保育空間。

圖 6-7a　平移滑動照片

資料來源：空警隊拍攝

圖 6-7b　邊坡弧形滑動照片

坡地災害基本上分爲三種：崩塌、地滑及土石流，其中崩塌發生的比例較高，但規模及危害程度較小；土石流發生的比例較低，但規模及危害程度較大，將在第 7.3 節予以說明。地滑意即邊坡滑動，主要有平移滑動（如圖 6-7a 所示）及弧形滑動（如圖 6-7b 所示）二種形式，前者的滑動長度比深度大，常發生在自然邊坡；後者的破壞面隨某一圓心旋轉，多發生在人工邊坡。某一地表面與水平面成一傾斜角度者稱爲「邊坡」，在外力所引起的剪應力超過土壤的剪力強度時，即發生邊坡土層的滑動。

在各種邊坡破壞的肇因中，除土壤自身的重力外，尚有含水量、滲流壓力及地震等因素，如何維持邊坡穩定，將在 6.5 節予以說明。弧形滑動破壞可分爲下列三種：

一、坡底破壞：如圖 6-8a，即破壞面切到邊坡底部或基層地盤，常發生在土層較軟弱且坡度較緩的黏土邊坡。

二、坡趾破壞：如圖 6-8b，即破壞面通過邊坡趾部，常發生在較陡的黏土邊坡。

三、坡面破壞：如圖6-8c，即破壞面切過邊坡斜面，常發生在上層軟、下層硬的邊坡。

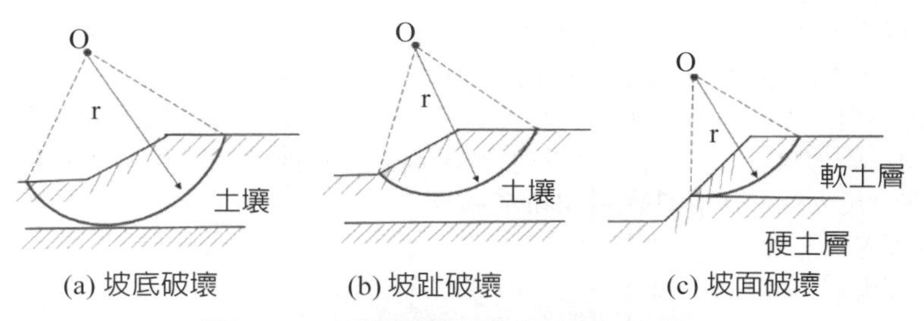

圖 6-8　三種弧形滑動破壞示意圖

6.5 擋土構造

本節所稱的擋土構造係指廣義的擋土牆，是一種能夠抵抗側向土壓力，用來支撐天然邊坡或人工邊坡，保持土體穩定的結構物，包括一般的擋土牆及其他型式的擋土結構。依《水土保持技術規範（2020.03.03 版）》第 117 條：「擋土牆係指為攔阻土石、砂礫及類似粒狀物質所構築之構造物。」對於典型的擋土牆（如圖 6-9a 所示），靠回填土（或山體）一側為牆背，外露臨空一側為牆面（也稱牆胸），牆底與牆面交線為牆趾，牆底與牆背的交線為牆踵。而第118條規定：擋土牆之種類及適用範圍如下。

1. 三明治式擋土牆：位於開挖坡面者，其有效高在四公尺以下為原則；位於填方坡面者，其有效高在二公尺以下為原則。
2. 重力式擋土牆：其有效高在四公尺以下為原則。
3. 半重力式擋土牆：其有效高在四公尺以下為原則。
4. 懸臂式擋土牆：其有效高在八公尺以下為原則。
5. 扶壁式擋土牆：其有效高在十公尺以下為原則。

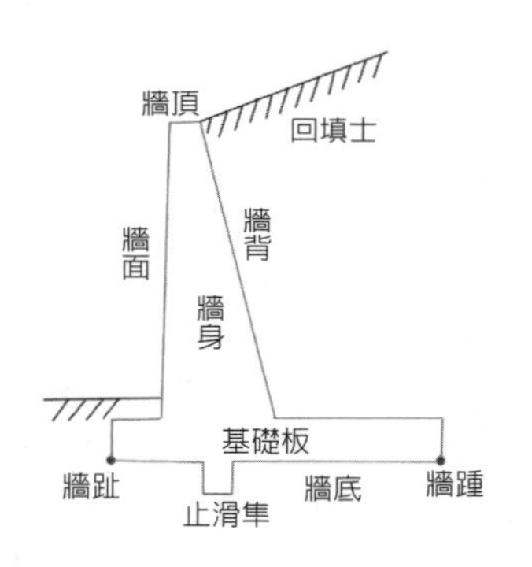

圖 6-9a　典型擋土牆示意圖

圖 6-9b　蛇籠式擋土牆照片

6. 疊式擋土牆：
   (1) 蛇籠（箱籠）擋土牆（如圖 6-9b 所示）：適用於滲透水多之坡面或基礎土壤軟弱且較不穩定地區，其總有效高在四公尺以下為原則。
   (2) 格床式擋土牆（如圖 6-10a 所示）：適用於多滲透水坡面，其每層有效高三公尺以下，總有效高六公尺以下為原則。
   (3) 加勁土壤構造物：其總有效高在八公尺以下為原則。
7. 砌石擋土牆：牆面坡度以緩於一比〇．三為原則；砌石長徑均應依序向上縮減，任一砌石（含本身）往上計算之高度均不宜超過該石材長徑之五倍，其有效高以不超過四公尺，且符合下列規定為原則：
   (1) 乾砌者，石塊長徑（即牆厚方向）之五倍。
   (2) 漿砌者，石塊長徑（即牆厚方向）之六．五倍。

8. 錨定式擋土牆（如圖6-10b所示）：適於岩層破碎帶、節理發達或崩塌、地滑地區。

圖 6-10a　格床式擋土牆照片

圖 6-10b　錨定式擋土牆照片

山區道路（含高速公路）的新闢，常需切除坡趾並採用錨定式擋土牆結構來維持邊坡的穩定；設計時不得不謹慎，以免發生憾事，例如 2010 年 4 月 25 日國道 3 號 3.1 公里處發生走山事件，土方量高達 21 萬立方公尺，造成 3 車被埋、4 人死亡，如圖 6-11 所示。

圖 6-11　國道 3 號發生走山事件照片

摘自：交通部 2010 年 5 月 5 日事件調查報告

6.6 深淺開挖工程

隨著工程建設需求增加和施工技術的進步，各項工程之規模及複雜性日益增加（如圖 6-12a～6-12c 所示），而且越趨往高空及地下發展（如圖 6-12d 所示），同時對品質之要求也越加嚴格。在工程規模已趨於大型化的營建工程中，內部擋土支撐系統儼然已成爲開挖作業最重要的核心。地下開挖工程進行時，地下水處理得當與否常爲影響工程成敗之關鍵，爲了防止地下水從周圍基地流入，需採用止水性高但成本高之擋土支撐系統。

圖 6-12a　緊鄰鐵路施工內撐系統照片

圖 6-12b　管線開挖施工內撐系統照片

圖 6-12c　橋梁拓寬施工內撐系統照片

圖 6-12d　捷運站區深開挖內撐系統照片

《建築技術規則建築設計施工編（2021.01.19 版）》第 154 條：「凡進行挖土、鑽井及沉箱工程時，應依下列規定採取必要安全措施：

1. 應設法防止損壞地下埋設物如瓦斯管、電纜、自來水管及下水道管渠等。
2. 應依據地層分布及地下水位等資料所計算繪製之施工圖施工。
3. 靠近鄰房挖土，深度超過其基礎時，應依本規則建築構造編中有關規定辦理。
4. 挖土深度在一 ・ 五公尺以上者，應有適當之擋土設備，並符合本規則建築構造編中有關規定辦理。
5. 施工中應隨時檢查擋土設備，觀察周圍地盤之變化及時予以補強，並採取適當之排水方法，以保持穩定狀態。

6. 拔取板樁時，應採取適當之措施以防止周圍地盤之沉陷。

一般開挖工程常用的擋土措施主要有：

1. **鋼板樁**：係將條狀的鋼板樁（如圖 6-13a）一片接一片打入土中，以形成排狀擋土結構。此工法施工簡單迅速、價格較低，但防水性較差，若於地下水位較高且防水性需求較高之工區，宜採雙層鋼板樁、中間夾一層黏性土壤。
2. **型鋼樁或鋼軌樁**：係將 H 型鋼（如圖 6-13b 所示）或鋼軌打入土中至預定深度，一邊開挖一邊將木襯板插入型鋼或鋼軌翼板之間，以形成適當的擋土構造。
3. **排樁**：係將若干緊密排列的預鑄樁打入土中，以形成連續式的排樁擋土構造，此工法較鋼板樁、型鋼樁或鋼軌樁之擋土效果佳，但預鑄樁之間仍有隙縫，防水性不佳。
4. **連續壁**：係在地面上以特殊機具在導溝內挖掘深溝，並注入穩定液，並於溝內吊放鋼筋籠（溝深超過單次鋼筋籠的長度時應分次搭接）、澆置混凝土，以形成連續之鋼筋混凝土壁體。由於施工中無噪音、無振動、水密性高、工期短、安全性高，市區大樓及捷運站區深開挖多採用此工法，捷運萬大線LG06站挖深約34m（如圖6-14）。
5. **水平支撐工法（或內撐工法）**：係於開挖工區內以 H 型鋼作為橫擋（緊貼擋土措施）、橫撐、支柱及斜撐所形成的內部支撐系統之工法，如圖6-12a及6-12d所示。

圖 6-13a　鋼板樁施工照片

圖 6-13b　型鋼樁施工照片

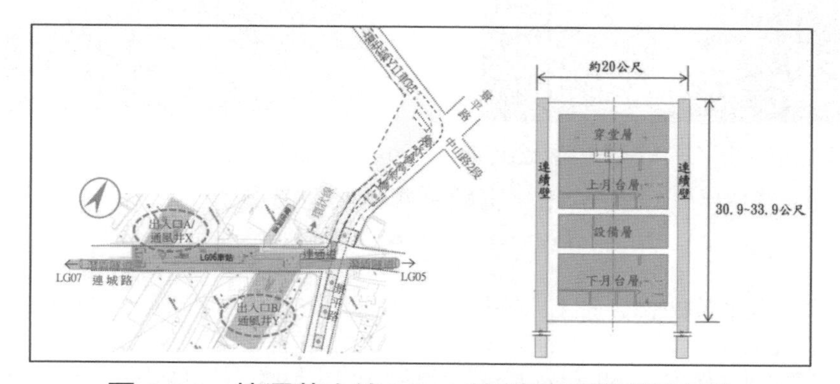

圖 6-14　捷運萬大線 LG06 站區及深開挖示意圖

摘自：臺北市政府捷運工程局一工處簡報

6.7 地質敏感安全分析

台灣位處環太平洋地震帶、颱風路徑及具有山高水急的自然環境，除造就許多美麗的風景及豐沛的地下水資源外，也同時產生許多「活動斷層」及「山崩及地滑」危險區域；因此，未經蒐集詳細環境資訊的土地開發行為，極可能破壞珍貴的環境資源，或者讓土地上生活的人們遭受地質災害的威脅。

2010 年 4 月 25 日國道 3 號 3.1 公里處發生走山事件後，立法院加快《地質法》條文審查作業，終於 2010 年 11 月 16 日三讀通過，並於 2011 年 12 月 1 日開始實施。該法第五條規定：「中央主管機關應將具有特殊地質景觀 、地質環境或有發生地質災害之虞之地區，公告為地質敏感區。」目前已公告二類四種地質敏感區：

一、**保育型地質敏感區**：即避免土地開發時人為破壞環境。

（一）地質遺跡地質敏感區：指在地球演化過程中，各種地質作用之產物：1)、有特殊地質意義，2)、有教學或科學研究價值，3)、有觀賞價值，4)、有獨特性或稀有性。如圖 6-15 所示為宜蘭縣龜山島火山碎屑堆積層地質遺跡（編號 H0010），其他如大華壺穴、暖暖壺穴、十分瀑布、鼻頭角海蝕地形、過港貝化石層、台東縣利吉混同層（如圖 6-16a 所示）等多處。

（二）地下水補注地質敏感區：地下水補注區指地表水入滲地下地層，且為區域性之地下水流源頭地區：1)、為多層地下水層之共同補注區，2）、補注之地下水體可做為區域性供水之重要水源。包括濁水溪沖積扇、屏東平原、宜蘭平原、台北盆地、台中盆地及嘉南平原等。

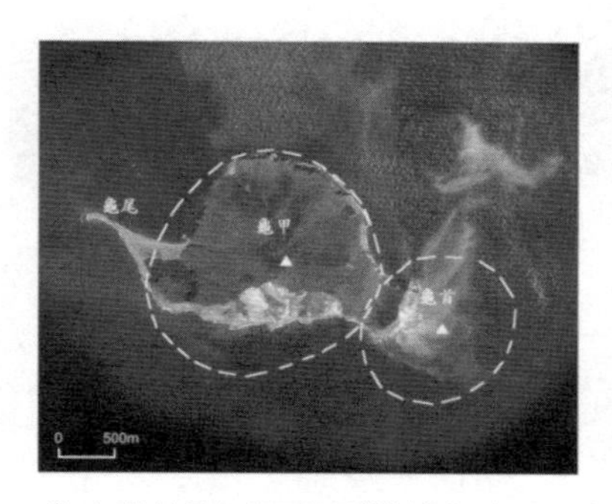

(a) 龜山島地形（三角形推估為火山口）

(b) 龜山島火山碎屑堆積層北側龜首全貌

圖 6-15 宜蘭縣龜山島地質遺跡

摘自：經濟部中央地質調查所網站

二、**防災型地質敏感區**：即土地開發時，提供規劃防範地質災害措施之參考和應用。

（一）活動斷層地質敏感區：活動斷層指過去十萬年內有活動證據之斷層，包括車籠埔斷層（如圖 6-16b 所示）、池上斷層、旗山斷層、新城斷層、新竹斷層、新化斷層、大尖山斷層、鹿野斷層、三義斷層、米崙斷層、大甲斷層、九芎坑斷層、瑞穗斷層及奇美斷層等。

（二）山崩與地滑地質敏感區：過去曾經發生土石崩塌，或未來有山崩和地滑發生條件之地區。

圖 6-16a　素稱利吉惡地照片

圖 6-16b　斷層錯動震壞石岡壩照片

依《地質法》第 8 條：「土地開發行為基地有全部或一部分位於地質敏感區內者，應於申請土地開發前，進行基地地質調查及地質安全評估。但緊急救災者不在此限。

前項以外地區土地之開發行為，應依相關法令規定辦理地質調查。」

第 9 條：「依前條第一項規定進行基地地質調查及地質安全評估者，應視情況就下列方法擇一行之：

1. 由現有資料檢核，並評估地質安全。
2. 進行現地調查，並評估地質安全。

前項基地地質調查與地質安全評估方法之認定、項目、內容及作業應遵行事項之準則，由中央主管機關會商相關主管機關定之。」

第 10 條：「依第 8 條第一項規定進行之基地地質調查及地質安全評估，應由依法登記執業之應用地質技師、大地工程技師、土木工程技師、採礦工程技師、水利工程技師、水土保持技師或依技師法規定得執行地質業務之技師辦理並簽證。

前項基地地質調查及地質安全評估，由目的事業主管機關、公營事業機構及公法人自行興辦者，得由該機關、機構或法人內依法取得相當類科技師證書者為之。」

Note

第7章
水土保持工程

大安溪遠眺火炎山一景

7.1 水土保持作業範疇

「水土保持工程」英文稱爲「Soil and water conservation engineering」，政府爲實施水土保持之處理與維護，以保育水土資源、涵養水源、減免災害、促進土地合理利用及增進國民福祉，特於 1994 年 5 月 27 日頒行《水土保持法》。該法（2016 年 11 月 30 日修訂版）第 3 條定義專用名詞如下：

1. 水土保持之處理與維護：係指應用工程、農藝或植生方法，以保育水土資源、維護自然生態景觀及防治沖蝕、崩塌、地滑、土石流（如圖 7-1 所示）等災害之措施。
2. 水土保持計畫：係指爲實施水土保持之處理與維護所訂之計畫。
3. 山坡地：係指國有林事業區、試驗用林地、保安林地，及經中央或直轄市主管機關參照自然形勢、行政區域或保育、利用之需要，就合於下列情形之一者劃定範圍，報請行政院核定公告之公、私有土地：
   (1) 標高在一百公尺以上者。
   (2) 標高未滿一百公尺，而其平均坡度在百分之五以上者。
4. 集水區：係指溪流一定地點以上天然排水所匯集地區。
5. 特定水土保持區：係指經中央或直轄市主管機關劃定亟需加強實施水土保持之處理與維護之地區。
6. 水庫集水區：係指水庫大壩（含離槽水庫引水口）全流域稜線以內所涵蓋之地區。
7. 保護帶：係指特定水土保持區內應依法定林木造林或維持自然林木或植生覆蓋而不宜農耕之土地。
8. 保安林：係指森林法所稱之保安林。

圖 7-1　火炎山歷次土石流產生的半圓形沖積扇照片

第 6 條規定：「水土保持之處理與維護在中央主管機關指定規模以上者，應由依法登記執業之水土保持技師、土木工程技師、水利工程技師、大地工程技師等相關專業技師或聘有上列專業技師之技術顧問機構規劃、設計及監造。但各級政府機關、公營事業機構及公法人自行興辦者，得由該機關、機構或法人內依法取得相當類科技師證書者爲之。」

另第 6-1 條規定：「前條所指水土保持技師、土木工程技師、水利工程技師、大地工程技師或聘有上列專業技師之技術顧問機構，其承辦水土保持之處理與維護之調查、規劃、設計、監造，如涉及農藝或植生方法、措施之工程金額達總計畫之百分之三十以上者，主管機關應要求承辦技師交由具有該特殊專業技術之水土保持技師負責簽證。」

第 8 條規定：「下列地區之治理或經營、使用行爲，應經調查規劃，依水土保持技術規範實施水土保持之處理與維護：

1. 集水區之治理。
2. 農、林、漁、牧地之開發利用。
3. 探礦、採礦、鑿井、採取土石或設置有關附屬設施。
4. 修建鐵路、公路、其他道路或溝渠等。
5. 於山坡地或森林區內開發建築用地，或設置公園、墳墓、遊憩用地、運動場地或軍事訓練場、堆積土石、處理廢棄物或其他開挖整地。
6. 防止海岸、湖泊及水庫沿岸或水道兩岸之侵蝕或崩塌。
7. 沙漠、沙灘、沙丘地或風衝地帶之防風定砂（如圖 7-2a 及 7-2b 所示）及災害防護。
8. 都市計畫範圍內保護區之治理。
9. 其他因土地開發利用，爲維護水土資源及其品質，或防治災害需實施之水土保持處理與維護。

前項水土保持技術規範，由中央主管機關公告之。

圖 7-2a　海邊告示牌正常狀態之照片

圖 7-2b　海邊地帶告示牌被風砂掩沒照片

7.2 坡地排水及坡地防災

台灣本島的山地及丘陵地約佔土地面積的 77%，1999 年 921 大地震之後，山坡地越發不穩定，在颱風及豪雨後常伴隨著山崩及土石流（如圖 7-3 所示），因此山坡地的災害防治越顯重要。國內治山防災部門將台灣地區常見的坡地災害歸納成：崩塌、地滑及土石流三種型式，其所佔的比例約爲 63%、17% 及 20%。山地坡面的災害總稱爲「崩塌」，包含山崩及地滑，簡單的說就是山坡地因某種因素，突然失去平衡而崩落的現象稱之爲「山崩」，至於因地下水或滑動面之存在，地面呈緩慢移動的現象稱之爲「地滑」。而山崩或崩塌所產生的大量土石若堆積在坡面上或溪床上，待水分含量達到一定程度時，即可能成爲土石流，挾帶巨大的能量向下游地區肆虐。

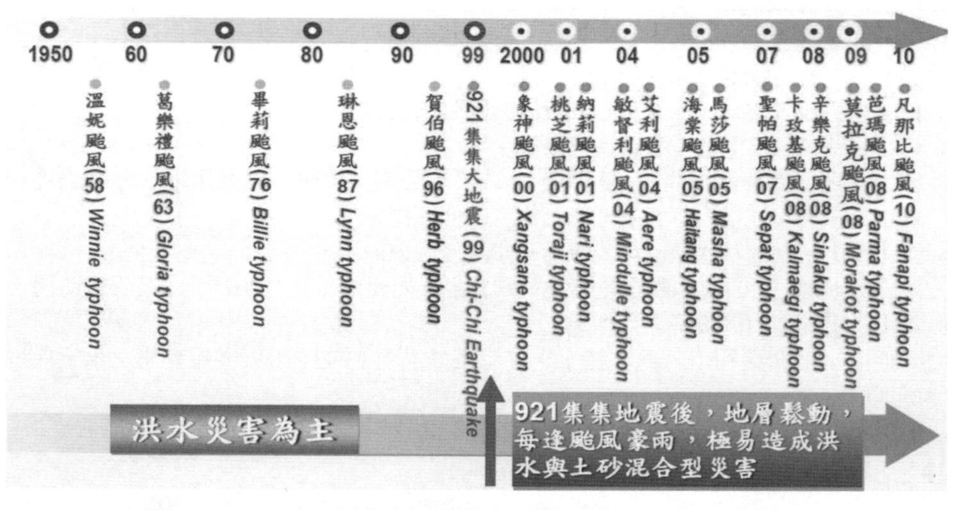

圖 7-3 921 大地震之後的颱風豪雨常伴隨土砂災害

資料來源：水土保持局

邊坡破壞意謂著岩石或土壤的剪斷破壞，究其原因，不外乎是下列二種：

一、土體剪斷應力之增加：

1. 因沖蝕、風化及人爲開挖造成土體側向支撐之解除。
2. 因自然及人爲因素造成的土體上方荷重之增加。
3. 因地震及爆破等土體振動所增加之瞬時土壓力。
4. 因自然條件及人爲開發（道路新闢及拓寬）產生之坡趾支撐之解除。
5. 因自然條件（如裂縫積水→積水結凍→膨脹）所增加之土體側壓力。

二、土體剪斷抵抗之減少：

1. 土體因風化及物理化學反應所產生之質變。

2. 土體因地下水及孔隙水壓造成有效應力之降低。
3. 因溫度變化或熱脹冷縮所造成的土體構造改變。

因應之道即是採取必要之工程手段及人爲措施，包括：

一、降低孔隙水壓：降雨實爲邊坡滑動之主要促發因素，排除方式有：
1. 地表排水：滲透防止工程及坡面排水（截水溝、草溝、縱橫向排水溝等）。
2. 地下排水：暗渠、橫向集水管、集水井及排水廊道。

二、改變地形：進行適當的挖方工程及塡方工程。

三、增加抑止力：打樁、深基礎樁、地錨及岩栓。

錨定式擋土牆、土釘工法及抗滑樁等擋土護坡較適用於挖方邊坡，因施工時上邊坡開挖之暴露面較小，較不易造成災害；而蛇籠、格床式擋土牆及加勁擋土牆等柔性之擋土結構較適用於塡方邊坡，因這些擋土設施能承受較大之不均勻沉陷。優選的坡地防災的措施爲抗滑樁，就平面排列方式而言，抗滑樁之型式可分爲下列四種：1)、切排樁，2)、疊排樁，3)、交錯排樁，4)、間隔排樁，如圖 7-4 所示。

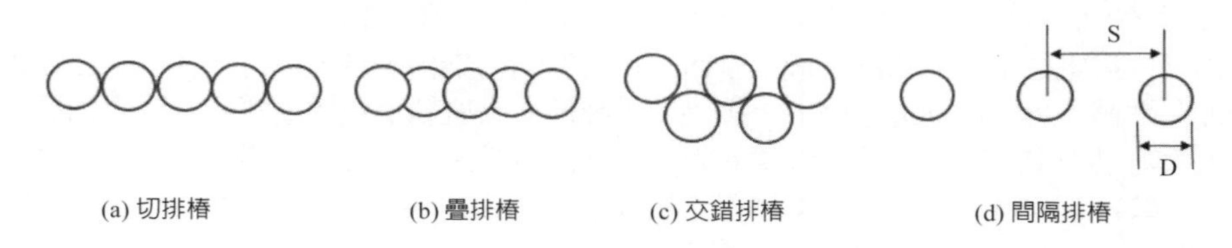

圖 7-4　不同排列抗滑樁示意圖

切排樁及疊排樁之樁體與土體之受力與變形行爲和板樁相似，而間隔排樁在樁身附近會形成拱壁效應（Arching effect），其樁心與樁心之水平間距需介於 2～4 倍樁徑，始能發揮拱壁效應。一般而言，抗滑樁雖爲整治邊坡滑動之主要選項之一，然而此種工法之造價相對昂貴，若能善用「間隔式鋼管排樁」配合弧形鋼板，即能發揮拱壁效應之特性，應能有效降低爲防治邊坡滑動整治工程所需之成本，如圖 7-5 所示。

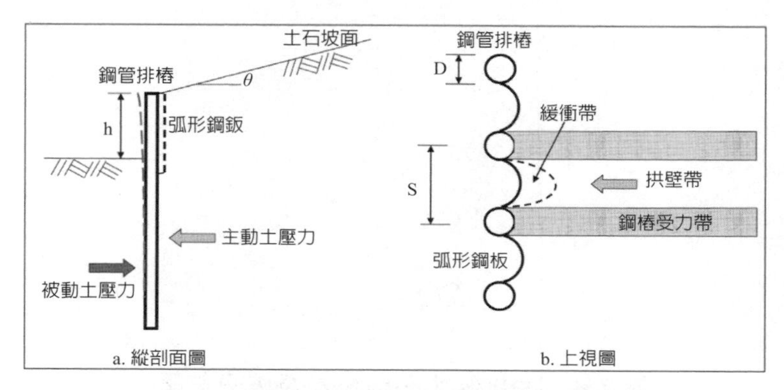

圖 7-5　間隔式鋼管排樁受力及變形示意圖

7.3 土石流發生機制與防治

全球各地發生的土石流時有所聞，在全球暖化和極端氣候所帶來強降雨之助虐下，土石流所造成的災情日趨嚴重，甚至到了讓人「聞流色變」之地步。近十幾年較著名的重大土石流事件，如 2009 年 8 月 9 日原高雄縣小林村滅村土石流造成近 500 人死亡、2010 年 8 月 8 日大陸甘肅省舟曲縣的特大土石流有 1,765 人遇難、2013 年 9 月 20 日在墨西哥阿卡普爾科州（Acapulco）因連日暴雨引發土石流，造成 101 人喪生及 68 人下落不明；2020 年 10 月 29 日莫拉菲颱風強襲越南，大雨引發土石流災情，造成 13 人死亡、40 人失蹤；2021 年 1 月 10 日印尼西爪哇爆嚴重土石流，至少有 11 人喪生、多人下落不明。據印尼政府統計，該國半數人口約 1.25 億人活在土石流潛勢風險地區。世人對土石流有系統的研究近 40 年，雖然已經得到諸多實用性的成果，目前仍難準確預判其發生地點及可能規模。

水土保持局近年來以降雨驅動指標（RTI，即有效累積雨量及降雨強度之乘積）作爲參考值，將具有相類似性質之土石流潛勢溪流集水區整合爲一群集，以統計方法計算出同一群集之土石流降雨警戒雨量值，再行簡化爲累積雨量，並訂定各地區土石流警戒基準值（300-600mm 不等），提供中央及地方政府執行疏散避難時之參考依據。2021 年水土保持局已公告全台 1,726 條土石流潛勢溪流，分布在 17 縣市（159 鄉鎮、690 村里），其中南投縣 262 條最多（如圖 7-6 所示）、新北市 235 條次多、彰化縣 9 條最少。

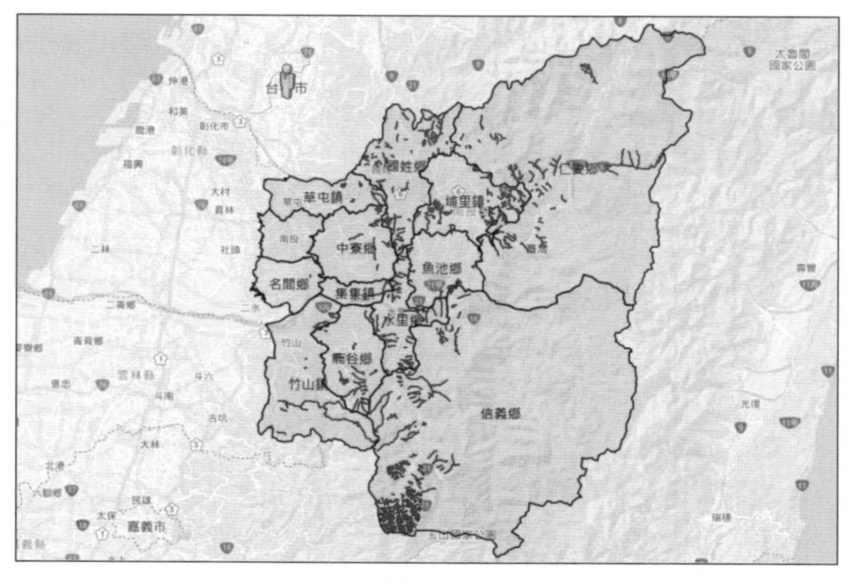

圖 7-6　南投縣土石流潛勢溪流分布圖

摘自：水土保持局網站

「土石流」係指泥、砂、礫及巨石等物質與水之混合物，受重力作用所產生之流動體，沿坡面或溝渠由高處往低處流動之自然現象；意即發生土石流的三個要件是：足夠的土砂堆積、一定的坡度及飽和水分。而土石流經過的地區可以分成坡度較大的發生段、坡度中等的輸送段（又稱流動段）與坡度平緩的淤積段（如圖 7-7 所示）。發生段多在溪流的上游，其橫剖面多呈 V 字形，大量堆積著谷壁崩坍的碎屑，故其四周的植生常顯稀疏；流動段多爲 U 字形，通常位於山溝河谷流域的中下游，河床上會有河谷兩岸崩坍下來的碎屑物；淤積段則多在溪流下游坡度平緩的出口處，常形成沖積扇狀的平坦地形。然而土石流並不等於土石流災害，倘若土石流導致人員傷亡，建築物、橋梁、公共建設損壞，造成生命或財產損失，才可稱爲「土石流災害」。

圖 7-7　土石流經過地區示意圖

資料來源：水土保持局

一般而言，土石流之防治可分爲抑制、攔阻、疏導、淤積、緩衝等主要方式，現已採用的土石流防治工法，包括源頭治理、坡面打樁編柵、攔砂壩（透過性、非透過性及調整型）、防砂壩、固床工、導流堤、緩衝林帶、淤積工、沉砂池等，一條溪流的防治經費加總起來動輒數千萬元。目前防治土石流的實務工作，偏重在土石流發生後於中下游段輸送段及淤積段之整治，甚少研究探討如何有效「抑制」上游段土石流的發生。

爲防止上游處（發生段）漸次堆積的土石在大雨飽和後發生土石流，在土石堆積的坡面上於適當時機佈設抗滑樁（如前節所述），特別是多階間隔式抗滑樁，所花的經費應比土石流發生後才在流動段及淤積段整治所耗費的成本爲低。尤其在發生段若有類似「漏斗狀或隘口」之處佈設數量較少的鋼管排樁，效用將更佳、成本也更節省。

7.4 蝕溝及野溪治理

蝕溝（Gully），爲水流因侵蝕作用下在土壤表層中所形成的溝槽，一般會在丘陵地的自然坡面上及人爲開挖的邊坡上形成（如圖 7-8a 及 7-8b 所示）。依《水土保持技術規範（2020 年 3 月 3 日版）》第 47 條：「坡地農場規劃時得視場區需要，設置緩衝帶，其水土保持之主要規劃項目如下：

一、**安全排水**：包括截水溝、排水溝、草溝、跌水、小型涵管、L 型側溝、過水溝面等。

二、**農路系統**：包括農路、園內道及作業道等。

三、**用水設施**：包括坡地灌溉、水源設施、抽水設施、輸配管設施、蓄水設施等。

四、**防災設施**：包括截水溝、防風定砂、蝕溝治理、農地沉砂池等。

場區內宜林地、不安定土地及必要保留之土砂捍止林、水源涵養林等應妥爲保護，並加強育林或造林工作。」

第 49 條：「蝕溝治理係指應用植生方法、工程方法，或兩者配合運用，穩定蝕溝，防止擴大沖蝕，減少災害，恢復地力。」

圖 7-8a 雨水在自然坡地上形成的蝕溝

圖 7-8b 雨水在開挖邊坡上形成的蝕溝

第 50 條：「蝕溝治理方法需因地制宜，依其治理目的、蝕溝大小及位置、集水面積、溝床坡降、土壤性質、排水狀況、植生被覆情形、土地利用、野生動物棲息、景觀維護以及所需控制程度等因子，決定最適宜的方法。依其需要性與經濟性，配合上、下游集水區之水土保持處理，作整體性之規劃設計。蝕溝治理之規劃設計原則如下：

一、**小型蝕溝**：因耕作、整坡不當、或降雨引發之沖蝕溝，得以下列方法消除：

1. 在蝕溝上方坡面，構築截洩溝。
2. 加強平台階段或山邊溝及安全排水處理。
3. 用耕作方法犁平或利用區內可取用土石塡平，進行等高耕作或加強植生。
4. 用土壤袋、植生袋塡平蝕溝。

二、大型蝕溝：溝中有湧泉、溝頭或兩岸有小型崩塌或危崖、溝床或兩側有擴大沖蝕危害之虞等，無法以前項方法作有效治理之蝕溝，得以下列方法治理：

（一）溝頭治理：依據蝕溝溝頭情況及治理需要作適當處理，其處理方式包括：

1. 截水溝及排水溝。
2. 階段工、打樁編柵、坡面植生，如圖 7-9a 所示。
3. 護坡、擋土牆或節制壩。
4. 裂縫填補或處理。

（二）溝面穩定及排水：依蝕溝溝頭情況及治理需要作適當處理，其處理方式如下：

1. 排水溝、草溝或跌水工。
2. 邊坡或危崖整修處理。
3. 坡面植生。
4. 構築節制壩，如圖 7-9b 所示。

圖 7-9a　打樁編柵及坡面植生照片

圖 7-9b　坡地溪床上節制壩及跌水工照片

第 51 條：「節制壩係指爲抑止溝床及溝岸沖蝕，在蝕溝中適當地點，與蝕溝垂直方向構築之構造物。用以調整溝床坡降、穩定流向、攔阻泥砂、安定蝕溝。」

第 64 條：「野溪指河川中、上游山坡地集水區內具有長度短、溪床坡度陡、溪床變動大、溪流水量變化大等特性之自然溪谷。野溪治理指防止或減輕野溪淤積、沖蝕、淘刷與溪岸崩塌，並有效控制土砂生產與移動，達成穩定流心，減少洪水、泥砂與土石流等災害所實施之治理工程。」

第 65 條：「野溪治理之設計洪水量估算如下：

一、防砂壩、潛壩、整流工程、堤防、護岸及丁壩等以重現期距五十年之降雨強度計算。

二、排洪斷面除出水高外，尙應考量洪水所挾帶泥砂、漂流木而加大其斷面百分之十至百分之五十。

三、土石流潛勢溪流之防治，應視實際需要，考量土石流之影響。」

野溪清疏，指以工程方法將溪床上淤積之土石等堆積物，進行清淤或疏通，以減免災害。前項所定清淤，指將淤積土石清離溪床；疏通，指整理或暢通堵塞之水路。

7.5 滯洪沉砂設施

本書第 5.4 節所述之「多功能滯洪池」，係指政府針對一般地區地勢較低及排水不良之處，興建滯洪池藉以臨時性收納該地區之降雨量，同時一併規劃景觀、休閒、遊憩、運動等功能。本節所述之滯洪沉砂設施，則是針對受《水土保持法》第 3 條規範、標高在一百公尺以上者或標高未滿一百公尺，而其平均坡度在百分之五以上之山坡地，當其進行第 8 條所稱之治理或經營、使用行爲時，應配置之水土保持設施。

圖 7-10a　中科二期基地滯洪池照片

圖 7-10b　山坡地新闢道路滯洪池照片

《水土保持法》第 12 條規定：「水土保持義務人於山坡地或森林區內從事下列行爲，應先擬具水土保持計畫，送請主管機關核定，如屬依法應進行環境影響評估者，並應檢附環境影響評估審查結果一併送核：

一、從事農、林、漁、牧地之開發利用所需之修築農路或整坡作業。

二、探礦、採礦、鑿井、採取土石或設置有關附屬設施。

三、修建鐵路、公路、其他道路或溝渠等。

四、開發建築用地、設置公園、墳墓、遊憩用地、運動場地或軍事訓練場、堆積土石、處理廢棄物或其他開挖整地。

……第一項各款行爲，屬中央主管機關指定之種類，且其規模未達中央主管機關所定者，其水土保持計畫得以簡易水土保持申報書代替之；其種類及規模，由中央主管機關定之。」

依《水土保持計畫審核監督辦法（2020 年 3 月 12 日版）》第 3 條：「於山坡地或森林區內從事本法第十二條第一項各款行爲，且挖方及填方加計總和或堆積土石方分別未滿二千立方公尺，其水土保持計畫得以簡易水土保持申報書代替之種類及規模如下：

一、從事農、林、漁、牧地之開發利用所需之修築農路：路基寬度未滿四公尺，且長度未滿五百公尺者。

二、從事農、林、漁、牧地之開發利用所需之整坡作業：未滿二公頃者。

三、修建鐵路、公路、農路以外之其他道路：路基寬度未滿四公尺，且路基總面積未滿二千平方公尺。

四、改善或維護既有道路：拓寬路基或改變路線之路基總面積未滿二千平方公尺。

五、開發建築用地：建築面積及其他開挖整地面積合計未滿五百平方公尺者。

六、農作產銷設施之農業生產設施、林業設施之林業經營設施或畜牧設施之養畜設施、養禽設施、孵化場（室）設施、青貯設施：建築面積及其他開挖整地面積合計未滿一公頃；免申請建築執照者，前開建築面積以其興建設施面積核計。

七、堆積土石。

八、採取土石：土石方未滿三十立方公尺者。

九、設置公園、墳墓、運動場地、原住民在原住民族地區依原住民族基本法第十九條規定採取礦物或其他開挖整地：開挖整地面積未滿一千平方公尺。」

第 4 條：「水土保持義務人有下列情形之一，免擬具水土保持計畫或簡易水土保持申報書送請主管機關審核：

一、實施農業經營所需之開挖植穴、中耕除草等作業。

二、經營農場或其他農業經營需要修築園內道或作業道，路基寬度在二 ・ 五公尺以下且長度在一百公尺以下者。

三、其他因農業經營需要，依水土保持技術規範實施水土保持處理與維護者。」

本節所稱之滯洪沉砂設施需依《水土保持技術規範》相關規定，在對應規模之水土保持書或簡易水土保持申報書中納入配置。第 91 條：「山坡地開發利用，宜設置沉砂設施，以攔截或沉積土石，減少土石下移、保護下游土地房舍及公共設施。」泥砂生產量之估算及沉砂設施容量之計算，可依第 92 條及 93 條之規定辦理。

圖 7-11a　山坡地沉砂滯洪池範例一

圖 7-11b　山坡地沉砂滯洪池範例二

第 94 條：「滯洪設施指具有降低洪峰流量、遲滯洪峰到達時間或增加入滲等功能之設施。滯洪設施包括滯洪壩、滯洪池等。……，得依實際需要作多目標用途。滯洪設施依型式分爲在槽式、離槽式，以重力排放爲原則。」滯洪設施之規劃設計原則可參考第 95 條、第 96 條及第 97 條相關規定辦理。

7.6 植生工程

台灣本島的山坡地面積佔77%，年平均降雨量達2,500mm，而雨水降在山坡地的流速較快，沖刷表土的能量也較大。因此，水土保持處理與維護至爲重要，除應用工程和農藝方法之外，避免坡面裸露導致水土流失最根本的方法就是植生。《水土保持技術規範》第3條：「爲促進水土資源永續利用，有關水土保持之處理與維護，應以工程、農藝或植生方法，單獨或配合運用。」

違規開發山坡地（如圖7-12所示）致生水土流失或毀損水土保持之處理與維護設施者，將面臨刑罰及行政罰之處分，不可不慎。《水土保持法》第32條：「在公有或私人山坡地或國、公有林區或他人私有林區內未經同意擅自墾殖、占用或從事第八條第一項第二款至第五款之開發、經營或使用，致生水土流失或毀損水土保持之處理與維護設施者，處六月以上五年以下有期徒刑，得併科新臺幣六十萬元以下罰金。但其情節輕微，顯可憫恕者，得減輕或免除其刑。

前項情形致釀成災害者，加重其刑至二分之一；因而致人於死者，處五年以上十二年以下有期徒刑，得併科新臺幣一百萬元以下罰金；致重傷者，處三年以上十年以下有期徒刑，得併科新臺幣八十萬元以下罰金。

因過失犯第一項之罪致釀成災害者，處一年以下有期徒刑，得併科新臺幣六十萬元以下罰金。

第一項未遂犯罰之。

犯本條之罪者，其墾殖物、工作物、施工材料及所使用之機具，不問屬於犯罪行爲人與否，沒收之。」

圖7-12　新竹地區違規開發危及週邊居民案例

摘自：自由時報電子報

山坡地進行開發前若其工程規模屬提送水土保持計畫者，應依《水土保持技術規範》第二章〈基本資料調查與分析〉第七節規定辦理基地之植生調查，以及依第三章〈規劃設計〉第六節規定辦理植生方法之配置作業。前者第 41 條：「植生調查應包括定性描述及定量分析。調查區內如具有保育、景觀及學術研究上之重要植物群落，應特別記錄加以保護。基地面積未滿一公頃者，每分類樣區數不得少於三區；基地面積在一公頃以上者，每增加零點五公頃，每分類樣區數應增加一區；未滿零點五公頃者以零點五公頃計。且樣區須均勻分布於計畫區內及周遭，其樣區最小面積：草本層（1～$2m^2$）、低灌木及高草本層（$4m^2$）、高灌木層（$16m^2$）、喬木層（$100m^2$）。」

後者第 57 條：「植生方法係以水土資源保育為前提，環境綠化為目的所採取之工法。植生之作業程序包括前期作業、植生導入及必要之維護管理工作。」

第 58 條：「植生綠化之規劃設計原則如下：

一、植生綠化之規劃設計應考慮植物之固土護坡、生態保育功能，及快速形成自然調和之植物群落。

二、植物材料之選用，應以本地或原生植物為原則，但大面積裸露地、需快速植生覆蓋或景觀植栽之地區，得視種子取得及生態適應性之考量，使用馴化種（品種）或水土保持草種。」

第 60 條：「植生導入可概分為下列方法：

一、播種法：以種子為材料之植生方法。

二、栽植法：利用扦插、分株或苗木栽植等方法。

三、植生誘導法：以設置簡易整坡及排水，或利用鄰近地區之表（客）土等設置規劃於坡面以增加自然植生發展之方法。

四、自然復育：到達困難、施工不易且無直接保護對象地區之崩塌裸露地，藉由植群自然演替過程予以自然復育。

圖 7-13a　山坡地崩塌坡面裸露照片

圖 7-13b　山坡地坡面植生照片

Note

第8章
公路工程

高速公路與高架道路照片

8.1 公路之分類

現代人類的生活形態中，人與人之間聯繫方式有手機、家用電話、網路、實體公路等，而「公路」除聯繫人與人之間感情外，尚肩負人們生活上所需民生物資及工業原料之遞送，有人居住的地方就會有公路存在。依交通部公路總局 2019 年底之統計，全台公路長度爲 20,699,874 公尺、公路面積爲 241,346,106 平方公尺、公路密度（公路長度／土地面積）爲 574.8 公尺／平方公里。而交通部公路總局 2021 年 3 月底之統計，全台灣機動車輛總數爲 22,380,410 輛，其中汽車爲 8,240,698 輛，機車爲 14,139,712 輛，這些車輛每天在各地不同的公路上行駛，而且不同於軌道運輸的「及站性服務（Station-to-station service）」，公路則是提供「及戶性服務（Door-to-door service）」，爲車流、人流、物流提供了極大的便利性。

依《公路法（2017 年 1 月 4 日版）》第 2 條定義名詞如下：

1. 公路：指國道、省道、市道、縣道、區道、鄉道、專用公路及其用地範圍內之各項公路有關設施。
2. 國道：指聯絡二直轄市（省）以上、重要港口、機場及重要政治、經濟、文化中心之高速公路或快速公路。
3. 省道：指聯絡二縣（市）以上、直轄市（省）間交通及重要政治、經濟、文化中心之主要道路。
4. 市道：指聯絡直轄市（縣）間交通及直轄市內重要行政區間之道路。
5. 縣道：指聯絡縣（市）間交通及縣與重要鄉（鎭、市）間之道路。
6. 區道：指聯絡直轄市內各行政區及行政區與各里、原住民部落間之道路。
7. 鄉道：指聯絡鄉（鎭、市）間交通及鄉（鎭、市）與村、里、原住民部落間之道路。
8. 專用公路：指各公私機構申請公路主管機關核准興建，專供其本身運輸之道路。

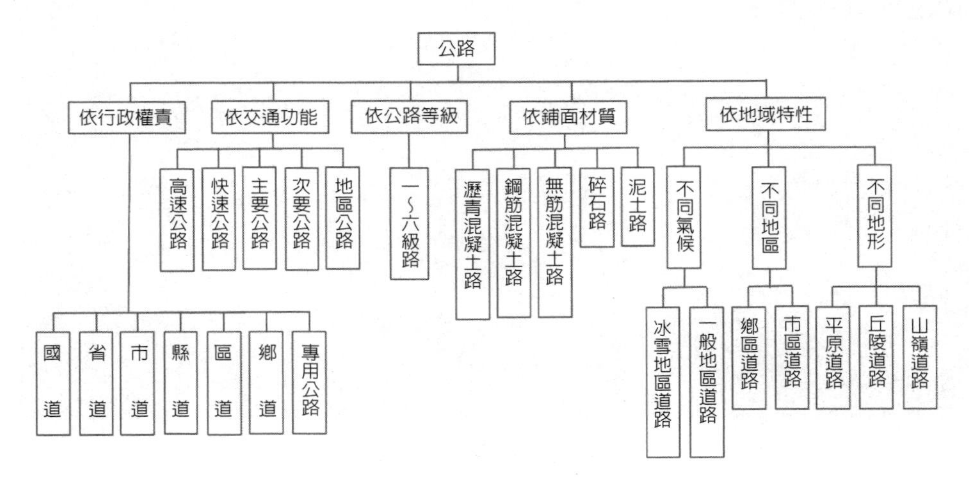

圖 8-1 公路分類示意圖

公路系統可依行政權責、交通功能、公路等級、鋪面材質及地域特性予以分類，如圖 8-1 所示。公路編號概以南北向為奇數、東西向為偶數進行編制，國道係以梅花圖案編號、省道以盾牌形編號（藍底白字為一般省道、紅底白字為快速公路，如圖 8-2 所示）、市道及縣道以矩形編號（如圖 8-3a 所示）、區道及鄉道同以矩形框編號，但在編號前加上該市或縣的簡稱（如中 82、苗 49 等，如圖 8-3b 所示）。

圖 8-2　公路系統示意圖

資料來源：底圖摘自 Google 地圖

圖 8-3a　縣道里程碑範例照片

圖 8-3b　鄉道里程碑範例照片

8.2 公路線形

公路線形係指公路的起迄點之間所經過的路段，爲配合路權之取得及地形起伏之變化，由直線與曲線所組合而成的線形。公路線形可分爲：直線、平曲線及豎曲線三種。

一、直線：兩點之間最短的連接線。

二、平曲線：係指在平面線形中路線轉向處的曲線總稱，亦即連接兩條直線之間的曲線，使車輛能夠從一段直線過渡到另一段直線。

（一）圓曲線：可分爲單曲線、複曲線及反向曲線三種。

1. 單曲線：係指單一固定長度半徑的曲線，如圖 8-4a 所示。
2. 複曲線：係指由二個或二個以上不同長度半徑之同向單曲線所組合成的曲線，如圖 8-4b 所示。
3. 反向曲線：係指由二個方向不同的單曲線所組合成的曲線（如圖 8-4c 所示），此種曲線超高設計困難，車輛容易肇事，宜儘量少用。

（二）緩和曲線：

1. 螺旋曲線：係指一個半徑長度漸變的曲線，其起點處的半徑長度無限大，隨路線長度的增加半徑長度遞減。
2. 雙葉曲線：係指半徑長度變化較螺旋曲線緩和的一種曲線，較適用於迴頭彎處。

（三）拋物線：是一種圓錐曲線，在拋物線的每一點與焦點之間的距離，等於該點與準線之間的距離；準線係與通過拋物線頂點切線平行的直線，準線與頂點的距離等於焦點與頂點的距離。

三、豎曲線：在公路縱向坡度變化之處，爲求行車之安全，需在坡度變換點設置一條圓滑之垂直曲線予以連接，其線形多採拋物線，可分爲凸形豎曲線（如圖 8-4d 所示）及凹形豎曲線（如圖 8-4e 所示）。

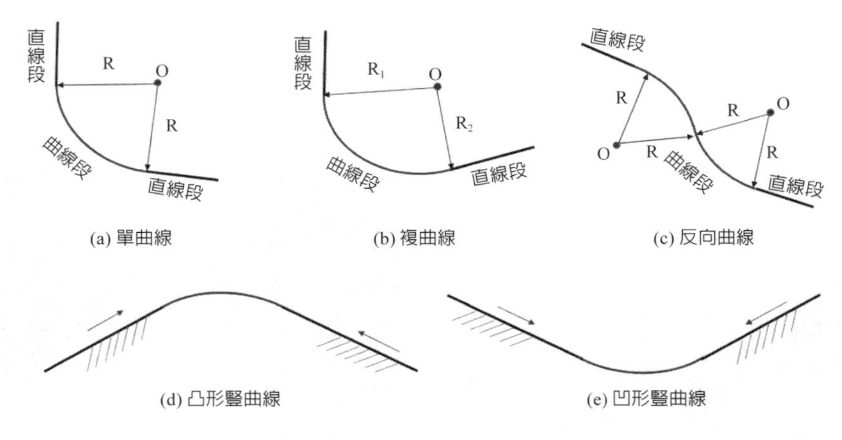

圖 8-4　公路線形不同曲線示意圖

台灣西部地區屬平原區，如大家所熟知，公路的線形並無太過劇烈變化之情形。然而中部橫貫公路貫穿分隔台灣東西岸的中央山脈，所經的地形相當多樣化，從平地直到三千多公尺高的合歡山，中間有隧道、河谷等（如圖 8-5 所示）。省道台 8 線是此路段的主線，起點位於台 3 線東勢大橋附近，經過白冷、梨山、大禹嶺之後一路爬高，沿著立霧溪通往花蓮太魯閣，另經過關原、慈恩、洛韶和天祥，沿線地勢起伏、崎嶇蜿蜒且有多處為髮夾彎，全長 187.797 公里（如圖 8-6 所示）。

除主線之外，另有宜蘭支線及霧社支線，其中宜蘭支線編號為台 7 甲線，可從梨山往北，在中央山脈中行經武陵農場，最後銜接北橫公路通往宜蘭，全長 74.217 公里。至於霧社支線即為台 14 甲線，公路長度 41.719 公里，在霧社附近接台 14 線為起點，經清境農場、武嶺到大禹嶺後，接到中部橫貫公路主線。

圖 8-5　中部橫貫公路沿線壯麗風光照片

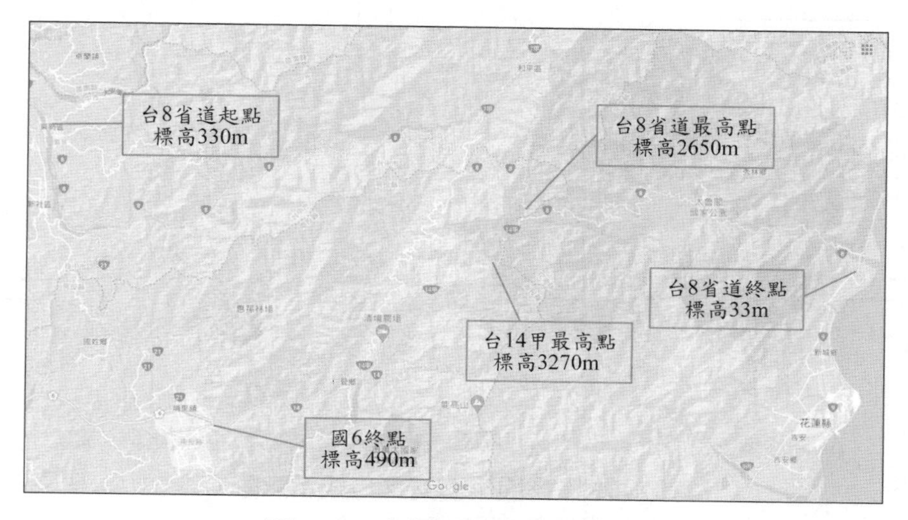

圖 8-6　中部橫貫公路路線圖

資料來源：底圖摘自 Google 地圖

8.3 公路之交叉

各國的公路通常是四通八達，國道及省道亦需與市道、縣道、區道及鄉道相互連結。而公路間的交叉設計原則如下：

1. 高速公路與各級公路間之相交，應採立體交叉。
2. 設計速率 80 公里 / 小時以上的公路與各級公路之相交，宜採用立體交叉。
3. 其他公路間之相交，得採用平面交叉或立體交叉，但須考量路口交通特性、肇事率和幾何條件等因素。

一般公路的交叉型態說明如下：

一、平面交叉：係指二條或二條以上公路相交於同一平面上，可分爲下列六種：

1. 三腳型交叉：二條道路以 T 字型或 Y 字型交叉，如圖 8-7a 及 8-7b 所示。
2. 四腳型交叉：二條道路以十字型交叉，如圖 8-7c 所示。
3. 多腳型交叉：二條以上的道路以米字型交叉，如 8-7d 所示。
4. 圓環型交叉：在交叉路口設置圓形障礙物，使各方向的車流在路口以逆時鐘方向（左駕系統）或順時鐘方向（右駕系統）繞圓環而行（如圖 8-7e 所示），較知名的有台北市的仁愛路圓環、巴黎的香榭大道圓環等。
5. 擴展型交叉：擴大交叉路口處的道路寬度，以加速右轉車輛通過，如圖 8-7f 所示。
6. 槽化型交叉：在交叉路口設置實體式或標線式槽化，以加速右轉車輛通過，如圖 8-7g 所示。

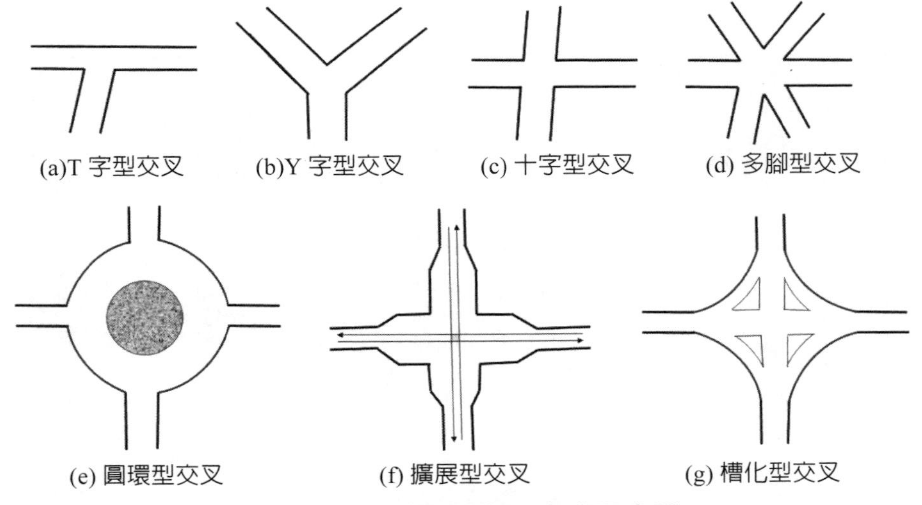

圖 8-7　各種平面交叉方式示意圖

二、立體交叉：不同於平面交叉，亦未設置匝道，立體交叉的每條道路自成一體、互不連接，另與鐵路交叉者可採跨越或穿越方式：

1. 高架式交叉（跨越式）：其中一條道路採用高架橋方式跨過另一條道路者。
2. 地下道交叉（穿越式）：其中一條道路採用地下道方式穿越另一條道路者，需注意雨水的排除，以免造成車輛進入積水區熄火或其他意外事件。

三、交流道：不同於平面交叉，亦無交通號誌，但設置匝道彼此連接，使各路車輛能自由進出，可分爲一般交流道及系統交流道（如圖 8-8 所示）。

1. 一般交流道：或稱爲服務性交流道，係高速公路與一般道路連接之交流道，主要是提供當地居民進出高速公路者，可分爲下列型式：
   (1) 鑽石型。
   (2) 部分苜蓿葉型：A2 型、B2 型、A4 型、B4 型及 AB 型。
   (3) 單點鑽石型。
   (4) 環島型。
   (5) 進口或出口匝道：如國 6 北山交流道，僅一個出口匝道及一個進口匝道。
2. 系統交流道：係提供高速公路之間或與快速公路之連接，其設計標準較一般交流道爲高，可分爲下列型式：
   (1) 四方向：苜蓿葉型、環狀型、漩渦型及環狀苜蓿葉型。
   (2) 三方向：分叉型、喇叭型及 Y 型。
   (3) 雙方向：分叉轉換型、分岔型及雙 C 型。

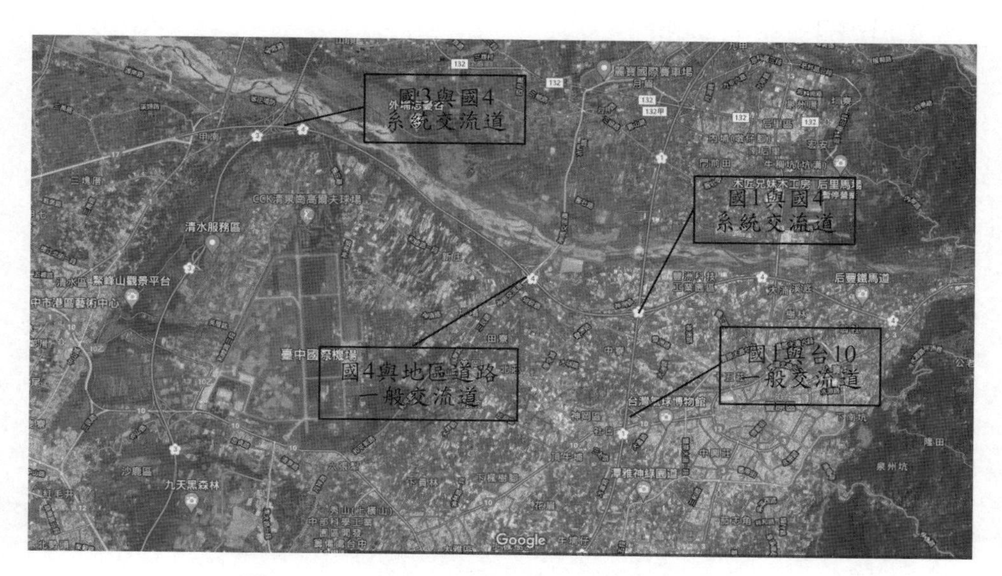

圖 8-8　一般交流道及系統交流道示意圖

資料來源：底圖摘自 Google 地圖

8.4 土方工程

在土木及營建工程的領域中，將使用人力、機械及爆破等方法，進行土石挖掘及填築的工項，稱爲土方工程，例如大樓建築之地下室開挖（如圖 8-9a 所示）、道路新闢或拓寬之開挖及回填、基礎開挖及回填、溝渠之開挖及回填、隧道之挖掘、邊坡擋土構造物之施築（如圖 8-9b 所示）等。

圖 8-9a　大樓建築地下室開挖照片

圖 8-9b　公路邊坡上整坡挖掘照片

土方工程主要包括下列工項：

一、準備作業

地表雜物及垃圾清除、測量及放樣、施工便道及構台設置、排水設施設置等。

二、土方開挖

於完成前述準備工作後，依設計圖說規劃施工範圍及順序，再分階、分區進行開挖（由上而下逐步進行，以維安全），並配置必要之支撐設施（請參第 6.5 節），以維持地層之穩定。

三、土方回填

1. 分層填築：爲控制滾壓效果，應分層填築、整平、滾壓、夯實。
2. 含水量控制：爲達到較佳之夯實效果，填土材料應控制在最大乾密度乘以某一比例（如 95%）所對應的含水量。
3. 粒徑控制：爲確實壓實，填土材料之最大粒徑應不大於填築厚度的 1/3，過大者，應予挑除。
4. 沉陷監測：填土加載會造成下層土壤一定程度之沉陷，填築高度較高者，應設置沉陷觀測設備，以掌握填土後之沉陷狀況，於確認穩定後才能進行上方之工程。

四、土方施工機具

1. 土方開挖：以挖溝機（俗稱怪手）爲主，較深之地下開挖，需將機械臂加長，或採用抓斗進行出土作業；若遇岩盤需輔以開炸方式施工。
2. 土方運輸：以挖溝機、鏟裝機等將土方裝塡於傾卸車等運輸機具運送至塡土場所進行塡築。
3. 土方回塡：以推土機、平路機（如圖 8-10a 所示）等機具將塡置之土方攤平，再以鐵輪、膠輪及羊角滾等滾壓機具（如圖 8-10b 所示）來回滾壓，以達預設之土壤密度。

圖 8-10a　平路機施工照片

圖 8-10b　推土機及壓路機施工照片

五、土方平衡

土方工程常包括挖方及塡方，開挖太多將有剩餘土石方外運的問題，塡方太多又將尋找適合的借土來源；爲避免上述困擾，在設計時即以控制挖方量與塡方量達到相等，減少因棄土及借土所增加的成本及可能污染，此即所謂的「土方平衡」。

六、土方量計算

一般性的土方挖塡，只要有長、寬、深，就可以計算土方數量；然而，在道路工程中只有長度及寬度是有固定值，沿道路中心線二側的挖塡深度，會隨現有地形高低起伏而變化。較常用的土方量計算方法爲：平均斷面積法

$$V = (A1 + A2) \times L / 2$$

其中，V = 兩相鄰斷面間之土方體積（立方公尺），L = 兩相鄰斷面間之縱向距離（通常取 20 公尺），A1 及 A2 = 兩相鄰斷面之面積（平方公尺）。

茲舉一例說明土方之計算，假設某地欲開闢一條寬 5 公尺、長 200 公尺的水平道路，忽略橫斷面變化，在土方平衡的前題下，求解計畫高程（實際計算應以試誤法求解）。

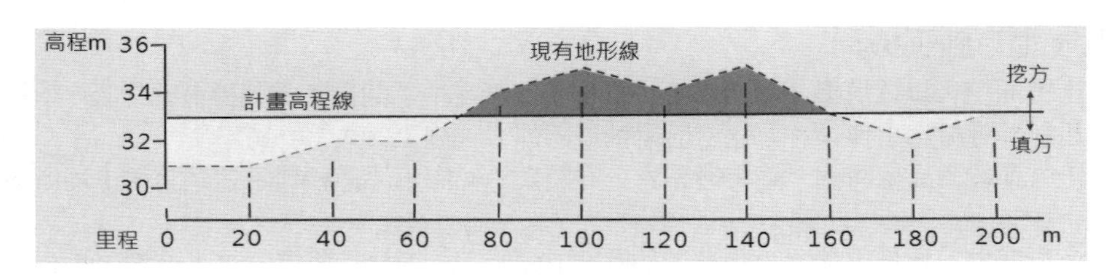

圖 8-11 土方挖填平衡示意圖

假設道路計畫高程 =31+31+32+32+34+35+34+35+33+32+33=362÷11 ≒ 33 公尺。並以三角形或梯形面積計算各里程斷面之挖填方如下表：

表 8-1 上方工程挖填方平衡計算表

里程(m)	0	20	40	60	80	100	120	140	160	180	200	
面積（m^2）	–40	–30	–20	0	30	30	30	20	–10	–10	$\sum = 0$	
挖方（m^3）					150	150	150	100			$\sum = 550$	
填方（m^3）	200	150	100	0					50	50	$\sum = 550$	

Note

8.5 路面工程

公路運輸爲目前普及性、服務性最高之交通方式，對民衆之日常生活和各樣物資之輸送帶來極大的便利。而公路工程爲滿足車輛行駛之服務品質，必須維持一定之寬度、坡度、轉彎半徑等線形設計標準。故在平面路段一般需先進行土方開挖及整地工作，跨越河谷地形則需設置橋梁，以及採用隧道方式穿越山區，之後才進行路面工程施工。路面工程施工機具設備包括：鋪面材料產製設備、運輸機具、鋪築機具、壓實機具及其他相關配合機具設備等。

路面結構一般採多層設計，由下往上分別爲路基（又稱爲路床）、基層、底層及面層，故路面結構主要包括基層、底層及面層三部分。在工程實務上可依需要作適當之調整設計，例如可不設基層，亦有同時不設基層及底層者。越上層所受應力越大，需要越高之材料強度。基層及底層通常爲碎石級配，而面層依使用之材料可區分爲：柔性路面（瀝青混凝土 AC）及剛性路面（無筋混凝土 PC 或鋼筋混凝土 RC），前者用在大多數的國道（如圖 8-12a 所示）、省道、市道、縣道、區道、鄉道及專用道路，後者大多用在機場跑道及滑行道、之前台灣的高速公路收費站前後一段距離的鋪面（如圖 8-12b 所示）、小型離島的公路鋪面（如圖 8-12c 所示）。

圖 8-12a　高速公路柔性路面照片

圖 8-12b　高速公路原收費站剛性路面照片

圖 8-12c　小型離島公路使用剛性路面照片

圖 8-12d　機場跑道採用柔性路面照片

隨著瀝青混凝土施工技術之精進，瀝青混凝土鋪面材料已在機場跑道及滑行道的施工上，逐漸代替傳統的鋼筋混凝土鋪面（如圖 8-12d 所示）。作者也發現在斗六火車站的月台上，瀝青混凝土也被用來局部修補原本的鋼筋混凝土鋪面。

依交通部公路總局 2019 年統計年報資料，全台灣屬高級路面的道路面積（不含高速公路）爲 241,346,106 平方公尺，其中省道 96,358,242 平方公尺、市道及縣道 50,342,426 平方公尺、區道及鄉道 93,022,504 平方公尺、專用公道 1,622,934 平方公尺。所謂高級路面是指鋪面材料屬石子路面及土路（長度分別爲 269 公里及 120 公里，二者僅占 1.9%）以外的路面，扣除少數在小型離島使用的剛性路面，絕大多數應爲瀝青混凝土路面。因此，本節僅簡介瀝青混凝土鋪面的相關內容。

瀝青混凝土（Asphalt concrete；簡稱爲 AC）是由瀝青膠泥、粗細粒料、填充料、空氣等材料，依一定的比例在適當的溫度下攪拌均勻而成。其中瀝青膠泥屬黏結劑，將粗細粒料及填充料包裹黏結而成，經鋪築且適度滾壓後能承受車輪壓力，並保持適當的變形量，故又被稱爲柔性路面。此一材料的特點爲具有良好的穩定性、耐久性、抗滑性、工作性及適當的空隙率。

圖 8-13a　瀝青混凝土鋪築施工照片

圖 8-13b　三米直規檢測及鑽心取樣照片

瀝青混凝土設計方法大多使用馬歇爾配合設計法，於 1939 年由美國布魯斯馬歇爾（Bruce Marshall）發明，再經美國陸軍工兵團（The U.S.Corps of Engineers）研究改進。目前已成爲美國材料試驗協會（ASTM）之試驗標準（編號爲 ASTM D-1599），此標準並被列入美國公路運輸官員協會（AASHTO）規範中，標準編號爲 AASHTO T-25。目前世界上大部分國家都將之轉爲各該國家的標準，並規定所使用之粒料最大粒徑不得大於 1 吋。

爲考量機動性，一般多以「後傾式傾卸車」裝運瀝青混凝土至工地。又爲保持瀝青材料之溫度，車斗上裝設捲軸式可覆蓋帆布。運輸車輛必須具有堅固緊密、清潔、平滑金屬之車身，並先塗一層石臘油或其他經認可之潤滑油料，以免拌合料黏附於車身。AC 路面鋪築完成後，其平整度將影響道路的服務性，因此完成後之路面應具平順、緊密及均勻之表面；一般以 3m 長之直規或平坦儀或檢測車，沿平行或垂直於路中心線之方向檢測時，面層完成面任何一點的高低差不得超過 ±0.3cm，全數檢測點的標準差應≤ 2.6mm。

8.6 高速公路和快速公路

「高速公路」（英語：Freeway）是一種具有封閉性及專屬路權的公路系統，在台灣新建案件目前是由交通部高速公路局第一及第二新建工程處負責，建設完成後再分別移交給北區、中區及南區養護工程分局進行維護。第一條高速公路（簡稱國 1）係於 1971 年 8 月開工、1978 年 10 月完工，耗資新台幣 448 億元，北起基隆市、南迄高雄市，全長 374.3 公里（含後建的基隆端前 700 公尺高架聯絡道）；目前除國 1 外，尚有國 2、國 3、國 3 甲、國 4、國 5、國 6、國 8 及國 10，共計 9 條高速公路（路網如圖 8-14 所示），國道總長度共計 988.56 公里，若含聯絡道以及高架路段總養護里程約爲 1,053.7 公里。

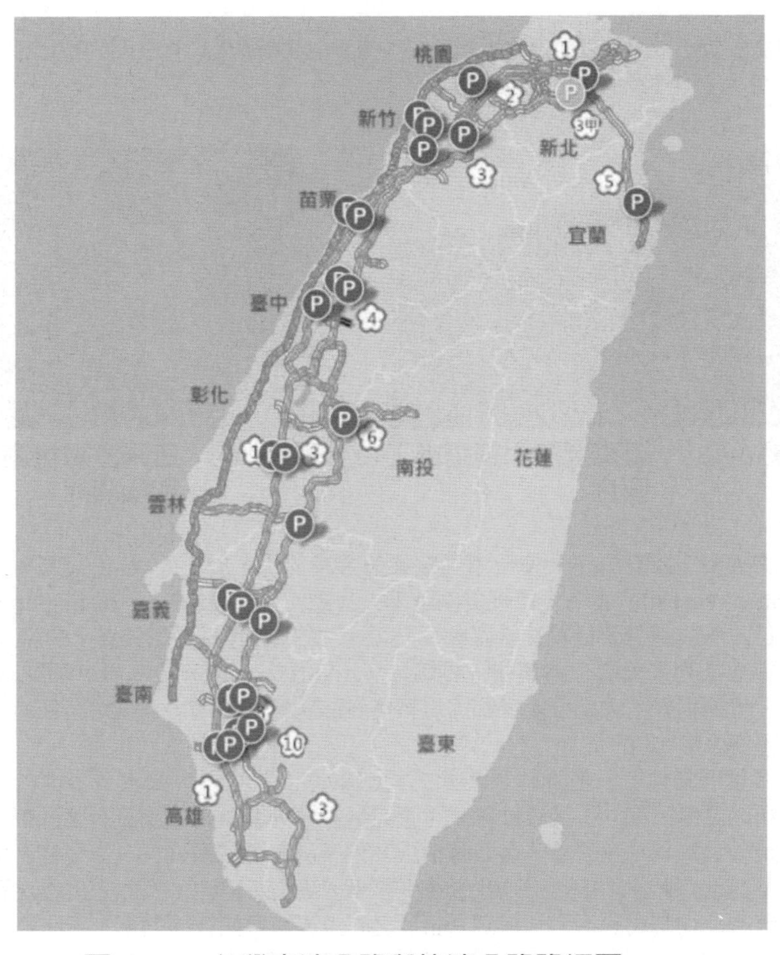

圖 8-14　台灣高速公路與快速公路路網圖

摘自：高速公路 1968 網站

高速公路與一般公路不同之處為：

1. 全線無平面交叉路段，亦無紅綠燈號誌。
2. 與其他公路一律採立體交叉。
3. 全線不能上下乘客及裝卸貨物，只能下交流道後才能進行。
4. 屬於中長程快速運輸系統，以交流道與其他公路連接。
5. 車輛行駛速率有上、下限，在台灣一般路段時速為 60～110，山區路段時速減為 60～90，而國 5 雪山隧道（長度 12.9 公里）內速限為 70～90，如圖 8-15a 及 8-15b，並透過廣播系統及電子螢幕提醒駕駛人加快車速、跟上前車等。

圖 8-15a　國 5 雪山隧道台北進口端照片

圖 8-15b　國 5 雪山隧道頭城出口端照片

高速公路在上下午尖峰時段及連續假日都會湧現車潮，以 2020 年春節 7 天連假為例，1 月 23 日（週四）至 1 月 29 日（週三）連休，1 月 27 日為春節初三，亦為連續假期第 5 日，全日交通量為 128.8 百萬車公里，為年平均平日（87 百萬車公里）之 1.5 倍；當日 0-5 時交通量為 11.4 百萬車公里，為年平均平日（3.7 百萬車公里）之 3.1 倍；截至上午 12 時，國道全線交通量為 46.3 百萬車公里。

為維持高速公路行車合理服務水準，交通部高速公路局內部進行檢視歷年春節連續假期交通狀況，透過大數據分析國道易壅塞時段路段，研擬相關疏導作為，同時考量假期間天候之應變、國道沿線遊樂區舉辦之優惠活動，針對 2020 年春節連假審慎規劃交通疏導措施及研擬應變措施說明如下（註：每年採取的措施不盡相同）：

一、收費措施：

1. 單一費率（即打 75 折，無每日 20 公里優惠里程）：2020 年 1 月 23 日至 1 月 29 日。
2. 路段差別費率：2020 年 1 月 23 日至 1 月 29 日，國 3「新竹系統至燕巢系統」採單一費率再 8 折收費。
3. 暫停收費：2020 年 1 月 23 日至 1 月 29 日，每日 0 至 5 時國道全線暫停收費。

二、入口高乘載（3 人以上）管制：

1. 2020 年 1 月 25 日（初一）至 27 日（初三）每日 7 至 12 時，實施國 5 南港系統、石碇及坪林交流道之南向入口匝道高乘載管制。

2. 2020年1月27日（初三）及28日（初四）每日13至18時，實施國1高雄端至湖口、國3九如至大溪路段，各交流道之北向入口匝道高乘載管制。
3. 2020年1月27日（初三）至29日（初五）每日14至21時，實施國5蘇澳、羅東、宜蘭及頭城交流道之北向入口匝道高乘載管制。另國5北向高乘載結束時間將視交通狀況機動調整。

三、入口匝道封閉

1. 2020年1月25日（初一）至27日（初三）0至24時，封閉國1平鎮系統南向入口及埔鹽系統南向入口匝道。
2. 2020年1月27日（初三）至28日（初四）0至24時，封閉國1臺南、虎尾及埔鹽系統北向入口、國3中興系統、西濱北向及名間雙向入口匝道。

四、開放路肩

現有開放路肩措施照常實施外，2020年1月23日至1月29日，每日增加開放路肩路段與時段供小型車行駛。

五、入口匝道儀控

1. 視高速公路主線交通狀況，採取較嚴格之匝道儀控管制。
2. 另針對重點交流道（國1五股、機場系統、湖口、竹北南向入口，嘉義、永康、雲林系統、西螺、北斗、頭屋北向入口；國3安坑、中和、土城、鶯歌系統南向入口，竹崎、水上系統、古坑系統、竹山、霧峰系統、西濱北向入口）採嚴格匝道儀控管制。
3. 針對10個重點路段實施精進式匝道儀控。

六、國5機動實施大客車通行路肩及主線儀控

假日視國5北向交通狀況機動開放宜蘭至頭城北向路段路肩供大客車通行並啟動主線儀控。

七、其他建議事項

1. 台61線西濱快速公路已全線通車，建議往返新竹—台南地區之用路人，多利用幸福公路，替代國1和國3新竹—台南地區雙向易壅塞路段。
2. 建議駕駛人於初一至初三南向多利用下午1時後時段，初三至初五北向多利用上午10時前時段，事先做好車況檢查及瞭解交通疏導措施，配合地圖妥善規劃行程。
3. 出門前先下載「高速公路1968」App或上高公局即時路況資訊網站查詢路況，做個「聰明的用路人」。
4. 呼籲用路人開車務必注意行車安全，切勿疲勞駕駛，並遵循國道分流原則：「南北長途走國3、短途不要上國道、替代道路不用等、請搭乘公共運輸」。

爲掌握高速公路各路段之即時現況，高速公路局轄下的北區、中區及南區養護分局內，均設有行控中心，24小時輪值全程監控高速公路全線路況（如圖8-16a及8-16b

所示），配合沿線的監視設備（如圖 8-16c 所示）、資訊可變標誌系統（CMS，含設於服務區及休息區者，如圖 8-16d 所示）、匝道儀控交通號誌及速限可變標誌，隨時提供用路人高速公路路況資訊，以減少塞車及引導車流，車禍發生時立即處理車禍現場，迅速將傷者送醫。

圖 8-16a　高速公路行控中心大螢幕照片

圖 8-16b　高速公路行控中心值班台照片

圖 8-16c　高架監控設備照片

圖 8-16d　高速公路服務區 CMS 照片

另外，「快速道路」（英語：Expressway），是指服務品質介於高速公路與一般公路之間的汽車、大型重型機車專用道路，於《公路法》中專稱為「快速公路」。目前台灣的快速公路有：台 61 線、台 62 線、台 62 甲線、台 64 線、台 65 線、台 66 線、台 68 線、台 72 線、台 74 線、台 76 線、台 78 線、台 82 線、台 84 線、台 86 線及台 88 線等。

另依《市區道路及附屬工程設計標準（2009 年 4 月 15 日版）》第 2 條第 5 款：快速道路是指出入口施以完全或部分管制，供穿越都市之通過性交通及都市內通過性交通之主要幹線道路。第 4 條：快速道路之規劃設計規定如下：

1. 以匝道或立體交叉方式與其他市區道路銜接。但經該管主管機關許可者，得與主要道路或次要道路採平面相交，並設置號誌實施管制。
2. 雙向車道間應以實體分隔，各方向應為二車道以上。
3. 不得與鐵路或軌道運輸設施平面交叉。
4. 快速道路二側鄰接平行道路時，應採實體分隔或立體分離。

Note

第9章
交通運輸工程

日本沖繩島單軌電車運行照片

9.1 交通運輸規劃

根據百度百科的記載，交通運輸工程（英語：Traffic and transportation engineering）是研究鐵路、公路、水路及航空運輸基礎設施的布局及修建、載運工具運用工程、交通信息工程及控制、交通運輸經營和管理等領域的學科。另依美國運輸工程師學會（ITE）的定義：「運輸工程」是利用科技與科學原理進行各種運輸系統之規劃、功能設計及設施營運與管理，以提供一安全、快速、舒適、方便、經濟及環保的人、貨運輸系統；而「交通工程」是運輸工程的一個階段，乃針對道路（市區街道及城際公路）之路網、場站、毗鄰土地，以及與其他運輸系統間相互關係，進行之規劃、幾何設計及交通管理。

交通運輸系統的建立，對都市、郊區及城際間人們各種活動的聯繫，民生用品及貨物的運送，至關重要。交通運輸的種類可分為四大類（如圖 9-1 所示）：

一、空運：分為內太空（纜車、飛行器、熱氣球及飛船等）及外太空（火箭及太空船）。

二、水運：分為內河航運（船舶）及洋海航運（船舶及潛水艇）。

三、陸運：分為公路運輸（客運及貨運）、鐵路及軌道運輸（一般鐵路、捷運、高速鐵路及專用鐵路）。

四、管道運輸：自來水管、油管、天然氣管（含石化管）及物件管道（傳送垃圾、郵件、包裹及網購小包裝商品等），圖 9-2 為國外垃圾收集管道系統示意圖。

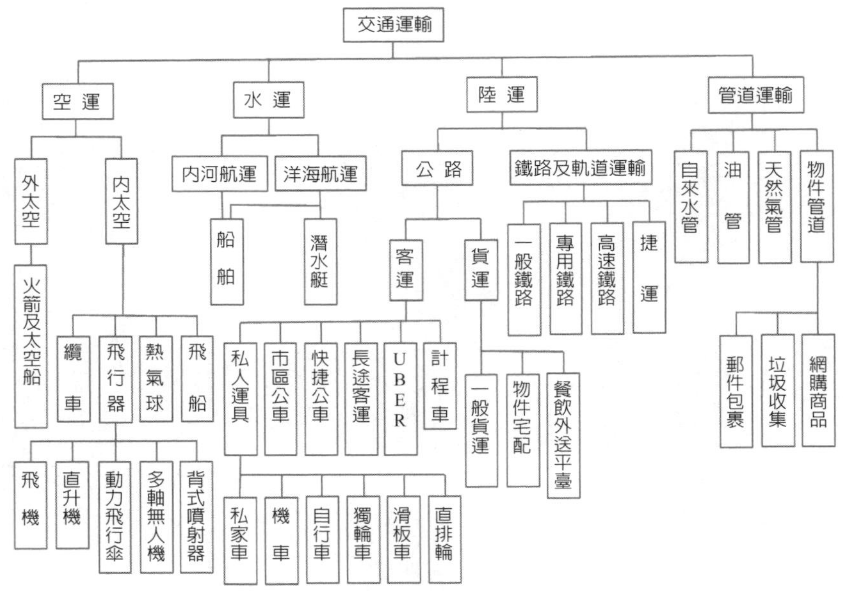

圖 9-1 交通運輸分類示意圖

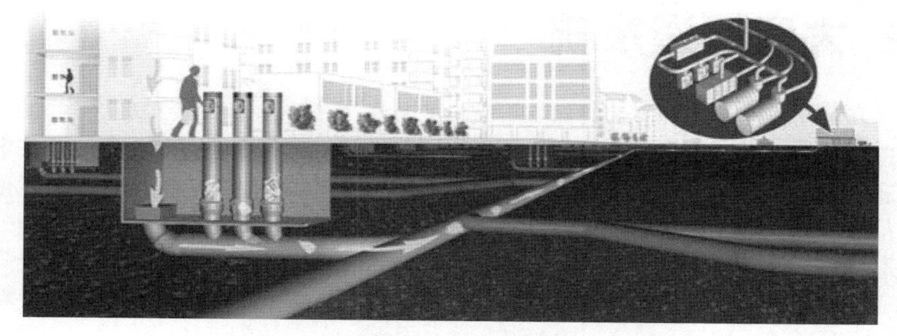

圖 9-2　垃圾收集管道系統示意圖

摘自：瑞典 ENVAC 公司官網

交通運輸規劃作業除運輸系統之管理、都市道路之設計、交通運輸與土地使用的整合外，都市內及城際間之交通需求分析工作，需進行規劃範圍內交通量之現況調查及未來年成長量預測、旅次分析及預測。「旅次」係指一個人爲了某種目的，在兩點之間（起點至迄點）使用某種運輸工具（自駕、大衆運輸工具、準大衆運輸工具 Uber 及計程車）的單一行程。而影響交通量預測的因素包括：人口數、人口密度、家戶汽車持有率、家庭所得等。因此，辦理旅次分析需先對人口、經濟活動及土地使用進行分析，藉以預測都市交通流量、旅次分布、運具分派及路線分派，作業流程如圖 9-3 所示。

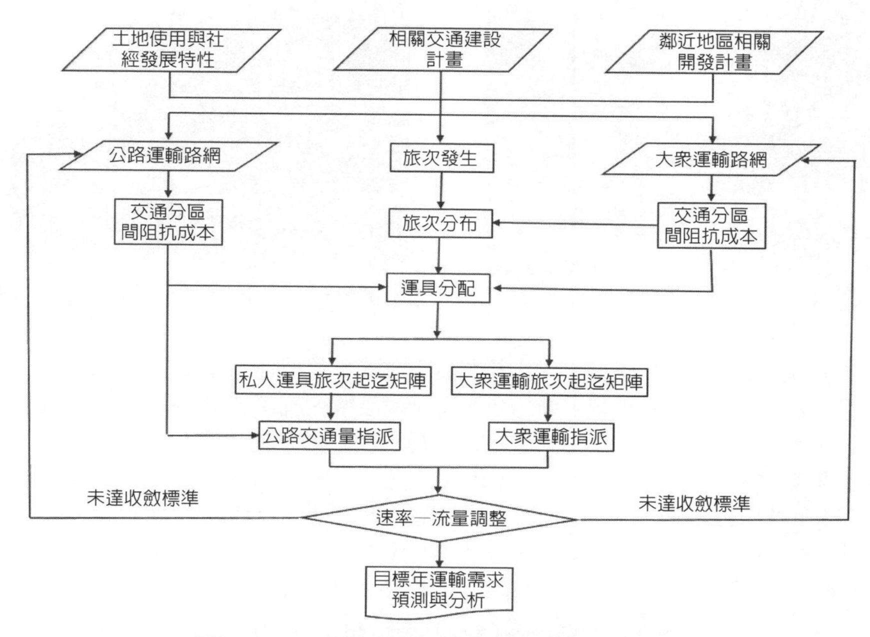

圖 9-3　總體程序性運輸需求模式架構

9.2 大衆捷運系統

經濟和都市化的高度發展，必然使小汽車的數量快速成長，進而造成嚴重的道路交通問題：道路擁擠、停車位難求、空氣污染、噪音公害、浪費能源等。欲改善都市交通問題應以「發展大衆運輸、抑制私人運具」爲主要訴求，如此才能強化運輸能量、提升都市運輸水準、促進都市地區的發展。大衆運輸系統包括：一般公車及快捷公車（行駛都市內及郊區）、長途客運（城際運輸，如圖 9-4a 所示）、一般鐵路及高速鐵路（都會區及城際運輸）及大衆捷運（都會區——大台北、台中及高雄，以及城際運輸——桃園機場捷運）。

依《大衆捷運法（2014 年 6 月 4 日版）》第 3 條：本法所稱大衆捷運系統，指利用地面、地下或高架設施，使用專用動力車輛，行駛於導引之路線，並以密集班次、大量快速輸送都市及鄰近地區旅客之公共運輸系統。

前項大衆捷運系統，依使用路權型態，分爲下列二類：

一、完全獨立專用路權：全部路線爲獨立專用，不受其他地面交通干擾（如圖9-4b）。

二、非完全獨立專用路權：部分地面路線以實體設施與其他地面運具區隔，僅在路口、道路空間不足或其他特殊情形時，不設區隔設施，而與其他地面運具共用車道。

大衆捷運系統爲非完全獨立專用路權者，其共用車道路線長度，以不超過全部路線長度四分之一爲限。但有特殊情形，經中央主管機關報請行政院核准者，不在此限。

圖 9-4a　一般長途客運照片

圖 9-4b　高架捷運行駛專用路權

前述「非完全獨立專用路權」係指新北及高雄的輕軌捷運，隨著車輛動力系統、電控及通訊系統、行車控制系統、軌道及車身結構技術、施工技術之進步，目前解決都會區交通擁擠問題的最佳方案是大衆捷運系統。以台北捷運說明大衆捷運的優勢，目前通車路線：文湖線、淡水信義線、松山新店線、中和新蘆線及板南線、環狀線等 6 條；營運車站：131 個（西門站、中正紀念堂站、古亭站及東門站等 4 個轉乘站於不同路線共用站體計爲 1 站，其餘轉乘站計爲 2 站）；路網長度：146.2 營運公里、152 建設公里；依台北捷運公司官網統計資料，2021 年 4 月分總運量爲 60,228,378 人次，平均每日 2,007,613 人次，如此運量有效分擔道路交通的負荷，也提供市民一種快速、便捷、準點的運輸方式。

大衆捷運系統可分四部分加以說明：

一、大衆捷運系統之功能

1. 提高主要運輸廊道沿線的土地使用價值。
2. 強化都會區內的活動機能。
3. 取代原有幹線大衆運輸的服務。
4. 抑制私人運具的發展。
5. 帶動衛星市鎮之發展，擴大都會區範圍。

二、大衆捷運系統之特性

1. 專屬路權：路權獨立專用，可提高列車行駛速度、增加班次密度及運輸能量。
2. 運量高：行車管制自動化，縮短行車時間，列車（台北捷運 6 節車廂、台中綠線 2 節、高雄捷運 3 節）載客量大，圖 9-5a 爲台北捷運站區月台照片。
3. 行駛速度快：地下及高架路段不受路口紅綠燈限制，列車可維持較快行駛速度。
4. 造價較高：使用專屬路權，大都以高架或地下化方式興建，工程成本及維護成本較高，依使用者付費原則，成本自然反應在票價上。
5. 需有較完善的接駁系統，如捷運路線間轉乘、公車轉乘、共享單車轉乘（如圖 9-5b 所示）等。

圖 9-5a　台北捷運站區月台照片

圖 9-5b　台中市共享單車照片

三、大衆捷運系統之規劃

1. 都市發展現況及大衆運輸系統現況分析：都會區的大衆運輸在尖峰時段多以通勤及通學旅次爲主，另公民營公車及客運服務水準、乘客滿意度乃是調查重點。
2. 未來都市發展及交通需求之預測：依交通流量分配至不同大衆捷運路線之數量，以決定各該路線之運量需求（高運量、中運量或低運量）。
3. 捷運系統方案之經濟效益評估及對周遭環境之影響評估（通風、採光、噪音等）。

四、大衆捷運系統之效益

各項效益包括：社會大衆效益、個人旅運時間減少之效益、整體經濟效益、減少環境污染（碳排、噪音）之效益等。

9.3 鐵路及軌道工程

依《鐵路法（2020 年 5 月 19 日版）》第 2 條：本法用詞，定義如下：

1. 鐵路：指以軌道導引動力車輛行駛之運輸系統及其有關設施。
2. 鐵路機構：指以鐵路營運爲業務之公營機構，或以鐵路之興建或營運爲業務之民營機構。
3. 高速鐵路：指經許可其列車營運速度，達每小時二百公里以上之鐵路。
4. 電化鐵路：指以交流或直流電力爲行車動力之鐵路。
5. 國營鐵路：指國有而由中央政府經營之鐵路。
6. 地方營鐵路：指由地方政府經營之鐵路。
7. 民營鐵路：指由國民經營之鐵路。
8. 專用鐵路：指由各種事業機構所興建專供所營事業本身運輸用之鐵路。
9. 輸電系統：指自變電所至鐵路變電站間輸送電力之線路與其有關之斷電及保護設施。
10. 淨空高度：指維護列車車輛安全運轉之最小空間。
11. 限高門：指限制車輛通過鐵路平交道時裝載高度之設施。

第 3 條：「鐵路以國營爲原則。地方營、民營及專用鐵路之興建、延長、移轉或經營，應經交通部核准。」目前台灣的鐵路屬於國營，但 2021 年 4 月 2 日台鐵太魯閣號在花蓮縣秀林鄉和仁段清水隧道前五十公尺處，撞上邊坡滑下的工程車，造成 49 死 200 餘傷的慘劇後，各界要求台鐵民營化的呼聲極高。台灣高鐵（如圖 9-6a 所示）屬於民營鐵路，台糖及各港區的鐵路屬於專用鐵路。

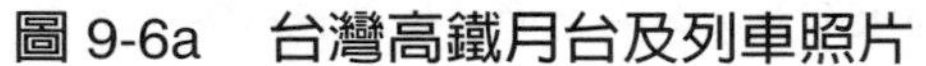

圖 9-6a　台灣高鐵月台及列車照片

圖 9-6b　台鐵列車及軌道照片

第 13 條：「鐵路軌距，定爲一公尺四公寸三公分五公釐。但有特別情事，經交通部核准者，不在此限。」「軌距」係鐵路軌道兩條鋼軌之間的距離（以鋼軌的內距爲準），國際鐵路協會制定的標準軌距係 1,435mm（等於英制的 4 呎 8 吋半），這個軌距又叫做國際軌距，如台灣高鐵的軌距。比標準軌距寬的叫做寬軌，比標準軌距窄的叫做窄軌，如台鐵的軌距主要爲 1,067mm（如圖 9-6b 所示），阿里山森林鐵路和台糖鐵路的軌距爲 762mm。

軌道工程之特性係以動力機車頭牽引列車行駛於鐵軌鋪設的專用通路，列車鋼輪與軌道間之摩擦力極低，可以較低之動力快速且大量地提供人、貨運輸，爲大宗物資及大眾運輸極佳之運具。軌道由兩條平行的鋼軌組成，傳統鐵路之施設方式係將鋼軌以道釘或特殊螺栓固定於枕木上，枕木下方襯以道碴，將列車之載重傳遞至路床或路基上。

軌道設施之構件包括下列各項：

1. 路基：用來承載軌道及列車之載重，須能有效且均勻傳遞至下方土層，以維持道運輸之安全；高架鐵路則以橋梁之主梁及橋面板等承受軌道設施及列車之載重。
2. 道碴：用來傳遞軌道載重至路基，吸收列車通過時之載重，以維持行車之平穩。
3. 鋼軌：承受列車行駛載重之主要構造桿件，普通鋼軌採用 900-A 級 UIC860-0。
4. 枕木：用以固定鋼軌，早期使用木材製成，於隧（坑）道施工運輸使用之軌道亦有採用型鋼之枕木；目前鐵路工程多採用先拉式預鑄預力混凝土枕木（如圖 9-7a 所示）。
5. 軌道板：爲預鑄之鋼筋混凝土板片，通常設在地下段及高架段，用來固定並承受鋼軌之載重，傳遞至路基或橋梁。

圖 9-7a　軌道枕木、道碴及扣件照片

圖 9-7b　彰化扇形車庫轉車台照片

6. 固定螺栓及連結扣件：用來固定鋼軌於枕木或軌道板之元件。早期採用木製枕木以道釘固定鋼軌，目前則多採螺栓配合接合板、扣環、彈簧、絕緣片等組成之連接扣件。
7. 轉轍器：調撥轉換軌道之設備，配合道岔運作。
8. 道岔：裝設於鋼軌，配合轉轍器之操作，將軌道行駛方向移至另一股道之裝置。
9. 轉車台：將軌道配置於圓形之轉盤上，機車頭或尾車行駛至其上方後，利用轉盤下方之滾筒及轉動裝置，轉盤可以轉向不同角度（如圖 9-7b 所示）。
10. 橫渡線：是指用來連接兩條平行鐵軌的連接線，通過一組聯動道岔達到轉線的目的，使行駛於某路線的列車可以換軌至另外一條同向或反向之線路。

9.4 場站工程

因應網路的發達、科技的進步、消費及服務方式的多元化，如圖 9-1 所示，交通運輸的方式已不再侷限在過去思維下，傳統的陸運、海運及空運模式中的客運及貨運而已，廣義的運輸方式包括：有些人每天是騎自行車或踩著滑板車上下班、出門到捷運站或火車站轉換共享單車、網路下單購物宅配到府、不想出門就找餐飲外送平台下單送餐（如圖 9-8a 所示）、用無人機遞送食物及日用品到偏遠地區等。

然而，本節所述之場站工程仍以傳統運輸方式所設置者爲主，包括航空站、港口、高鐵站、火車站、捷運站、長途客運站及公車站等。不論何種運輸方式，站體的結構不外乎：多層立體式（如圖 9-8b 所示）、地下化及平面式三種型式。而場站工程除必要的道路及聯絡道外，各種運輸站區所需設置的場站硬體設施分述如下：

圖 9-8a　餐飲平台外送人員照片

圖 9-8b　高架火車站外觀照片

一、航空站：

1. 站體內設施：各航空公司報到櫃台、銀行、海關查驗台、行李轉台、餐飲販售區、便利商店、接駁設施、電梯及手扶梯、洗手間、候機室（含座椅）、飲水機、免稅區、軍警服務台、各式資訊看板、各單位辦公室、租車櫃台、照明、監視器及廣播系統等。
2. 站體外設施：轉乘設施（含公車、長途客運）、接駁設施、停車場、計程車載客區、管制哨、跑道及滑行道、停機坪、空橋、棚廠及飛機維修區、貨運儲區、過境旅館、照明、監視器及廣播系統等。

二、港口：

1. 站體內設施：各航運公司報到櫃台、銀行、海關查驗台、餐飲販售區、便利商店、洗手間、候船室（含座椅）、免稅區、軍警服務台、各式資訊看板、各單位辦公室、租車櫃台、飲水機、照明、監視器及廣播系統等。
2. 站體外設施：轉乘設施（含公車）、停車場、計程車載客區、浮台及棧橋、登船區、貨運儲區、照明、監視器及廣播系統等。

三、捷運站：

1. 管制區內：服務台、進出閘門、月台、電梯及手扶梯、各式資訊看板、飲水機、洗手間、座椅、照明、監視器及廣播系統、系統內轉乘設施等。

2. 管制區外：通廊、餐飲販售區、飲水機、照明、監視器及廣播系統、停車場、轉乘設施（含公車及共享單車、部分站轉乘高鐵或台鐵）等。

四、高鐵站：

1. 站內設施：售票櫃台、服務台、進出閘門、月台及行控室、電梯及手扶梯、軍警服務台、餐飲販售區、便利商店、各式資訊看板、洗手間、飲水機、座椅、照明、監視器及廣播系統等。
2. 站外設施：電梯及手扶梯、各式資訊看板、照明、監視器及廣播系統、轉乘設施（含公車、部分站轉乘台鐵或捷運）、停車場、計程車載客區、旅客接送區等。

五、火車站：

1. 站內設施：售票櫃台、服務台、進出閘門、月台及行控室、電梯及手扶梯、軍警服務台、餐飲販售區、便利商店、各式資訊看板、洗手間、飲水機、座椅、照明、監視器及廣播系統等。
2. 站外設施：電梯及手扶梯、各式資訊看板、照明、監視器及廣播系統、轉乘設施（含公車及共享單車、部分轉乘高鐵或捷運）、停車場、計程車載客區等。

六、長途客運站

售票櫃台、服務台、候車室、班次資訊看板、餐飲販售區、便利商店、各式資訊看板、洗手間、座椅、照明、監視器及廣播系統等。

七、公車站

候車亭、站牌、公車資訊看板、照明、座椅等（如圖 9-9a 所示），另台中市優化公車專用道設於臺灣大道（從五權路口到沙鹿區英才路口），全段專用道僅限 33、323、324、325、300～310、309 區、310 區 1、310 區 2 及 A2 路線公車及緊急車輛通行，其中的 300、309、309 區、310、310 區 1 及 310 區 2 等公車，行駛雙節式公車（如圖 9-9b 所示），行駛時間大約減少一半，單輛雙節公車可載運 141 人（座位含駕駛 34 人、立位 107 人），約爲一般公車的 1.5 倍左右。

圖 9-9a　一般公車停靠站照片

圖9-9b　中市優化公車專用道及站區照片

9.5 交通工程及號誌

依第 9.1 節美國運輸工程師學會的定義，「交通工程」係運輸工程之一環，特別著重於道路交通系統之規劃設計與營運管理。交通工程的目的在於探求一些措施及方法，能促使道路交通運輸系統能量最大、行旅耗時最短、交通耗能最小、經濟效益最高、交通事故最少、公害最低等，其研究範圍包括：

一、人、車、路特性之研究：人、車、路三者構成一個相互作用的系統。

（一）人的特性研究：包括心理因素、生理因素、視覺及手腳神經的反應能力等方面之探討。駕駛人的反應會因各人身體的高矮、體重、胖瘦、年齡、性別及其他身體素質的差異有所不同，這部分的研究就是要找出不同差異的限度，應用在道路工程及交通工程上，儘可能適用大多數駕駛人。生理因素中比較重要的是駕駛人的「反應時間」，外部因素有環境、天候、晝夜等，內部因素為年齡、性別、體能及當時情緒等，一般狀況下正常人之反應時間約為 0.75 秒，如果反應時間超過 2 秒時不適合駕駛車輛。

圖 9-10a　油罐車外觀照片

圖 9-10b　混凝土泵浦車作業照片

（二）車輛特性研究：包括車輛尺度、重量、材質、車身結構、機械系統、動力系統、煞車系統、行駛性能及駕駛人適用情形等之研究。

1. 車輛分類：小型車（包括小型及輕型且後輪為單胎的小客車、小貨車、休旅車）、大型車（包括大貨車——如圖 9-10a 所示、大客車、半拖車及全拖車）。
2. 車輛尺度：長度（前後兩輪軸間距離加上前後外伸長度的總和）、寬度（汽車全寬不得超過 2.5 公尺，其後輪胎外緣與車身內緣之距離，大型車不得超過 15 公分，小型車不得超過 10 公分）、高度（市區雙層公車不得超過 4.4 公尺，但上層車廂為全部無車頂者不得超過 4 公尺，混凝土輸送設備專供混凝土壓送作業之特種大貨車不得超過 4 公尺（如圖 9-10b 所示），其餘各類大型車不得超過 3.8 公尺，小型車不得超過全寬之 1.5 倍，其最高不得超過 2.85 公尺）。
3. 車輛動力：動力是車輛必備最重要的條件，影響車輛起動後多久能達到正常行駛的速率、上坡時能否維持一定的前進速率、減速後再加速的轉換等。

（三）道路特性研究：道路線形（如圖 9-11a 所示）、縱橫坡度、鋪面材質、交通設施等如何適應車輛性能要求之研究。

二、**交通調查**：交通量係指在道路上任選一點可以得到車輛或人流的實際數據，包括尖峰小時交通量、平均每日交通量、車輛分類交通量、分向交通量、轉向交通量、行人交通量、起迄點交通量、內圈交通量、周界及屏柵線交通量等，其餘調查包括行駛速率調查、行駛時間及延遲調查、交通事故調查及停車供需調查等。

三、**交通規劃**：係根據某一特定地區的人口數、家戶所得、車輛持有數及土地使用等現況，整理出當前的交通模式，再預測未來的交通模式，提出可供選擇的比較方案及最適方案。

四、**交通管理**：交通管理屬重要又棘手的議題，若不對道路的使用採取必要的管制及約束，勢必造成交通意外事件頻傳，影響大多數用路人的權益及性命安全。因此，交通管理係在確保交通的順暢、安全、快速，讓每一位守法的用路人得到合理的保障。

五、**交通管制**：包括標誌、標線及號誌，並由合法的交通管理機構設置在道路、巷弄或兩者相鄰處的設施，作爲禁制、警告或指示交通之用。

「號誌」是在規定之時間內交互更換的光色訊號，設置於交叉路口或特殊地點，用來指定道路的通行權給車輛駕駛人與行人，管制其行止及轉向之交通管制設施。在道路上常用紅黃綠三種顏色的燈號，其總名稱叫做號誌。爲減少立桿的使用，目前逐步將號誌、標誌及燈具集設在同一立桿上，稱爲「共桿」（如圖 9-11b 所示）。號誌又分爲：

一、**行車管制號誌**：是藉圓形之紅、黃、綠三色燈號及箭頭圖案，以時間更迭方式，分派不同方向交通之行進路權，通常設於交叉路口或實施單向輪放管制之道路上。

二、**行人專用號誌**：配合行車管制號誌來使用，以附有「站立行人」、緩步及快步「行走行人」圖案之方形紅、綠燈號，管制行人穿越街道之行止，設於交叉路口或道路中段。

三、**特種交通號誌**：包括車道管制號誌、鐵路平交道號誌、行人穿越道號誌、特種閃光號誌及盲人音響號誌。

圖 9-11a　高速公路平面及縱向線形照片

圖 9-11b　號誌、標誌及燈具共桿照片

9.6 照明及智能化設施

依《市區道路及附屬工程設計規範（2015 年 07 月版）》第 19.1.1 節照明設施之位置：市區道路以設置道路照明（如圖 9-12a 所示）爲原則，以下路段應設置照明：

1. 交流道區域及交叉路口。
2. 隧道、涵洞及橋梁下（含人行地下道）。
3. 危險或易肇事路段。

第 19.1.2 節照明設計基本要求：

1. 同一路段之照明設施設計宜求一致。
2. 設計時宜重視照明效率、使用壽命及對當地氣候條件之適應性。
3. 燈具宜選擇最適合之光束分配，俾能平均分配於所照區域，不致產生黑暗或特亮等現象，而影響駕駛人之視覺。
4. 排除行人之恐懼感，防止並減少犯罪。
5. 照明燈具之配置應注意亮度、分布、眩光、閃爍、引導性等，爲車輛及行人之交通安全著想，以免溢散光束產生光害，對於住宅與農業地區，也應作相同之考量。

圖 9-12a　一般道路照明燈具照片

圖 9-12b　公路隧道内照明燈具照片

表 9-1　道路照明輝度（單位：cd/m^2）

道路功能分類	商業區	住商混合區	住宅區
快速道路	1.0	0.7	0.5
主要道路	1.0	0.7	0.5
次要道路	0.7	0.5	0.4
服務道路	0.6	0.5	0.3

平均照度計算公式（以勒克斯 Lux 爲單位）：

$$E = (F \times N \times CU \times MF) \div (S \times W)$$

F：每一盞燈之光通量（流明）、N：照明設施排列係數（N = 1，單側、交錯、中央排列；N = 2，相對排列）、CU：照明率、MF：維護係數、S：間距（公尺）、W：路寬或車道寬度（公尺）。

第 19.5.1 節以照明觀念區分長短隧道時與隧道長度無關。應依隧道之斷面、坡度、線形在正常交通狀況下加以區分，其原則如下：

1. 由隧道進口處無法看到出口區之光源時視爲長隧道（如圖 9-12b 所示）。
2. 由隧道進口處可看到出口區之光源時視爲短隧道。

但基於經濟考慮，隧道之長度未達 100 公尺者得視爲短隧道。

隨著科技的進步，交通運輸業也應與時俱進提供便利、快速、安全、準點的服務，否則就會落伍淘汰（例如資訊化、電腦化不足，目前還有長途客運業者，仍有乘客上車撕票截角、下車交回票根之作法）。茲列舉幾項目前已被廣泛使用及應用的智能化設施：

一、高速公路計程收費（ETC）

1. 政策推動歷程：高速公路自 1974 年 7 月開始收費，並採主線柵欄式計次收費。爲提升收費效率及實現公平收費目的，高公局於 2003 年 8 月 20 日辦理「民間參與高速公路電子收費系統建置及營運案」招商作業，並自 2006 年 2 月 10 日開始啟用計次階段電子收費系統（人工與 ETC 併行），2013 年 12 月 30 日國道計程電子收費全面上路，全台 23 個收費站走入歷史（如圖 9-13a 所示）。
2. 實施計程收費目的：1)、回應民意反應收費不公平，實現用路人期待之「走多少、付多少」公平付費制度，2)、提升繳費效率，同時具節能減碳成效，3)、實施更多元化（路段、時段）差別費率措施，以均衡路網交通量，提升國道運輸效率。

圖 9-13a　高速公路前期收費站照片

圖 9-13b　公車候車亭及到站資訊照片

二、各式運輸票證電子化

1. 透過網路全面推展訂票電子化：家用電腦、平板、手機、超商均可事前訂票，可以網路付費、到站取票或在超商付費取票，亦可網路付費後取得條碼憑證。
2. 感應式閘門進站乘車：市內公車、長途客運及台鐵區間車，可以無票方式用悠遊卡刷卡上車或進站乘車。

三、公車到站資訊網路電子化

1)、候車亭設置公車到站資訊看板（如圖 9-13b 所示）乘客不必在站牌傻等，2)、民眾可以透過網路（如台灣等公車 APP）查詢乘車及轉乘資訊，包括高鐵、台鐵、捷運、各地公車及公共自行車可借數量等。

第10章
建築與景觀工程

都市房屋建築與庭園植栽景觀案例照片

資料來源：羅健志攝於日本函館五稜郭

10.1 建築工程概論

根據維基百科的記載，建築學（Architecture）廣義上是研究建築及其環境的學科。在通常情況下，按其作爲外來語所對應的詞語（由歐洲至日本再至中國）的本義，它更多的是指與建築物設計和建造相關藝術和技術的綜合。因此，建築學是一門橫跨工程技術和人文藝術的學科。建築學所涉及的建築藝術和建築技術，以及作爲實用藝術的建築藝術，從而包括實用、功能的一面和藝術、美學的一面，它們之間雖有明確的不同但又密切聯繫，並且其分量隨具體情況和建築物的不同而大不相同。

狹義上建築學所研究的是建築物可資使用的空間、可供欣賞的形象，以及圍繞空間、形象如何產生確立、調整美化等的一系列問題。事實上，作爲專用詞的「建築學」所研究的對象不僅是建築物本身，更主要的是研究人們對建築物的要求及其如何得以滿足，研究建築物實體從無到有的產生過程中相應的策劃、設計、實施等。

建築工程則是研究建築物及其環境的一種工程學科，其目的在於歸結人類建築活動的經歷與體驗，以指導建築設計的創作、創造各式不同的形體環境。事實上，建築工程會隨著人類文明的演化而成長，現今已逐漸形成一套完整的學說來衡量相關標準，包含自然因素、工學因素、人文因素、美學因素及社會因素，相關影響如圖10-1所示。

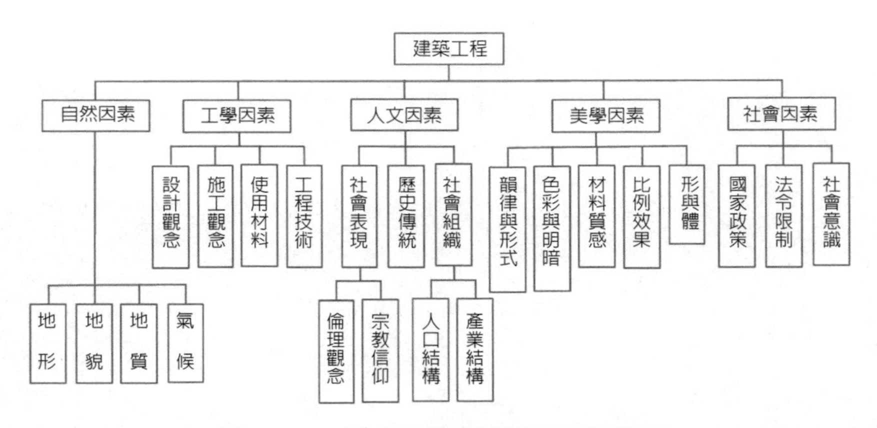

圖 10-1 建築工程影響因素示意圖

建築工程的領域又可分爲：

一、**自然科學**：建築工程需考量基礎的穩定、結構體的安全、環境採光及通風、民生管線的配置方式、家庭污水的處理及排放、材料的強度及耐久、室內裝潢的防火等。

二、**人文科學**：與自然科學不同的是，人文科學不能用「數字」來定義事物，而是從社會學、心理學、經濟學、統計學、教育學等之角度，來解釋各種現象和尋求合理的答案。

三、**美學**：相較於自然科學及人文科學，美學更具抽象概念而不易捉摸，但可透過繪畫、比例觀念及色彩的訓練，達到基本的美學素養。

圖 10-2　機場捷運 A7 站附近高層大樓建築照片

10.2 建築的分類

人類最早是棲身在洞穴，有文獻記載的是北京周口店的「猿人洞」，古代文獻亦有巢居及逐水草而居的記載。約在距今七、八千年前的新石器時代，人類因農耕、漁牧、家禽圈養之需求，人類開始有定居的行爲，並使用草木土石等天然材料建造簡易房舍，作爲遮風、避雨、繁衍後代、照顧農畜、儲備存糧的處所。時至今日，不論工程材料、設計能力、施工技術均突飛猛進，加上工商業發達、各種經濟活動熱絡、交通運輸便利、宗教信仰深入人心、政府機關提供各樣服務，已讓「建築」一詞不可同日而語。

本書第 4.3 節所述之房屋建築係從結構工程的角度來說明，而本章所提的建築則是從建築學及建築工程的角度加以探討，建築的類型及式樣如圖 10-3 所示，簡要說明如下。

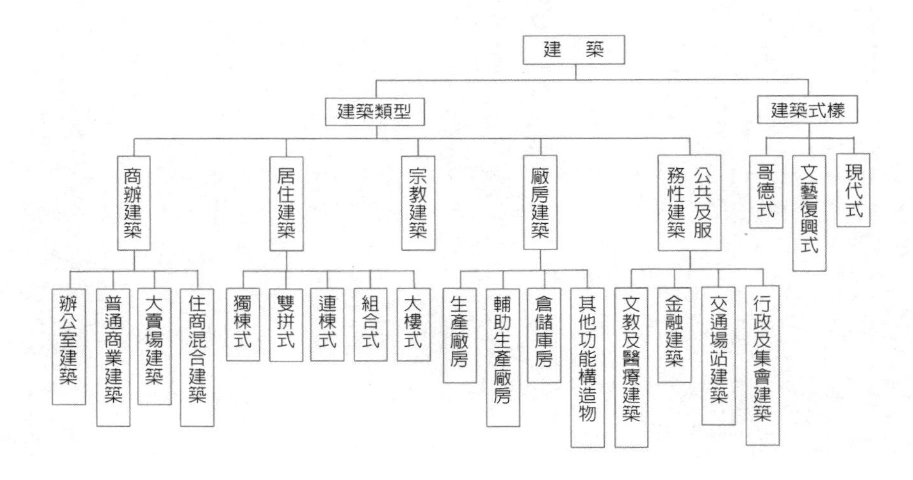

圖 10-3 建築的類型及式樣分類示意圖

建築的類型主要有下列五大類：

一、商辦建築：指以商業服務、商品交易、貨品流通、餐飲及辦公事務爲主的建築物。

1. 辦公室建築：建物的格局純以提供民間企業辦公不同大小之空間爲考量。
2. 普通商業建築：包括販賣各式商品、餐飲的店舖及百貨商品所需空間（含飯店）。
3. 大賣場建築：如全聯、家樂福、好市多、購物中心、超級市場等。
4. 住商混合建築：較低樓層爲商店或傳統市場，其餘樓層爲住家（如圖 10-2）。

二、居住建築：指提供人們居住空間的建築。

1. 獨棟式：建築採獨門獨院方式，不與他人共用土地及設施者。
2. 雙拼式：建築結構採二戶合建者，但仍保有各自的獨立空間、出入口及庭院。
3. 連棟式：由多戶合建成一排連續的建築結構，各自有獨立的出入口，一般稱爲透天住宅或販厝（台語）。

4. 組合式：由多戶合建成一體的多層建築結構，採用垂直動線，各住戶享有獨立的通風及採光，住戶共用一樓庭院設施。
5. 大樓式：或稱高樓層集合住宅，各棟建物有獨立的電梯設備，通常地下室打通作爲停車場使用，住戶共用一樓庭院設施。

三、**宗教建築**：宗教建築（包括寺、廟、祠、觀、庵、神廟、教堂等），被視爲具有靈魂的形體，其建築往往讓人歎爲觀止，甚至被一種強大的精神力量所吸引。

四、**廠房建築**：工業廠房包括鋼鐵廠、化工廠、機械製造廠、精密儀器廠、造船廠、水泥廠、紡織廠、航空器製造廠、肥料廠、火力發電廠、核能電廠等。按功能用途可分爲：生產廠房、輔助生產廠房、儲間倉庫、其他功能構造物，例如儲槽（如圖 10-4a 所示）、料斗、水塔（如圖 10-4b 所示）、煙囪、輸送帶等。

圖 10-4a　工廠物料儲槽照片

圖 10-4b　工業廠區水塔照片

五、公共及服務性建築：

1. 文教及醫療建築：包括各級學校、圖書館、博物館、體育館、體育場、醫院、療養院、公園及各類紀念性建物，如台北國父紀念館等。
2. 金融建築：包括銀行、郵局、證券交易所等。
3. 交通場站建築：機場、港口、高鐵站、火車站、捷運站、長途客運站等。
4. 行政及集會建築：行政建築係供公務機關及民營企業辦理行政事務和業務活動的建築，而集會建築則指提供政治集會或舉辦文化、經濟、學術研討、年度會員大會等建築，如世貿中心等。

建築的式樣主要有下列三大類：

一、**哥德式**：起源自法國，主要以拱形肋梁、拱形圓頂、各式扶牆組合而成，拱頂由石質的拱肋承托薄層的石質鑲板所組構，後期則加上彩色玻璃併鑲各種聖經故事的圖案。

二、**文藝復興式**：係一種十五世紀在義大利盛行的建築風格，其特色是揚棄哥德式的元素和風格，重新採用古希臘和羅馬時期的柱式構建要素。

三、**現代式**：特點在於簡單、安全、經濟、美觀及耐用，且逐步採用鋼鐵、鋁、混凝土、各式磚材、磨光石、塑鋼、玻璃纖維等，減少石材用量，並開始採用機械施工，以替代逐漸昂貴的人工。

10.3 建築的工程設計

《建築技術規則建築設計施工編（2021 年 1 月 19 日版）》第 1 條：本編建築技術用語，其他各編得適用，其定義如下：

1. 一宗土地：本法第十一條所稱一宗土地，指一幢或二幢以上有連帶使用性之建築物所使用之建築基地。但建築基地爲道路、鐵路或永久性空地等分隔者，不視爲同一宗土地。（註：地藉資料的每筆土地都有一個地號，如圖 10-5a 所示）
2. 建築基地面積：建築基地（以下簡稱基地）之水平投影面積。
3. 建築面積：建築物外牆中心線或其代替柱中心線以內之最大水平投影面積。但電業單位規定之配電設備及其防護設施、地下層突出基地地面未超過一點二公尺或遮陽板有二分之一以上爲透空，且其深度在二點零公尺以下者，不計入建築面積；陽臺、屋簷及建築物出入口雨遮突出建築物外牆中心線或其代替柱中心線超過二點零公尺，或雨遮、花臺突出超過一點零公尺者，應自其外緣分別扣除二點零公尺或一點零公尺作爲中心線；每層陽臺面積之和，以不超過建築面積八分之一爲限，其未達八平方公尺者，得建築八平方公尺。
4. 建蔽率：建築面積占基地面積之比率（說明如圖 10-5b 所示）。
5. 樓地板面積：建築物各層樓地板或其一部分，在該區劃中心線以內之水平投影面積。但不包括第三款不計入建築面積之部分。
6. 觀衆席樓地板面積：觀衆席位及縱、橫通道之樓地板面積。但不包括吸煙室、放映室、舞臺及觀衆席外面二側及後側之走廊面積。
7. 總樓地板面積：建築物各層包括地下層、屋頂突出物及夾層等樓地板面積之總和。
8. 基地地面：基地整地完竣後，建築物外牆與地面接觸最低一側之水平面；基地地面高低相差超過三公尺，以每相差三公尺之水平面爲該部分基地地面。

（註：第 9 至第 47 款尚有多項其他用語定義，全編共計 323 條，限於篇幅未逐一列出，有興趣的讀者可自行上網查詢參閱）

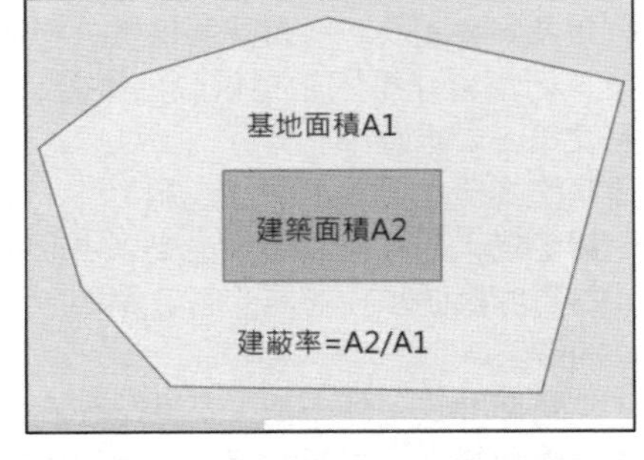

圖 10-5a 地藉資料土地地號範例 圖 10-5b 建蔽率計算式說明示意圖

建築工程的設計必須遵循科學原理、國家法令規章、融合造形藝術，以及配合現實生活的需求，以求建築物達到安全、經濟、美觀、實用、環保的首要目標。此外，建築工程的設計工作尚需兼顧下列要點：

一、**建築須與環境融合**：環境的優劣影響建築甚鉅，任何建築都須與所處之環境保持某種有機性的連結，可表現在建築物的形體和立面的處理，以及在內部空間的安排上。

二、**建築須考量時代背景**：每一個時代的建築都有其代表性的特色，故稱建築是反映時代變遷的最佳寫照。因此，將各時代的表徵意義和特色融入建築設計相當重要。

三、**建築物的造型特色**：藉著建築物的獨有外型，以及方位、空間、色彩及光影的運用可以賦與建築物生命和神韻。

四、**建築的物理性配置**：須考量基地面積的大小、建物的用途、房間大小的分配、日照時間、內部行走動線、通風及採光等因素。

再者，建築工程另外需要考量的法規、技術及學理，簡要分述如下：

一、**建築史**：各學門都有其發展演進的歷程，記錄下來的就可成為該學門的歷史，而建築史堪稱是人類社會演進的表彰，各時代各民族的才能和藝術天分，也都呈現在建築上。

二、**建築法規**：建築法規乃為「實施建築管理，以維護公共安全、公共交通、公共衛生及增進市容觀瞻而制定《建築法（2020 年 1 月 15 日版）第 1 條》，另外還涉及都市計畫法、區域計畫法、營造業法、保險法及其他契約規範等。

三、**建築計畫**：包括平面計畫及敷地計畫等，內容含設計問題釐清與界定、課題分析與構想，具有綜整建築法規、環境控制、建築結構、人造環境之行為、無障礙設施安全規範、人文及生態觀念、空間定性及定量之基本能力，以及設定條件之回應和財務分析等。

四、**建築構造**：主要研究建築物的構成、各構件的組合原理、基礎穩定、結構力學分析、構造方式及抗震要求（如圖 10-6a）等。

五、**建築材料**：考量建築所用材料的強度、韌性、脆性、色彩、光澤、耐久性、導電性。

六、**建築設備**：主要包括衛浴、給水、排水、冷暖氣、照明、通訊、電氣及瓦斯管線等。

七、**建築施工**：施工者根據設計圖說、施工圖、工程進度表等資料按圖施工（如圖 10-6b 所示），其他尚包括材料的下訂及進貨時機、租用機具之進場、每日現場人員調配等。

圖 10-6a　建物地震倒塌照片

摘自：網路

圖 10-6b　作者參與建物指定勘驗照片

10.4 綠建築與碳足跡

根據維基百科的記載，綠色建築或綠建築（英語：Green building）是指本身及其使用過程在生命週期中，如選址、設計、建設、營運、維護、翻新、拆除等各階段皆達成環境友善與資源有效運用的一種建築。換言之，綠色建築在設計上試圖從人造建築與自然環境之間取得一個平衡點。這需要設計團隊、建築師、工程師以及客戶在專案的各階段中緊密合作。

早期綠建築的消極定義爲：「消耗最少地球資源，製造最少廢棄物的建築物」，透過綠建築九大指標的推動，目前已積極定義爲「生態、節能、減廢、健康的建築物」。綠建築的九大指標分述如下：

一、生物多樣化指標：在於提升基地開發的綠地生態品質，更重視生物基因交流路徑的綠地生態網路系統，鼓勵以生態化之埤塘、水池、河岸來創造高密度的水域生態（如圖 10-7a 所示），以多孔隙環境以及不受人爲干擾的多層次生態綠化，來創造多樣化的小生物棲地環境，同時以原生植物、誘鳥誘蝶植物、植栽物種多樣化、表土保護來創造豐富的生物基盤。

二、綠化指標：就是利用建築基地內的天然土層，以及屋頂、陽台、外牆、人工地盤及邊坡上之覆土層，儘可能用來栽種各類植物（如圖 10-7b 所示）。

圖 10-7a　河道壁岸生物多樣性構造照片

圖 10-7b　邊坡綠化及生物多樣性照片

三、基地保水指標：係指維持建築基地內天然土層及人工土層，涵養水分和貯留雨水的能力；基地的保水性能越佳，基地涵養雨水的能力越好，有益於土壤內微生物的活動，進而改善土壤之活性，維護建築基地內之自然生態環境平衡。

四、日常節能指標：由於空調與照明的耗能，佔每棟建築物總耗能量的大部分，故此項指標即以空調及照明耗電爲主要評估對象；同時，將「日常節能指標」定義爲夏季尖峰時期空調系統與照明系統的綜合耗電效率。

五、二氧化碳減量指標：指所有建築物實體構造的建材（暫不包括水電、機電設備、室內裝潢以及室外工程的資材），在生產過程中所使用的能源而換算出來的 CO_2 排放量。

六、**廢棄物減量指標**：此項指標著眼於工程土方的挖填平衡、施工廢棄物、拆除廢棄物之固體廢棄物，以及施工空氣污染等四大營建污染源，採用實際污染排放比率來評估其污染程度，四大營建污染源排放比例採相同比重來評估，所計算的數值必須小於廢棄物減量基準值，才能符合「綠建築」的要求。

七、**室內健康與環境指標**：以音環境、光環境、通風換氣與室內建材裝修等四部分爲主要評估對象。在室內裝修方面，鼓勵儘量減少室內裝修量，並儘量採用具有綠建材標章之健康建材，以減低有害空氣污染物的逸散，同時也要求低污染、低逸散性、可循環利用之建材設計。

八、**水資源指標**：係指建築物實際使用自來水的用量與一般平均用水量的比率，又稱「節水率」。其用水量評估，包括廚房、浴室、水龍頭（如圖 10-8a 及 10-8b 所示）的用水效率評估，以及雨水、回收水再利用之評估。

九、**污水與垃圾改善指標**：本指標針對生活雜排水配管系統介入檢驗評估，以確認生活雜排水已導入污水系統。此外，本指標也希望建築設計能夠重視垃圾處理空間的景觀美化設計，以提升生活環境品質。

圖 10-8a　一般家庭衛浴設備照片

圖 10-8b　一般家庭的廚餘照片

碳足跡（英語：Carbon footprint），指的是一項活動或產品的整個生命週期中，直接與間接產生的溫室氣體排放量。也就是從一個產品的（或一項活動所牽涉的）原物料開採與製造、組裝、運輸，一直到使用及廢棄處理或回收時所產生的溫室氣體排放量，都要列入碳足跡的計算。

「政府間氣候變遷委員會」（IPCC）完成一項重要研究後，於 2019 年初發布一項明確的訊息：「我們大約還有 12 年的時間。」爲了避免產生氣候變遷帶來的某些最具破壞性的影響，全球到 2030 年時必須將碳排放量減少 45%，到 2050 年完全脫碳。

IPCC 研究了兩種情況之間的差異，一種是世界「僅」升溫攝氏 2 度（華氏 3.8 度），另一種是保持只升溫攝氏 1.5 度；升溫攝氏 2 度是全球氣候高峰會在哥本哈根和巴黎達成共識要達到的目標。他們表示，即使是達成只升溫攝氏 1.5 度，也需要「空前規模」的巨大努力。無論是哪一個目標，我們都面臨嚴重的問題，但是每上升 0.5 度，都會對人類、地球和經濟等方面的損失產生重大影響。（其他環境議題請參第 11 章）

10.5 景觀工程

「景觀」是一種藝術、美學、生態、園藝、植栽、人文、工程和設計的廣泛概念，也是一種文化涵養，更多的是各人的主觀看法，難以規範或條文來定其美醜。而「景觀工程」是一門涉及美學、工程規劃、土木技術、庭園建築、環境設計、水景工程的學科，在大學的景觀和園藝相關系所屬於必修課程。

景觀工程和庭園工程在《營造業法（2019 年 6 月 19 日版）第 8 條》中歸在同一類的專業工程項內，但卻是一項跨越多個專門領域的綜合性工程，除一般土木及建築工程外，尚包括植生工程、大地工程、水土保持、道路及鋪面工程、水利工程、環境工程，以及水電、灌溉、噴植等知識。與景觀工程形成上下連結關係的課程，包括基地分析、敷地計畫、景觀設計、施工圖說與施工管理等；而景觀工程形成橫向聯繫之課程，包括景觀生態工程、景觀植物、園藝技術、植栽設計和植栽維護，以及實踐景觀工程的輔助理論，如結構力學、土壤力學、基礎工程、水文學、測量學、營建材料和施工學等。

廣義言之，「景觀」指一般肉眼可見的實物形景，分為二大類：

一、**自然景觀**：由自然作用演育而成，如大氣、水體、山峰、生物、土壤、岩石、地形、地質、宇宙星體等，圖 10-9a 所示為日月潭的湖光山色。

二、**人文景觀**：人類利用各種資源所造成的景物，如農、林、漁、牧、礦，以及各種人文活動、商業及經濟活動所造成的景觀（交通、建物、都市、礦場、油田、梯田等）。

圖 10-9a　日月潭自然及人為景觀照片

圖 10-9b　人造庭園景觀案例照片

吾人所處的戶外及室內空間中，看得見的、用得到的、值得永續保存的，都可稱作為景觀空間，可分為三大類：

一、生活用景觀空間：屬於平日工作、生產、流通和居住的空間。

二、遊憩用景觀空間：屬於私人住宅庭園（如圖 10-9b 所示）、公園、風景區、森林區和休閒綠地。

三、保存用景觀空間：具有古蹟性、保安性、保育性和永久保存性的永續空間。

圖 10-10　自然景觀——日全蝕照片

摘自：網路

Note

第11章
環境工程

人為開發破壞自然環境照片

11.1全球暖化及環境威脅

幾十年來，人類借助科技的發達和各種文明進步，逐步創造出舒適和清潔的環境，提升生活品質及維護人體的健康。然而，隨著工業化和都市化的發展，以及人類的無知和貪婪，對於自然的資源似無止境的擷取，也無所節制地製造環境污染和破壞自然生態平衡。至此，人類除了面對大自然的反撲外，大多數人自身的健康也倍受威脅。

全球暖化（英語：Global warming）指的是地球表面的大氣和海洋中溫室氣體過量，包括二氧化碳約 55%、氟氯碳化物約 24%、甲烷約 15%、氧化亞氮約 6%、臭氧等，使得地球猶如被籠罩在厚厚的溫室中，太陽照射的熱能難以消散，導致溫度全面升高，引發各種極端氣候現象，如長期乾旱、瞬間暴雨、熱浪等。近年來，「全球暖化」一詞逐漸被「氣候變遷」所取代，強調此現象帶來的影響不僅是溫度的變化而已，更會衝擊到人類生活的各個層面。

氣候變遷的成因較爲複雜，但人類的行爲模式難辭其咎，在過去的一個世紀當中，大量地燃燒石化原料（如石油和煤炭——如圖 11-1a 所示），造成大氣中二氧化碳的濃度不斷增加，加上大幅度開墾林地、拓展農業和發展工業，致使溫室氣體濃度越來越高。經過百年的累積，大氣中溫室氣體過量，加速全球暖化。當地球表面的平均氣溫和海洋的溫度升高，海水體積膨脹，帶來南極和格陵蘭大陸冰川的加速融化，引致海平面逐漸上升，淹沒沿海低海拔地區。除此之外，降水模式的明顯改變和亞熱帶地區的沙漠化，又助長了極端天氣的形成，包括熱浪、乾旱、暴雨、水患、暴雪和森林大火等。

不知何時開始，加州大火每年都會發生（如圖 11-1b 所示），2020 年已焚燒至少 315 萬英畝土地，相當於台灣土地面積的 33.5%。根據加州林業局及消防部門統計，火災數目已逾 7,700 起，其中加州史上最嚴重的 4 個起火點，竟然有 3 個同時燃燒，造成至少 20 人死亡、近 5,000 棟建築受損、超過 10 萬民眾被迫疏散、多個城市進入緊急狀態。火災之外，其他各種天災的襲擊正在漸次發威，在全球各地奪取人類的生命與財產。

圖 11-1a　台中火力發電廠照片

圖 11-1b　加州大火照片

摘自：網路

科技的發達和時代的進步，確實帶給人類生活上極大的便利，但也給全球帶來許多環境的威脅，分述如下：

一、溫室效應：各式工廠及火力發電廠大量使用化石燃料、大面積的森林砍伐，致使二氧化碳排放量大幅增加，超過了地表水體和森林所能溶解與吸收的能力；同時造成地表溫度的增加、極地冰架崩解和冰山融化、海平面上升、人類生存空間受到威脅。

二、破壞臭氧層：人類大量使用氟氯碳化物（CFCs），如冷氣機及冰箱等電器產品的冷媒；用作噴霧罐的推進劑，如美髮用品、殺蟲劑或油漆；另外用作發泡劑，如保麗龍；其次是電子產品零件之清潔劑等。導致南極上空的臭氧層逐漸縮小，太陽紫外線直射地表，造成罹患皮膚癌的人數不斷增加。

三、工業污染：工業開發伴隨著經濟成長，而開發工業所產生的廢棄物、廢水及污水，造成了空氣土壤及水質的污染，對生態環境產生莫大的威脅。

四、天降酸雨：工業國家的工廠不斷排放黑煙，各國道路上大量汽機車所排放的硫、氨氧碳化物，與大氣反應後（含有大量的 CO_2）產生酸雨（pH 值小於 5.6），進而引起土壤酸化及溶解土壤中的金屬元素，造成礦物質大量流失，樹木因鈣和鎂的流失而枯死。同時，酸雨也會釋出有害金屬，不但對植物造成影響，草食類及雜食類動物吃了後，有害金屬亦會在食物鏈中循環，最終威脅人類的健康。

五、海洋污染：陸地上未經處理的工廠和家庭污水、垃圾、塑料（如圖 11-2 所示），不斷排放棄置進入海洋，造成海洋生物的持續死亡；其次保養品和化妝品所含的大量塑膠微粒（環保署已自 2018 年 7 月 1 日起禁用），隨家庭污水排入海洋，同樣會在食物鏈中循環，威脅人類的健康。

六、土壤沙漠化：隨著熱帶雨林和森林的濫伐、農業和畜牧業的過度開發，導致土壤養分和地表植物的流失，逐漸造成土壤沙漠化。

七、野生物種瀕危及滅絕：人類爲了自身私利，不斷開發森林和山坡地，壓縮野生動植物的棲息地和生存空間，加上過度狩獵和違法獵捕，造成野生物種的瀕危及滅絕。

圖 11-2　行政院環保署減塑廣告

資料來源：攝於臺北捷運站區廣告牆

11.2 衛生下水道工程

衛生下水道系統又稱污水下水道系統，是國家永續發展不可或缺的基礎建設之一，也是現代化都市重要的公共設施，其功能在收集及處理都市生活污水，以改善都市的居住環境衛生，提升生活環境品質，以及淨化河川和海域水質。河川水質整治最根本方法就是禁止未經處理的廢水和污水排入河川，包括使用小型建築物污水處理設施、大型社區與工業區依法定必須設置的專用污水下水道，以及公共污水下水道系統；其中以公共污水下水道系統扮演舉足輕重的角色，經收集工廠和家庭的廢、污水後輸送至大型污水處理廠處理，通過政府把關的排放標準，回歸河川、放流大海。

由於瑞士洛桑管理學院每年發布的全球國家競爭力評估報告（IMD）中，將公共污水下水道普及率列入生活品質評比項目之一，2021 年 6 月所發布的評比報告中臺灣名列第 8。此份報告共評比 64 個經濟體，全球競爭力前 5 名依序為瑞士、瑞典、丹麥、荷蘭、新加坡；其他重要經濟體之排名包含美國第 10、大陸第 16。而 2020 年 11 月全台灣的用戶接管已突破 337 萬戶，如圖 11-3 所示。

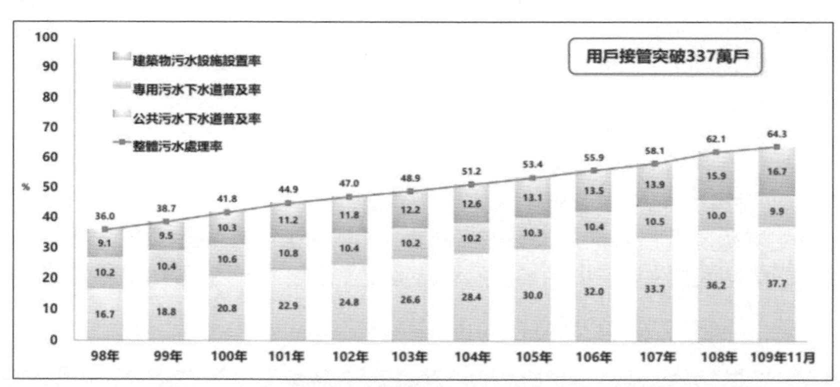

圖 11-3　全臺灣污水接管普及率及處理率

資料來源：內政部營建署下水道工程處

污水下水道工程可分四部分加以說明：

一、下水道系統：此處所稱下水道系統係不含收集和處理雨水之分流式下水道系統，其管渠系統由用戶接管（如圖 11-4a 所示）、分管（如圖 11-4b 所示）、支管（如圖 11-4c 所示）、幹管（如圖 11-4d 所示）所組成，之後才進入污水處理廠（如圖 11-5 所示）。

二、抽水站：一般下水道系統是採用重力流方式傳送管渠內的污水，但也會在適當位置設置抽水站，方便將污水送進污水處理廠。抽水站可分乾井抽水站、濕井抽水站、沉水式抽水站、螺紋抽水機抽水站等。

三、污水處理：係將水中的污染物質重新分離出來，或將其中有害的物質轉化成無害的物質。依處理程度可分為預備處理、初級處理、二級處理、三級處理（或稱高級處理）。若依處理原理可分為物理處理、化學處理和生物處理。

圖 11-4a　污水系統用戶接管施工照片

圖 11-4b　污水系統分管施工照片

圖 11-4c　污水系統支管施工照片

圖 11-4d　污水系統幹管施工照片

四、污泥處理與處置：污水處理的過程難免產生污泥，可利用沉澱、濃縮、脫水、消化和運棄等方法，使污泥達到減量、安定和安全的目標。

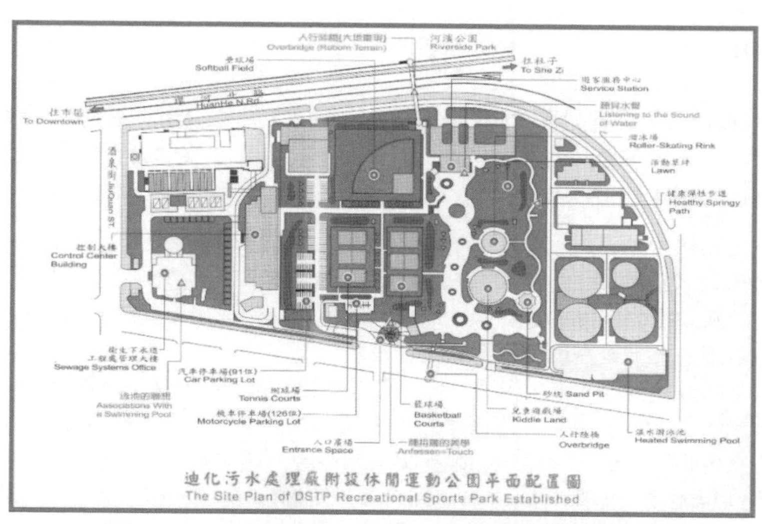

圖 11-5　臺北市迪化污水處理廠平面配置圖

資料來源：迪化污水處理廠

11.3 生態工程及資源再生利用

土木及營建工程係以改善人類生活環境爲主要目標，但是傳統上僅考量安全、經濟、美觀和實用，未考慮環境生態因素，造成生態失衡和環境品質惡化。茲舉二處重大土木工程建設直接和間接破壞環境生態案例（第二例工程後期已納入環境影響評估），做爲土木工程師的警惕：

一、北宜高速公路：爲第一條從台北到宜蘭的高速公路，雖然縮短了二地之間的行車時間，也帶動了東部的經濟發展。然而，因該路線通過翡翠水庫集水區之北勢溪上游，在 1991 年至 2005 年施工期間，曾造成翡翠水庫水質惡化，進而影響大台北地區居民飲用水的品質。其次是該公路主要以隧道方式穿越雪山山脈（其中雪山隧道長達 12.9 公里），千年以上的地下水脈因隧道開鑿而流失，導致該地區的水資源生態遭到破壞。

二、新中橫公路：又稱新中部橫貫公路，爲台灣中部一條未完成串接東、西部之間的橫貫公路，介於中橫公路和南橫公路之間，原以玉山爲中心，分出：嘉義－玉山、水里－玉山、玉里－玉山等三路段，構成丫字狀路網（如圖 11-6a 所示）。路線歷經數次變更，最後將交會點位於東埔山埡口（現今塔塔加），爲新中橫公路最高點，海拔 2,610 公尺。

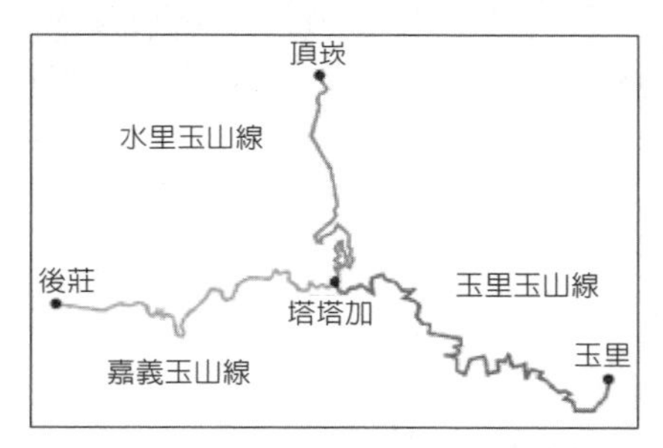

圖 11-6a　新中橫公路計畫路線示意圖

資料來源：維基百科

圖 11-6b　新中橫公路計畫完工路線示意圖

資料來源：維基百科

新中橫公路係 1970 年代中央政府計畫新闢三條橫貫公路之一，並列爲十二項建設計畫。1980 年代已經開工的新中橫公路，因生態保育的意識逐漸抬頭，以及玉山國家公園劃設於新中橫公路通過之範圍，形成公路開發與生態保育之間的角力點，政策曾有六年猶豫不決，最後在環境影響評估審查壓力下，由行政院下達放棄興建之行政命令，已完工部分則全線通車，形成一條「沒有橫貫」的橫貫公路（如圖 11-6b 所示）。

然而，已完工通車的水里－玉山路段，全長約 7.5 公里，沿陳有蘭溪河岸蜿蜒進入玉山，雖然帶動了沿線東埔溫泉的觀光事業和高經濟農業發展，卻也造成該地區部分山坡地的違規開發和濫墾、濫建，1996 年的賀伯颱風暴雨挾帶大量土石重創沿線的水里鄉上安村、信義鄉的豐丘和神木村等地；1999 年 921 大地震時，上安地區原本破碎之地質結構更加鬆散，坡面新增之崩塌地顯著增加；2001 年的桃芝颱風，狂風挾帶暴雨，大量土石沖刷而下，原本不到 10 公尺寬之三部坑溪，河道瞬間被沖刷成逾 100 公尺寬，造成上安村 17 人死亡及失蹤，田園流失 80 餘甲，房屋全倒 26 戶、半倒 29 戶。

依行政院公共工程委員會之定義：「生態工程係指人類基於生態系統的深切認知，爲落實生物多樣性保育及永續發展，採取以生態爲基礎、安全爲導向，減少對生態系統造成傷害的永續系統工程皆稱之。」生態工程主要有二個理念，一爲保存生物棲息空間或創造多樣性生物棲息環境；二爲提供人類親近生物之設施，讓人們可以在不影響生物環境的狀態下，親近自然、觀察生物。生態工程之規劃設計原則如下：

一、**協調與平衡**：自然界的物種與環境條件不斷的進行相互合作、相生相剋、良性競爭和協調退讓，呈現平衡才能共生共存。

二、**減少地貌改變**：地貌的改變大多來自人爲不當開發和土地超限利用，造成生態平衡的破壞，失去自然穩定的功能，每當颱風豪雨來襲時即發生重大災害。

三、**增加綠帶和藍帶面積**：前者指的是多以土石及草木代替水泥，減少非生態材料（如混凝土）的使用，並增加植栽面積，提供陸生動植物棲息空間；後者指的是河川、湖泊、濕地（含人工濕地）、池塘、沼澤、農地等水體，除提供水生動物生存空間外，藍帶尚可淨化水質、延滯洪峰到達的時間、調節洪水量。

四、**多用天然材料**：不失安全的情況下，儘量使用減少耗能的天然土石、木材、竹材等，並減少製造垃圾，讓地球生態永續存在。

五、**多孔性構造物**：包括植草磚、多孔駁崁磚、蛇籠式擋土牆、砌塊石擋土牆、輪胎擋土牆、加勁擋土牆、混凝土格框擋土牆（如圖 11-7a 及圖 11-7b 所示）及木製格框擋土牆等，雨水可以入滲土層涵養水分，提供動植物棲息空間。

圖 11-7a　混凝土格框擋土牆施工照片

圖 11-7b　錨錠式混凝土格框擋土牆照片

依《資源回收再利用法（2009 年 1 月 21 日版）》第 1 條：「爲節約自然資源使用，減少廢棄物產生，促進物質回收再利用，減輕環境負荷，建立資源永續利用之社會，特制定本法。」資源再生利用也是循環經濟的一環，指的是每個產品都經過精心設計，並可用於多個循環使用，不同的材料與生產製造的循環皆經過考量選搭，一個製程的輸出可成爲另一個製程的輸入。在循環經濟中，所生產出的副產品或受損壞的產品或不再想用的貨物並不會被看作是「廢物」，而是可成爲新的生產週期的原材料和素材，如廢木材、廢鐵、廢金屬、廢橡膠、廢塑膠、廢輪胎、廢瀝青混凝土、廢玻璃等皆可回收再利用。

11.4 廢棄物處理

依《廢棄物清理法（2017 年 6 月 14 日版）》第 2 條：「本法所稱廢棄物，指下列能以搬動方式移動之固態或液態物質或物品：

1. 被拋棄者。
2. 減失原效用、被放棄原效用、不具效用或效用不明者。
3. 於營建、製造、加工、修理、販賣、使用過程所產生目的以外之產物。
4. 製程產出物不具可行之利用技術或不具市場經濟價值者。
5. 其他經中央主管機關公告者。

前項廢棄物，分下列二種：

1. 一般廢棄物：指事業廢棄物以外之廢棄物。
2. 事業廢棄物：指事業活動產生非屬其員工生活產生之廢棄物，包括有害事業廢棄物及一般事業廢棄物。
   (1) 有害事業廢棄物：由事業所產生具有毒性、危險性，其濃度或數量足以影響人體健康或污染環境之廢棄物。
   (2) 一般事業廢棄物：由事業所產生有害事業廢棄物以外之廢棄物。

前項有害事業廢棄物認定標準，由中央主管機關會商中央目的事業主管機關定之。

游離輻射之放射性廢棄物之清理，依原子能相關法令之規定。

第二項之事業，係指農工礦廠（場）、營造業、醫療機構、公民營廢棄物清除處理機構、事業廢棄物共同清除處理機構、學校或機關團體之實驗室及其他經中央主管機關指定之事業。」

第 2-1 條：「事業產出物，有下列情形之一，不論原有性質爲何，爲廢棄物：

1. 經中央主管機關認定已失市場經濟價值，且有棄置或污染環境、危害人體健康之虞者。
2. 違法貯存或利用，有棄置或污染環境之虞者。
3. 再利用產品未依本法規定使用，有棄置或污染環境之虞者。」

表 11-1 土木及營建工程產出廢棄物和處理方式一覽表

工程分類	廢棄物名稱	廢棄物來源	後續處理方式	備註
新建工程	營建廢棄土石	開挖深淺基礎、地下室、隧道、連續壁、邊坡	資源回收場分類處理（回收或掩埋或焚燒）	
	污水	連續壁穩定液、水玻璃	處理後排放或掩埋	
拆除工程	瀝青混凝土	路面刨除	再生粒料	
	鋼筋、鋼骨	建物拆除（如圖 11-8a 所示）	回收再生利用	
	混凝土、磚塊	建物及構造物拆除	堆填或掩埋	
	廢木材	木屋拆除	製作木屑或焚燒	
其他工程	污泥	水庫清淤抽砂、污水處理殘餘物	堆填或掩埋	

第 11 條：「一般廢棄物，除應依下列規定清除外，其餘在指定清除地區以內者，由執行機關清除之：

1. 土地或建築物與公共衛生有關者，由所有人、管理人或使用人清除。
2. 與土地或建築物相連接之騎樓或人行道，由該土地或建築物所有人、管理人或使用人清除。
3. 因特殊用途，使用道路或公共用地者，由使用人清除。
4. 火災或其他災變發生後，經所有人拋棄遺留現場者，由建築物所有人或管理人清除；無力清除者，由執行機關清除。
5. 建築物拆除後所遺留者，由原所有人、管理人或使用人清除。
6. 家畜或家禽在道路或其他公共場所便溺者，由所有人或管理人清除。
7. 化糞池之污物，由所有人、管理人或使用人清除。
8. 四公尺以內之公共巷、弄路面及水溝，由相對戶或相鄰戶分別各半清除。
9. 道路之安全島、綠地、公園及其他公共場所，由管理機構清除。

圖 11-8a　鋼構建物拆除回收照片

圖 11-8b　河堤邊垃圾焚化廠照片

常見的廢棄物處理方式，簡述如下：

一、**垃圾焚化**：將一般家庭生活垃圾及大型廢棄物，由垃圾車定期收集載至公有及民有垃圾焚化廠進行焚化，因焚化廠屬於嫌惡設施，一般會設在遠離城市人口密集之處（如圖 11-8b 所示）。

二、**衛生掩埋**：各縣市政府視其垃圾處理能量，將部分一般家庭已分類處理之生活垃圾，由垃圾車定期收集載至垃圾掩埋場掩埋處理，場內會將垃圾滲水收集後送污水處理設施淨化後排放。此等垃圾掩埋場在收集堆置到能量飽和時，再進行場區復育工作，主要在表層覆蓋土壤並進行植栽綠美化作業。

三、**固化處理**：針對有害事業廢棄物以水泥添加特殊專利之螯合劑，處理重金屬污泥、金屬冶鍊廠塵灰及都市焚化廠塵灰後，再將固化體送衛生掩埋場堆置。

四、**海拋**：直接將垃圾運至海岸邊拋入海裡，此種方法將嚴重污染海洋生態，無法消化的垃圾常造成魚類的死亡，此法在較落後地區仍在使用。

11.5 空氣及噪音污染管制

依《空氣污染防制法（2018 年 8 月 1 日版）》第 3 條：「本法用詞，定義如下：

1. 空氣污染物：指空氣中足以直接或間接妨害國民健康或生活環境之物質。
2. 污染源：指排放空氣污染物之物理或化學操作單元，其類別如下：
   (1) 移動污染源：指因本身動力而改變位置之污染源。
   (2) 固定污染源：指移動污染源以外之污染源。
3. 汽車：指在道路上不依軌道或電力架設，而以原動機行駛之車輛，包括機車。」

（註：第 4 至第 14 項尚有多項其他用語定義，限於篇幅未逐一列出，有興趣的讀者可自行上網查詢參閱）

依據世界衛生組織的定義：「空氣污染是以人爲的方法，將污染物質散溢到戶外的空氣中，因污染物質的濃度和時間的持續，使某一地區之大多數居民感到不適，或危害廣大地區的公共衛生，以及妨害人類、動植物的生活。」而《空氣污染防制法施行細則（2020 年 9 月 18 日版）》第 2 條所界定的空氣污染物分類如圖 11-9 所示。

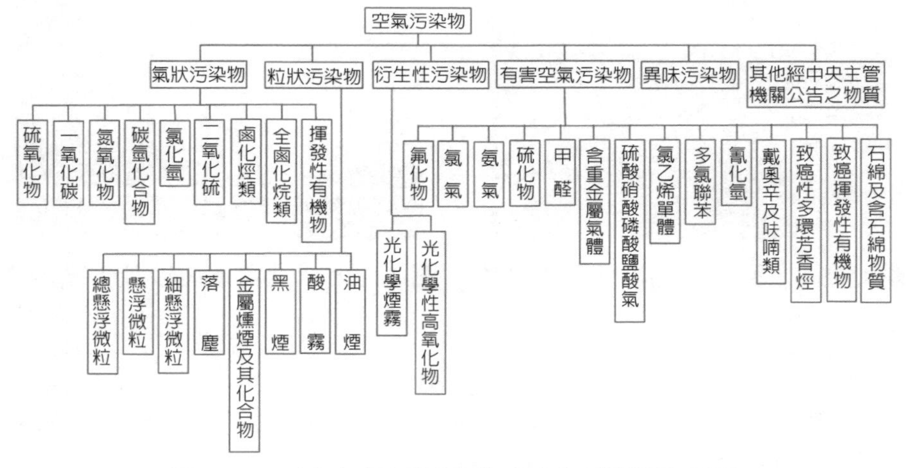

圖 11-9　法定空氣污染物分類及種類示意圖

空氣污染物對人體健康之影響甚鉅，因此，政府必須採取強力手段進行執法，以保障國人之健康。而空氣污染控制的方法，係於污染物質被排放到大氣之前，利用各種硬體設施及操作管理，降低其總量和濃度，如此一來，污染物質被排入大氣時，即使大氣處於不穩定狀態，但其影響範圍及程度不至於擴大。

由於空氣污染物大都是從機械及車輛燃燒之燃料所產生，因此，吾人可以從燃料的選擇及燃燒排放前置處理著手，例如汽機車改用電動引擎代替汽油或柴油、使用油電車減少耗油量、收集燃燒後有害且不穩定的產物等。

「聲音」係由物體發生振動或壓縮空氣分子而以縱波方式傳至人的耳朵，讓人感受其存在，至於聲音是否好聽，每個人的感受不盡相同。主觀上，每個人聽到令自己不舒服的聲音，即可視爲「噪音」。然而，依《噪音管制法（2021 年 1 月 20 日版）》第 3 條：「本法所稱噪音，指超過管制標準之聲音。」

第 7 條：「直轄市及縣（市）主管機關得視轄境內噪音狀況劃定公告各類噪音管制區，並應定期檢討，重新劃定公告之；其管制區之劃分原則、劃定程序及其他應遵行事項之準則，由中央主管機關定之。」

第 8 條：「噪音管制區內，於直轄市、縣（市）主管機關公告之時間、地區或場所不得從事下列行爲致妨害他人生活環境安寧：

1. 燃放爆竹。
2. 神壇、廟會、婚喪等民俗活動。
3. 餐飲、洗染、印刷或其他使用動力機械操作之商業行爲。
4. 其他經主管機關公告之行爲。」

第 9 條：「噪音管制區內之下列場所、工程及設施，所發出之聲音不得超出噪音管制標準：

1. 工廠（場）。
2. 娛樂場所。
3. 營業場所。
4. 營建工程（如圖 11-10a 所示）。
5. 擴音設施（如圖 11-10b 所示）。
6. 其他經主管機關公告之場所、工程及設施。

前項各款噪音管制之音量及測定之標準，由中央主管機關定之。」

圖 11-10a　營建工程施工產生噪音照片

圖 11-10b　選舉期間候選人造勢照片

噪音的來源主要是：交通噪音（道路車輛、鐵路及軌道、航空器）、工廠噪音、營建工程、商業活動、生活噪音（視聽設備）、其他等。噪音的防制可依聲音來源不同研擬噪音控制的方法，道路分隔帶種植吸音樹木、加裝隔音牆、汰換老舊車種，市區鐵路地下化，機場四周種植防風林，工廠及施工機具採用低噪音設備及隔音設備等。

11.6 環境影響評估

蒸汽機發明以後，人類開始第一次工業革命，其性能和應用亦不斷演進，現今已進入「工業 4.0」的時代，前後長達 350 年。隨著科技的進步、經濟的發展，加上人類無止境的追求高品質的生活，造成地球自然環境資源的枯竭和生態平衡的嚴重破壞。同時衍生諸多環境公害問題，如交通建設的推動（如北宜高速公路、高速鐵路等），雖然增加了許多的便利性和縮短城鄉往返的時間，卻也在建設過程中帶來環境破壞、噪音、空污及水土流失等問題；工業區及科學園區的開發，提供當地許多的就業機會和產業發展，但也爲附近地區帶來各種污染的問題。當前環境問題的解決方法，就是由事後的消極補救作爲，轉變爲積極的事前防範措施，環境影響評估制度的推動即是應運而生的良方。

依《環境基本法（2002 年 12 月 11 日版）》第 2 條：「本法所稱環境，係指影響人類生存與發展之各種天然資源及經過人爲影響之自然因素總稱，包括陽光、空氣、水、土壤、陸地、礦產、森林、野生生物、景觀及遊憩、社會經濟、文化、人文史蹟、自然遺蹟及自然生態系統等。」

第 3 條：「基於國家長期利益，經濟、科技及社會發展均應兼顧環境保護。但經濟、科技及社會發展對環境有嚴重不良影響或有危害之虞者，應環境保護優先。」

第 4 條：「國民、事業及各級政府應共負環境保護之義務與責任。」

圖 11-11　守護美麗環境人人有責

另依《環境影響評估法（2003 年 1 月 8 日版）》第 4 條：「本法專用名詞定義如下：

1. 開發行爲：指依第五條規定之行爲。其範圍包括該行爲之規劃、進行及完成後之使用。
2. 環境影響評估：指開發行爲或政府政策對環境包括生活環境、自然環境、社會環境及經濟、文化、生態等可能影響之程度及範圍，事前以科學、客觀、綜合之調查、預測、分析及評定，提出環境管理計畫，並公開說明及審查。環境影響評估工作包括第一階段、第二階段環境影響評估及審查、追蹤考核等程序。」

第5條：「下列開發行為對環境有不良影響之虞者，應實施環境影響評估：

1. 工廠之設立及工業區之開發。
2. 道路（如圖11-12a所示）、鐵路、大眾捷運系統、港灣及機場之開發。
3. 土石採取及探礦、採礦。
4. 蓄水、供水、防洪排水工程之開發。
5. 農、林、漁、牧地之開發利用。
6. 遊樂、風景區、高爾夫球場及運動場地之開發。
7. 文教、醫療建設之開發。
8. 新市區建設及高樓建築或舊市區更新（如圖11-12b所示）。
9. 環境保護工程之興建。
10. 核能及其他能源之開發及放射性核廢料儲存或處理場所之興建。
11. 其他經中央主管機關公告者。」

圖 11-12a　山區道路拓寬施工照片

圖 11-12b　市地重劃區基盤建設施工照片

有關第5條所列11項開發行為對環境有不良影響之虞，應實施環境影響評估者，茲舉土木人較常接觸的「道路」一項，如何判定應否實施環境影響評估，說明如圖11-13；而開發行為欲辦理環境影響評估相關事項，其作業流程可參圖11-14所示。

依《開發行為環境影響評估作業準則（2021年8月2日版）》第17條：「開發行為對施工及營運期間所產生之點源及非點源污染，應予預防、管理並納入環境保護對策。廢（污）水應妥善處理，始得排放；其經前處理，排放至既有之污水下水道系統者，應附該有關主管機構之同意文件。自行規劃設置廢（污）水處理設施者，應併案進行評估、分析及影響預測。開發行為產生之廢（污）水排放至河川、海洋、湖泊、水庫或灌溉、灌排系統者，應評估對該水體水質、水域生態之影響，並納入環境保護對策。

前項排放廢（污）水之承受水體，自放流口以下至出海口前之整體流域範圍內有取用地面水之自來水取水口者，應依開發行為類型、廢（污）水特性、承受水體用途及水質、廢（污）水處理設施之處理能力等因素進行分析及評估。」

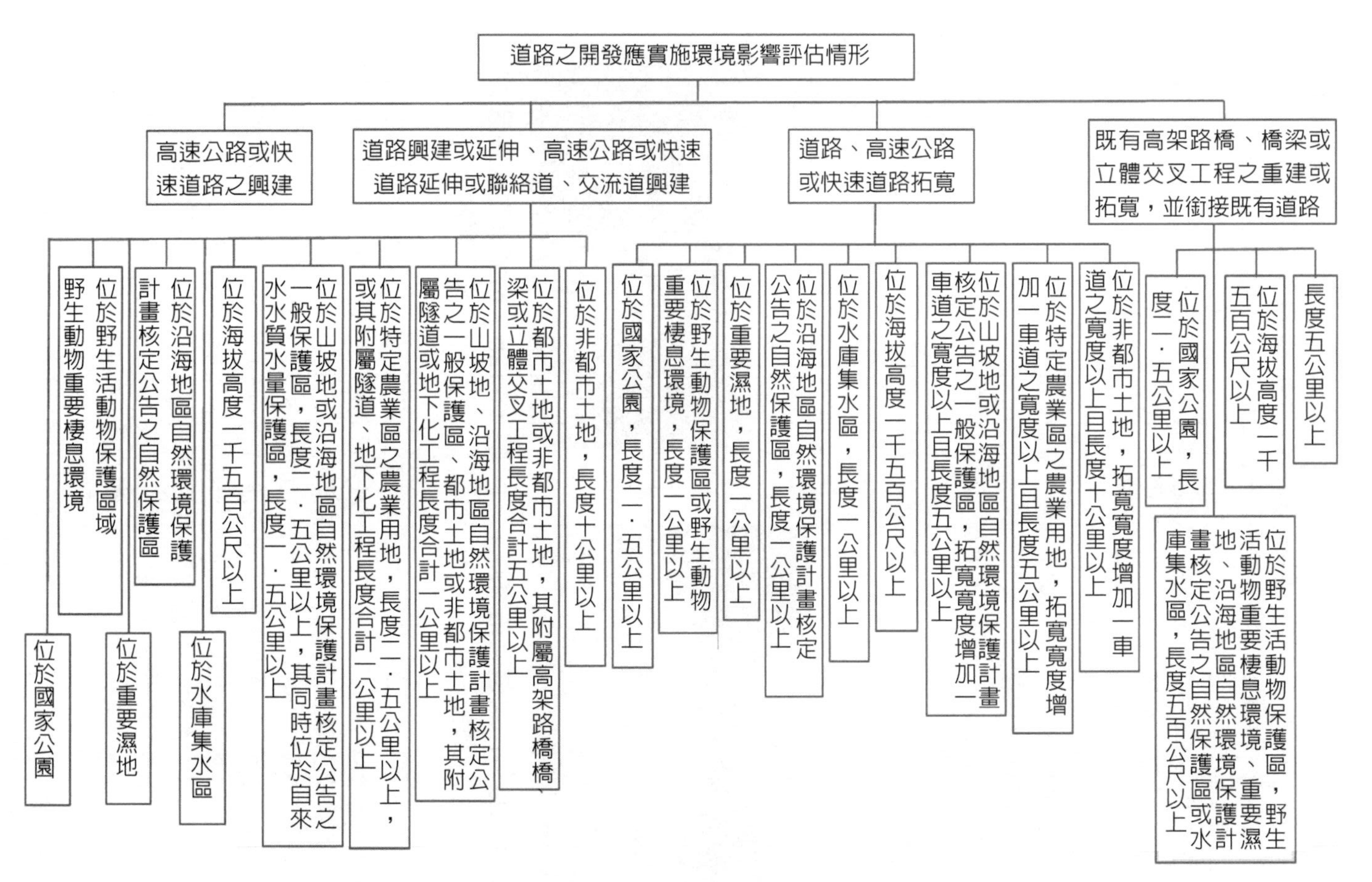

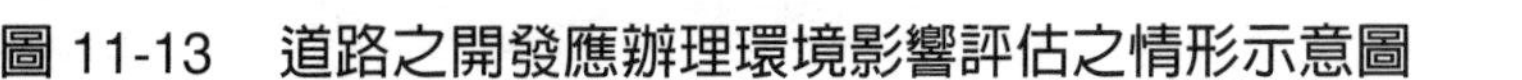
圖 11-13　道路之開發應辦理環境影響評估之情形示意圖

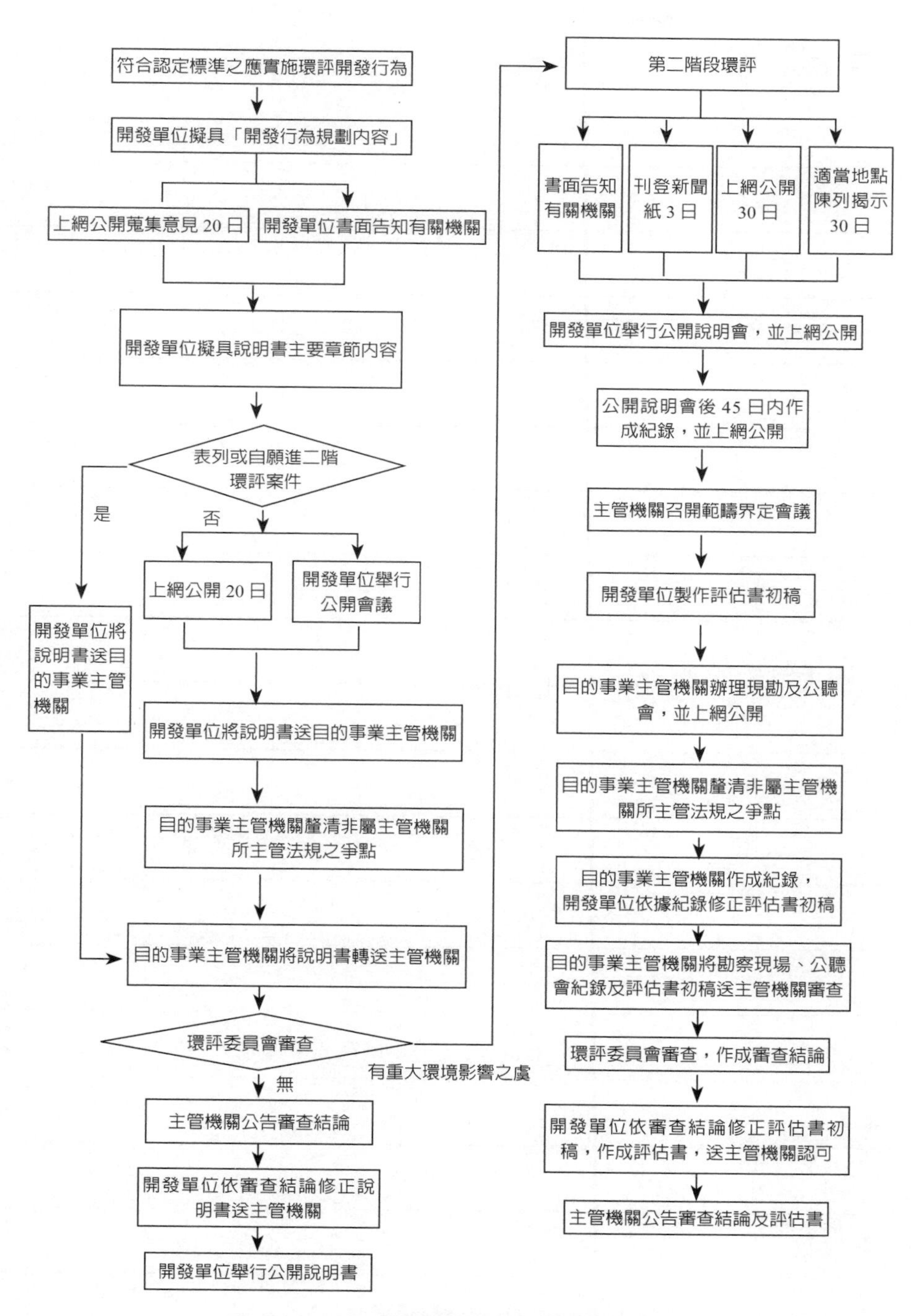

圖 11-14　環境影響評估作業流程圖

摘自：環保署網站

Note

第12章
綠能發電工程

帶動風力發電之風機照片

依《再生能源發展條例（2019年5月1日版）》第3條：「本條例用詞，定義如下：

1. 再生能源：指太陽能、生質能、地熱能、海洋能、風力、非抽蓄式水力、國內一般廢棄物與一般事業廢棄物等直接利用或經處理所產生之能源，或其他經中央主管機關認定可永續利用之能源。
2. 生質能：指農林植物、沼氣及國內有機廢棄物直接利用或經處理所產生之能源。
3. 地熱能：指源自地表以下蘊含於土壤、岩石、蒸氣或溫泉之能源。
4. 海洋能：指海洋溫差能、波浪能、海流能、潮汐能、鹽差能等能源。
5. 風力發電：指轉換風能爲電能之發電方式。
6. 離岸風力發電：指設置於低潮線以外海域、不超過領海範圍，轉換風能爲電能之發電方式。
7. 小水力發電：指利用圳路或既有水利設施，設置未達二萬瓩之水力發電系統。
8. 氫能：指以再生能源爲能量來源，分解水產生之氫氣，或利用細菌、藻類等生物之分解或發酵作用所產生之氫氣，或其他以再生能源爲能量來源所產生之氫氣，供做爲能源用途者。
9. 燃料電池：指藉由氫氣及氧氣產生電化學反應，而將化學能轉換爲電能之裝置。
10. 再生能源熱利用：指再生能源之利用型態非屬發電，而屬熱能或燃料使用者。
11. 再生能源發電設備：指除直接燃燒廢棄物之發電設備及非小水力發電之水力發電設備外，申請主管機關認定，符合依第四條第四款所定辦法規定之發電設備。
12. 迴避成本：指電業自行產出或向其他來源購入非再生能源電能之年平均成本。
13. 再生能源憑證：指核發單位辦理再生能源發電設備查核及發電量查證後所核發之憑證。
14. 儲能設備：指儲存電能並穩定電力系統之設備，包含儲能組件、電力轉換及電能管理系統等。」

根據維基百科的記載，清潔能源、潔淨能源或綠色能源（簡稱綠能）是指不排放污染物的能源。在美國，許多州採取了鼓勵從風能、太陽能等能源生產清潔能源的計畫。類同的定義是可再生能源，指原材料可以再生的能源，如水力發電、風力發電、太陽能、生物能（沼氣）、地熱能、海潮能、海水溫差發電等，目前兩者幾乎是同義詞，而可再生能源不存在能源耗竭的可能（但可能受自然天候的影響），因此日益受到許多國家的重視，尤其是能源短缺的國家。根據美國能源部最新的定義，核能也列入清潔能源之中。

現階段政府能源政策發展重點，爲2016年5月經濟部之「新能源政策」，主要內容爲：1)、核四停建，核一、核二、核三不延役，2025年達成非核家園，2)、積極開發可再生能源，目標2025年可再生能源占總發電量比例20%，3)、加速興建第三座天然氣接收站，目標2025年燃煤發電比例降至30%、燃氣發電比例提高至50%。而能源轉型則以減煤、增氣、展綠、非核之潔淨能源發展方向爲規劃原則。

Note

12.1 風力發電

「風」從那裡來？風是拜太陽所賜而有的自然現象，因爲太陽光照射在地球的赤道及極地而有不均勻的溫度，溫差產生空氣的對流就形成風的流動。風力發電的原理即係利用風作爲動力，轉動風機進而帶動發電機（主要由塔架、葉片、發電機等三大部分所構成，內部構造如圖 12-1 所示）產生電能，開始發電的時機由機組所在地的風速決定；當風速達到啟動風速（約每秒 2 至 4 公尺）時，風機葉片開始轉動，當風速達每秒 10 至 16 公尺時，即可滿載發電，當風速達到關閉風速（約每秒 25～70 公尺不等）時，風機立即自動停止運作，以免造成風機及風力發電系統之毀損（如圖 12-2a 所示）。台灣地區的平均風力約爲 12 公尺／秒。

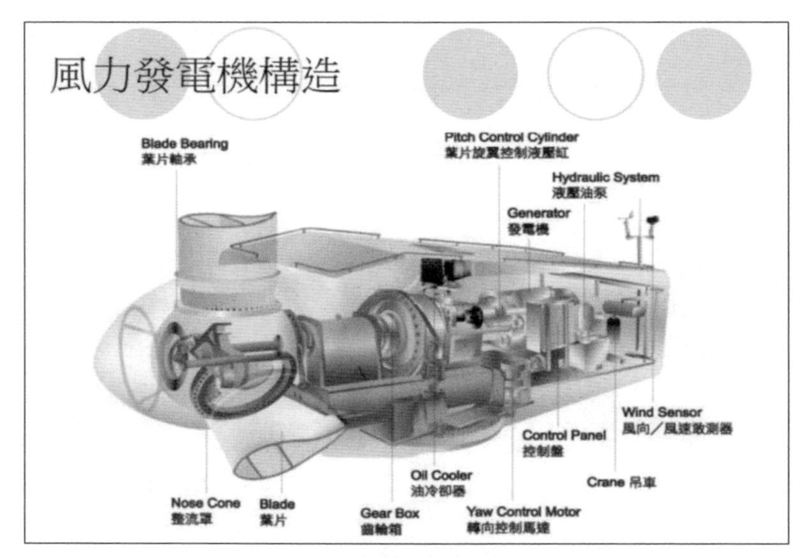

圖 12-1 風力發電機內部構造示意圖

摘自：網路

圖 12-2a 風機倒塌毀損照片

摘自：網路

圖 12-2b 水平轉軸式風機照片

目前台灣的風力發電工程，台灣電力公司並未參與開發，而是由外商、大型企業及民間團體組建風力發電公司來開發，主要場域在苗栗縣後龍鎮、雲林縣麥寮鄉及澎湖縣中屯地區，原因是這些區域的風都很大。風力發電的模式基本上分爲兩大類：

一、**垂直轉軸式**：其旋轉軸垂直風的來向，可分爲圓筒式及打蛋器式二種，其葉片係圍繞著軸心旋轉，可以接受四面八方吹來的風，構造較簡單、造價也較便宜。

二、**水平轉軸式**：如圖 12-2b 所示，其旋轉軸正對風向，此種發電機發明較早，又可分爲螺旋槳式、多翼式及荷蘭風機式三種，其中以螺旋槳式發電機效率較高，水平轉軸式機組的構造較複雜且造價較高。

風力發電機因應所在場域的風力大小，又可分爲大型風機、中型風機及小型風機，大型風機較適合強風地帶，反之小型風機適合在風速較低的地帶。茲簡介二處全世界較著名的風力發電廠相關資料，說明如下：

一、**英國利物浦灣的 Burbo Bank 風力發電廠**：據《科技新報》2017 年 5 月 25 日報導，英國政府爲了推動 Burbo Bank 的擴展建設，希望能降低建設成本，承包的公司在完善法規與補助支持的前提下，決定建造比原先更大型的風力發電機來提高產能，降低需要建造的數量。風力發電機共有 32 組，每座高度都超過 195 公尺，每片扇葉長 80 公尺，能產生 8MW（百萬瓦）的電力，每座機組旋轉一圈，就能爲一個家庭供電 29 小時。

二、**荷蘭雙子星（Gemini）海上風力發電站**：據法新社 2017 年 5 月 9 日報導，該發電站位於距離荷蘭北海岸約 85 公里外的地方，共有 150 座渦輪機（如圖 12-3），造價 28 億歐元（約 923 億元新台幣），發電廠總發電量達 600MW（百萬瓦），可供應 78.5 萬戶荷蘭居民用電，未來 15 年將能供應約 150 萬人使用的電力。

圖 12-3 荷蘭雙子星（Gemini）海上風力發電站照片

摘自：法新社報導

12.2 地熱發電

地熱發電又稱地熱能發電（Geothermal power）是指利用地熱能源為動力，用以驅動發電機產生電能的發電方式。地熱發電技術主要可分為乾蒸汽、閃發蒸汽以及雙循環三種。義大利最早在 1904 年率先應用地熱蒸汽成功運轉產生 10kW 電量，為全世界第一個地熱發電國家，接著美國在 1922 年也在加州的間歇泉建立地熱實驗發電機，全球開發應用的風潮在二次世界大戰後正式展開。目前全球已有 29 個國家或地區有地熱能發電營運，截至 2019 年底總裝機容量為 15,400MW。

根據地熱能協會（Geothermal Energy Association，簡稱 GEA）估計，全球地熱能源僅利用總潛能的 6.9%，另外政府間氣候變化專門委員會估計全球地熱能潛能在 35GW 至 2TW 之間。地熱能發電被認為是一個可持續發展的可再生能源，因為其提取的熱量僅占地球內部熱能很小的一部分。地熱能發電站的溫室氣體排放量平均約為每千瓦·時 45 克二氧化碳，低於一般傳統燃煤電廠排放量的 5%。

地熱能也可以說是一種不太會造成空氣污染之再生能源，過去地熱能的鑽取多以淺層、較易開採之地熱為主，隨著技術的進步，經探勘可開採的地熱田與電廠正在逐年增加中，各國亦逐漸重視地熱能的開發。全球地熱能的分布主要集中在三個地帶：1)、環太平洋帶，東邊是美國西岸，南邊是紐西蘭，西邊有印尼、菲律賓、日本及臺灣；2)、大西洋中洋脊帶，大部分在海洋，北端穿過冰島；3)、地中海到喜馬拉雅山，包括義大利和大陸西藏。

依工研院地熱發電資訊網資料，經過探勘及調查，目前全台灣共有 28 處地熱潛能區，分布在新北市 2 處、台中市 2 處、南投縣 4 處、嘉義縣 1 處、台南市 1 處、高雄市 1 處、花蓮縣 3 處、宜蘭縣 7 處及台東縣 7 處（如圖 12-4 所示），總發電潛能約 989MW。主要地熱潛能區位於：新北市大屯山、宜蘭縣清水（如圖 12-5a 及 12-5b 所示）及土場、南投縣廬山、台東縣知本及金崙、花蓮縣瑞穗等 7 處。

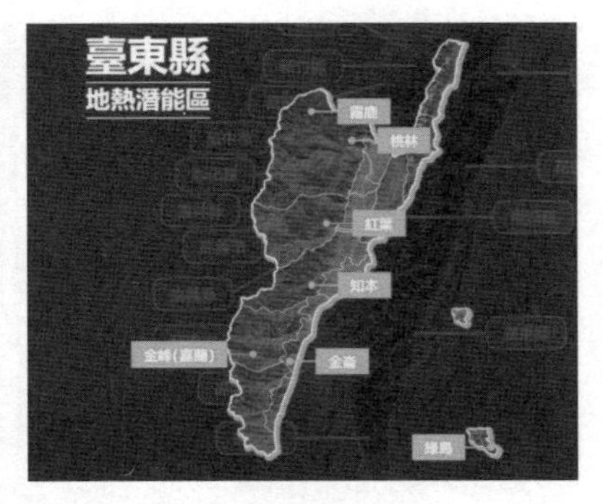

圖 12-4　宜蘭縣及台東縣地熱區分布示意圖

摘自：工研院地熱發電資訊網

圖 12-5a　宜蘭縣清水地熱發電設施照片

圖 12-5b　宜蘭縣清水地熱園區民眾使用地熱水烹煮食物照片

12.3 水力及海流發電

水力發電（Hydropower）乃是利用水的位能轉換成電能或流動中動能轉換電能的發電方式，其原理係利用水位的高差（勢能）在重力作用下讓水往下流動，進而帶動渦輪機產生電力，例如從河流或水庫之高位水源引流至較低位處，流動的水推動輪機使之旋轉，帶動發電機發電。高位的水則是來自太陽熱力將低位的水分蒸發並降在高位處的集水區，因此可以視爲間接地使用太陽能。由於工程及發電機製造技術成熟，這是目前人類社會應用最廣泛且無污染、無排碳、營運成本低的可再生能源。

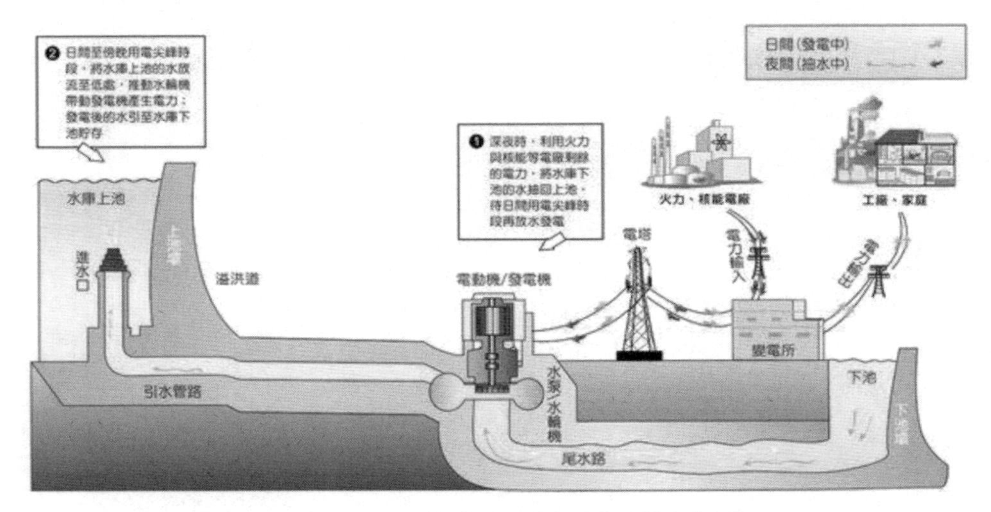

圖 12-6　抽蓄式水力發電原理示意圖

摘自：網路

水力發電可分爲下列五種：

一、慣常式水力發電：

1. 水庫式水力發電：是以堤或壩儲水形成水庫及水位高差（如翡翠水庫、石門水庫、德基水庫等），其最大輸出功率由水庫容積及出水位置與水面高度差距決定。此高度差稱爲揚程又叫落差或水頭，而水的勢能與揚程成正比。
2. 川流式水力發電：又稱引水式水力發電，川流式水力發電站的堤壩不大，亦即水位高差不大，有的甚至沒有堤壩。流經發電站的水若不用作發電就會即時流走。
3. 調整池式水力發電：乃是介於水庫式水力發電及川流式水力發電間的一種發電方式，和水庫式水力發電一樣會興建攔水壩，但規模比一般水庫要小，所形成的湖泊稱爲調整池，但只容納一天或幾天的用水量。

二、抽蓄式水力發電：通常設有上池及下池，如圖 12-6 所示。白天當電力需求高時，以高位的水用來發電之用；夜間當電力需求低時，多出的電力產能繼續推動電泵將水抽回高位儲存，如明潭抽蓄水力發電廠。

三、海流式水力發電：係一種利用海洋的海流，即海水流動的動能來產生電力的發電方式。海流能具有下列優點：24 小時發電、規律性強、能量可預測、不同期間的發電量較穩定（不像太陽能受白晝和夜晚的影響、風力發電非全天候有足夠風速發電）、不佔用陸地面積、發電設備在水下不影響景觀。但對海洋生態可能會有一些影響，例如發電設備中旋轉的葉片、發電機均會產生震波，對於依賴洋流生活的海洋生物可能造成某些影響；其次，由於設置地點可能離陸地較遠，需要更長的電力電纜，其電磁波對於海洋環境也可能產生影響。海流能未來仍是深具發展潛力的一種可再生能源，而且目前已有少數商業化應用的案例，例如在大陸浙江省舟山市的秀山島南部海域，在青山與稻桶山兩座小島之間的「喇叭口」地帶，安裝了世界首座 3.4 兆瓦 LHD 模塊化大型海洋潮流能發電機組（如圖 12-7a）。依此，大小金門之間亦有海流通過，應該也適合海流發電，以供應大小金門二地用電之需（如圖 12-7b 所示）。

圖 12-7a　海流發電案例照片

摘自：網路

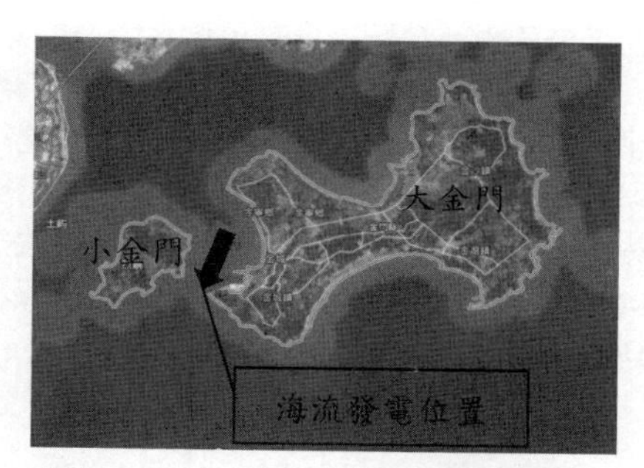

圖 12-7b　適合海流發電位置示意圖

資料來源：底圖摘自 Google 地圖

四、潮汐式水力發電：乃是利用潮汐水位升降帶動發電機的發電方式。通常會建水庫儲水發電，也有直接利用潮汐產生的水流發電。全球適合潮汐發電的地方並不多，英國有八處地點適合，估計其潛能足以滿足該國 20% 的電力需求。

五、小水力發電：依《再生能源發展條例（2019 年 5 月 1 日版）》第 3 條所定義的「小水力發電」：指利用圳路或既有水利設施，設置未達二萬瓩之水力發電系統，如圖 12-8a 及 12-8b 所示）。

圖 12-8a　小水力發電照片

資料來源：陳世雄教授攝

圖 12-8b　小水力發電設備平台照片

12.4 太陽能發電

太陽能發電（Solar power）就是把太陽光轉換成電能，其方法：1)、直接使用太陽能光伏（PV），2)、間接使用聚光太陽能的熱力發電（Concentrated solar power，CSP）。後者的聚光太陽能熱發電系統會使用凹透鏡或反射鏡，以及追蹤系統將大面積的陽光聚焦成一個小束，並利用光電效應將光伏光轉換成電流。20 世紀 80 年代已開始推出第一次商業開發太陽能發電廠，位於美國加利福尼亞州莫哈韋沙漠的太陽能發電廠，安裝了當時世界上最大的聚光太陽能熱，能發出 354 百萬瓦的太陽能發電系統。

太陽光電系統也稱爲光生伏特（簡稱光伏 Photovoltaics），乃是指利用光電半導體材料的光生伏打效應，將太陽能轉化爲直流電能的一種設施，而光電設施的核心元素是太陽能電池板。目前，用來發電的半導體材料有：單晶矽、多晶矽、非晶矽及碲化鎘等。近年來各國都在積極推動可再生能源的應用，光電相關產業亦隨之迅速地蓬勃發展。

光電系統可以大規模安裝在地表所架設的結構體上面成爲光電場站，也可以設置於建築物的房頂或外牆上，形成光電一建築一體。一般光電系統的太陽能板通常是面對固定方向（如圖 12-9a 及 12-9b 所示）。然而，有科技公司（SmartFlower）推出向日葵造型的太陽能板，可隨天候自動收放葉片且能追蹤太陽光源調整俯仰的角度（如圖 12-10 所示），確保太陽光射向面板保持 90 度，使發電效率比傳統固定式太陽能板高出 40%。

圖 12-9a　固定式太陽能板照片一　圖 12-9b　固定式太陽能板照片二

資料來源：威山複材科技工業股份有限公司提供

圖 12-10　SmartFlower 太陽能板展開前及展開後照片

摘自：網路

一如前述，聚光式太陽能熱發電系統係利用凹透鏡或反射鏡，加上太陽光源追蹤系統，將大面積的陽光聚焦成一個小束，並利用光電效應將光伏光轉換成電流。目前全世界最大的聚光式太陽能熱發電站，位於大陸甘肅省敦煌市往西約 20 公里處的 100 兆瓦熔鹽塔式光熱電站，又被稱爲「超級鏡子發電站」，於 2021 年 2 月下旬開始營運。該光電場站佔地 7.8 平方公里，總造價約 30 億人民幣，站內共設置 1 萬 2 千多面定日鏡（或稱追日鏡），以同心圓狀圍繞著 260 米高的熔鹽罐吸熱塔（如圖 12-11 所示），每面鏡子的反射面積爲 115 平方公尺，可以獨立追蹤太陽光並調整角度，聚焦精度可達 0.03 度～0.05 度；全鏡場總反射面積高達 140 多萬平方公尺，可以每天 24 小時連續發電，設計年發電量達 3.9 億千瓦時，每年可減排二氧化碳 35 萬噸。

圖 12-11　全世界最大的熔鹽塔式光熱發電站照片

摘自：新華網

聚光式太陽能（CSP）雖然擁有發電與儲能優勢，不需要天然氣或電池系統輔助就能 24 小時供應電力或熱能；但是在太陽能電池與鋰電池儲能系統成本日益下滑的現今，聚光式太陽能發電方式還是面臨一定的挑戰。日前就有一座聚光式太陽能發電場面臨存亡困境，那就是位於美國內華達州新月丘太陽能電廠，該電廠設計容量高達 110MWh，是一項高達 10 億美元的計畫（含 7.37 億政府融資及 1.4 億企業投資），佔地 2 平方公里，共設置 10,347 片大型定日鏡，熔鹽塔吸收底下鏡面反射的日光後，溫度會攀升至攝氏 566 度以上；該電廠 2011 年 9 月破土動工、2015 年 9 月開始商業運轉，預計每年約可產生 5 億度電，足以滿足 7 萬 5 千戶當地居民的用電需求，但是事與願違，這座電廠發電效率只有 20%，遠低於原先預估的 50%，無法提供內華達州城市足夠的電力需求，終於 2019 年 4 月關閉。

12.5 核能發電

原子係組成世間萬物的基本結構，其由帶正電荷的原子核和帶負電荷的電子所構成。原子核所帶的正電荷數目必與原子核外電子所帶的負電子數目相等，因此原子呈現電中性。而原子可以構成分子、形成離子及直接構成物質。原子核由質子與中子所組成，其外有電子包圍，在原子核中有一股很強大的力量將中子和質子聚合在一起。根據質子和中子數量的不同，原子的類型也不同，而質子數決定了該原子屬於哪一種元素。

核能是指原子核結構經核分裂（Nuclear fission）或核融合（Nuclear fusion）所釋放出來的能量。因此，核能亦稱爲原子能。核分裂是指較大的原子核分裂成兩個較小的原子核，分裂過程中會釋放出巨大能量，目前世界上核電廠均是以核分裂方式產生熱能來發電。而核融合則是由兩個較小原子核結合成一個較大的原子核，其過程同樣會釋放出能量。理論上核融合所放出的能量會比核分裂放出的還大，正如太陽發出的光和熱，就是由氫經核融合成爲氦之核子反應所產生，但目前對核融合的研究尚無明顯成果。

目前全世界的核能發電技術，主要是利用鈾 -235 的輻射物質，進行核分裂的反應來產生電力。然而發電之前須開採鈾礦，鈾礦經過提煉及濃縮，製造成一般核反應爐堆可用、鈾濃度約爲 3% 的燃料棒，再將大量的燃料棒放入反應爐中，促使核分裂能達到臨界點並持續產生熱力，熱力所產生的蒸氣即可推動發電機發電（流程如圖 12-12 所示）。

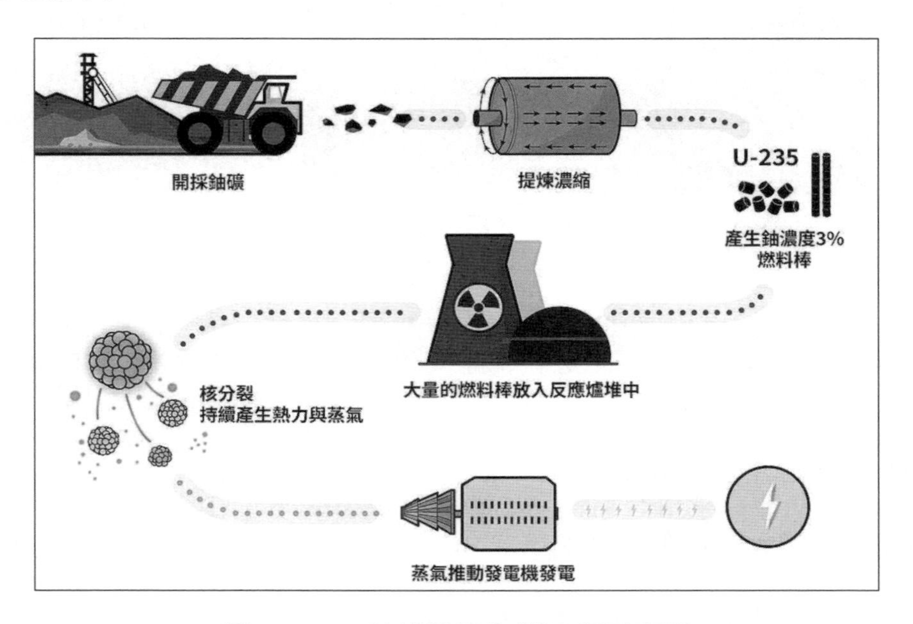

圖 12-12　核能發電作業流程示意圖

摘自：網路

核能雖非《再生能源發展條例（2019 年 5 月 1 日版）》所界定的「再生能源」，但因核能發電過程不會產生碳排放，故全球主要的國際組織對於核能，多以「低碳能源」或「潔淨能源」稱之，而美國亦將核能列入清潔能源之中。目前台灣共有四座核電廠及八組發電設施，其商轉日期、役期屆滿日期、反應爐功率及發電量，如表 12-1 所示。

表 12-1　台灣各核電廠及機組商轉和除役時間表

電廠／機組編號		機組狀態	商轉日期（年月）	役期屆滿（年月）	反應爐功率（%）	發電量（MWe）
核一廠	一號機	機組除役	1978.12	2018.07	-	-
	二號機	機組除役	1979.07	2019.07	-	-
核二廠	一號機	發電運轉	1981.12	2021.12（6月提早停轉）	83	826
	二號機	發電運轉	1983.03	2023.03	100	1004
核三廠	一號機	發電運轉	1984.07	2024.07	100	986
	二號機	發電運轉	1985.05	2025.05	100	983
核四廠	一號機	設備封存	燃料棒已全數外運	-	0	0
	二號機					

資料來源：行政院原子能委員會網站及作者整理

核四廠於 1999 年正式動工後，一度因政黨輪替停建再復建，但在 2011 年日本發生福島事故後，民衆對核安要求變得更高，爲化解民衆疑慮，2013 年行政院宣布停建核四，將 1、2 號機組封存，並從 2018 年 7 月起將陸續燃料棒外運，累積造價高達新台幣 2,838 億元。而民間推動以核養綠的「廢除電業法第 95 條第 1 款」公投案，在 2018 年 11 月 24 日獲得同意票 589 萬 5560 票（54.42%），超過不同意票 401 萬 4215 票（37.05%），公投通過。

據此，經濟部於 2018 年 12 月 4 日正式公告：「電業法第 95 條第 1 款，自 2 日起失其效力」，行政院 12 月 6 日的院會則通過刪除這項條文，廢除關於核能發電設備應於 2025 年前全部停止運轉的規定。行政院同時宣告政府推動非核家園目標不變，但取消期程。在 2025 年不再使用核能，並要達到再生能源 20%、天然氣 50% 及燃煤 30% 的能源發電比目標。

然而，依維基百科的統計資料，《再生能源發展條例》通過後，歷年（2009-2020 年）再生能源發電量佔總發電量之比例（如表 12-2 所示）仍然偏低，距離 20% 的目標尚遠。而民間再次發起的「重啟核四」公投，預計在 2021 年於 8 月 28 日進行投票（因新冠肺炎疫情延至 12 月 18 日），結果如何有可能再次撼動台灣的能源政策。

表 12-2　2009 年至 2020 年台灣再生能源佔總發電量比例一覽表

年份	2009	2010	2011	2012	2013	2014	2015	2016	2017	2018	2019	2020
佔比	3.4%	3.5%	3.6%	4.3%	4.3%	3.8%	4.1%	4.8%	4.6%	4.6%	5.6%	5.5%

Note

第13章
共同管道工程

共同管道模型範例

13.1 何謂共同管道

依《共同管道法（2000 年 6 月 14 日版）》第 2 條：「本法用辭定義如下：

1. 共同管道：指設於地面上、下，用於容納二種以上公共設施管線之構造物及其排水、通風、照明、通訊、電力或有關安全監視（測）系統等之各種設施。
2. 公共設施管線：指電力、電信（含軍、警專用電信）、自來水、下水道、瓦斯、廢棄物、輸油、輸氣、有線電視、路燈、交通號誌或其他經主管機關會商目的事業主管機關認定供公眾使用之管線。
3. 管線事業機關（構）：指經營公共設施管線之事業機關（構）。」

共同管道（如圖 13-1a）在日本稱爲共同溝、在大陸稱爲地下綜合管廊（如圖 13-1b），但目前在國際間尚無統一的英文名稱，就是在城市地下建造一個隧道空間（通常採耐震設計），將電力、通訊、燃氣、供熱、給水、有線電視、寬頻及公務纜線等各種供公眾使用之管線集於一體，設有專用的檢修口、通風口、材料搬運口、管線分匯室和監測系統，實施統一規劃、統一設計、統一建設和管理，它又被譽爲保障城市運行的重要基礎設施和生命線。

13-1a　台北市共同管道幹管照片

圖 13-1b　作者參訪大陸共同管道照片

爲何要興建共同管道？由於台灣所處的地理環境、地質條件、既有道路管線眾多及挖埋頻繁等因素，最需要推動共同管道的建設，茲說明如下：

一、地震多：台灣位處環太平洋地震帶，每年發生的大小地震頻繁，較大的地震容易造成傳統埋設的管線破損。如 1999 年 9 月 21 日發生在中部的 921 大地震，造成 2,415 人死亡，29 人失蹤，同時也震毀許多道路與橋梁等交通設施、堰壩（如圖 13-2a）及堤防等水利設施、自來水等多種管線設施（如圖 13-2b），全台共 649 萬戶無電可用，三家瓦斯公司（欣彰、欣中及欣林）的管線系統受損，管線受損長度達到 827.53 公里；而中華電信公司在大台中地區對外長途及行動電話通訊中斷約 4 小時，市內電話網路方面，有 52 個交換局中繼光纜受損，致對外通訊中斷，地下管線變形或拉扯，影響客戶計 205,291 戶；行動電話方面，全區之基地台由於傳輸線或電力中斷等原因造成 1,500 基地台故障而無法通訊。

13-2a　921 大地震損壞石岡壩照片

圖 13-2b　921 大地震損壞自來水管照片

二、颱風多：平均每年有 3.5 個颱風侵襲台灣，中度及強烈颱風常導致電桿傾倒及架空纜線斷損。如 2016 年 9 月 27 日梅姬颱風造成全台 600 根電桿倒斷、逾 300 多根電桿傾斜，災損金額逾千萬元，全台逾 400 萬戶停電，是台電供電史上因風災停電戶數第 2 多的記錄，加上同年 9 月 14 日強烈颱風莫蘭蒂造成 487 根電桿倒斷，僅僅 9 月分兩次風災台電共損耗近 1,100 根電桿，誠屬史上罕見。

三、管線數量多且誤挖意外頻繁：最嚴重的事故當屬 2014 年 7 月 31 日深夜，高雄市前鎮區凱旋三路、一心路、二聖路及三多路附近，發生嚴重的連環氣爆事件，肇因於埋設於地下，與雨水箱涵橫交的工業管線破損外漏，可燃性氣體滲入排水箱涵內，爆炸威力除炸開約 6 公里長道路下方之排水箱涵、毀損沿線房屋建築及車輛外，亦造成 32 人死亡、321 人輕重傷，加上災後的復建、賠償及整體經濟損失尚難估計。

共同管道的起源是因 1832-1833 年之間，法國巴黎爆發霍亂疫情，當時尚無完善的下水道建設，疫情漫延造成 2 萬多人死亡（當時人口僅約 65 萬人）。政府當局受迫開始推動多重服務的管道建設（如圖 13-3a 所示），歷經 180 多年的發展，目前巴黎市已建設超過 2400 公里長的共同管道（如圖 13-3b 所示）。

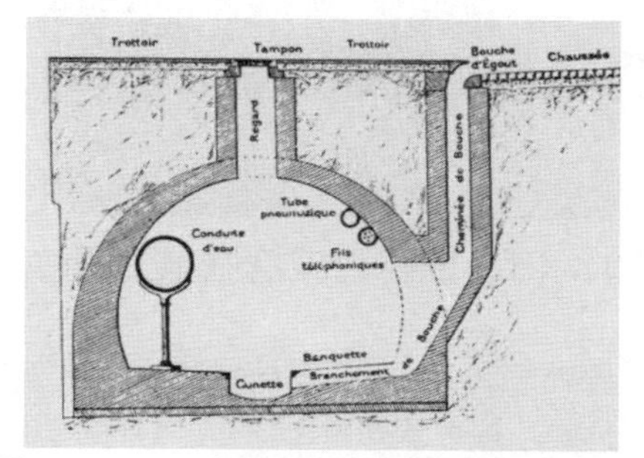

圖 13-3a　法國共同管道初始概念示意圖

圖 13-3b　巴黎共同管道

資料來源：Saint-Gobain PAM 攝

13.2 民生管線及公共設施管線資料庫

道路上面及下面的各種管（纜）線，基本上分為：

一、架空纜線：包括電力、電信、有線電視、寬頻、路燈、號誌、廣播、監視器及其他弱電類之纜線。大街小巷隨處可見的架空纜線密布如蜘蛛網，不但破壞都市景觀，也會妨礙災害救援，如圖 13-4a 及 13-4b 所示。

二、傳埋管線：除前述之纜線外，尚包括自來水、瓦斯、下水道、廢棄物、輸油、輸氣等硬質管。這類管（纜）線產生許多的負面影響，如地下管線複雜交錯，資訊系統不完整，常被誤挖及引發公安事件；而管線挖掘施工頻繁（如圖 13-4c、13-4d 及 13-5 所示），影響道路交通安全及市民生活作息；管線人手孔蓋數量驚人（台北市超過 43 萬個、台中市超過 52 萬個），嚴重影響道路平整及行車舒適性。

圖 13-4a　架空纜線影響救援照片一

圖 13-4b　架空纜線影響救援照片二

圖 13-4c　道路管線挖掘施工照片一

圖 13-4d　道路管線挖掘施工照片二

依交通部《公共設施管線工程挖掘道路注意要點（2003 年 11 月 5 日版）》第 2 條第 3 款：「稱公共設施管線工程者，指電力、電信（含軍警專用電信）、自來水、排水、污水、輸油、輸氣、社區共同天線電視設備、有線電視、交通號誌等管道或管線之新設、移置或保養、搶修等須挖掘道路設施之工程。」另依《臺中市道路管線工程統一挖補作業自治條例（2015 年 9 月 7 日版）》第 3 條第 6 款：「民生管線：指電力、電信、自來水、污水、輸氣（天然氣）、有線電視等管線。」

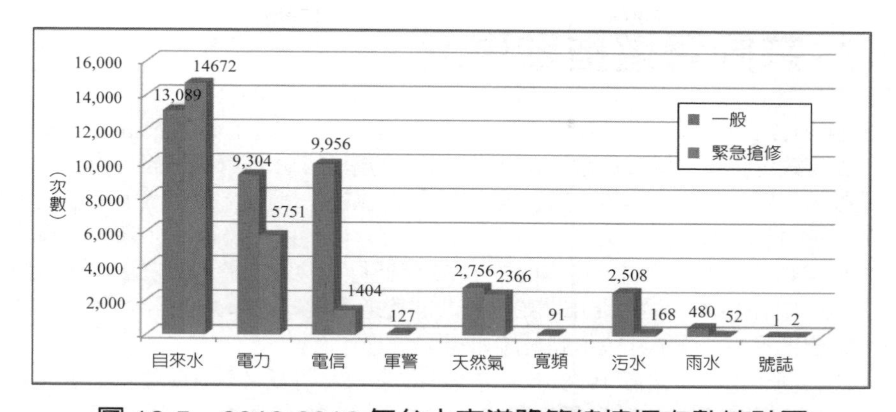

圖 13-5　2013-2016 年台中市道路管線挖掘次數統計圖

資料來源：臺中市共同管道整體通盤檢討規劃案期末報告，2017 年 12 月。

為提升道路管理及減少管線誤挖，內政部營建署於 2010 年及 2012 年分別發布「公共設施管線共同規範資料標準」及「公共設施管線交換資料標準（GML 格式）」，促使各直轄市及縣（市）政府、各管線單位積極進行管線資料建置及交換。之後，重新制定「公共設施管線資料標準」，並配合各機關意見修正資料項目，重新檢討律定公共設施管線資料之紀錄結構與內容，以滿足管線資料於開放式地理資訊系統環境之流通需求，並遵循國土資訊系統標準制度及 ISO/TC211 之 19100 系列而制定，以利未來參考標準之統一。目前各縣市政府在管線單位的配合協助下，均陸續建置各自轄區內公共設施管線資料庫（如圖 13-6 所示），供設計單位及施工單位查詢參用。

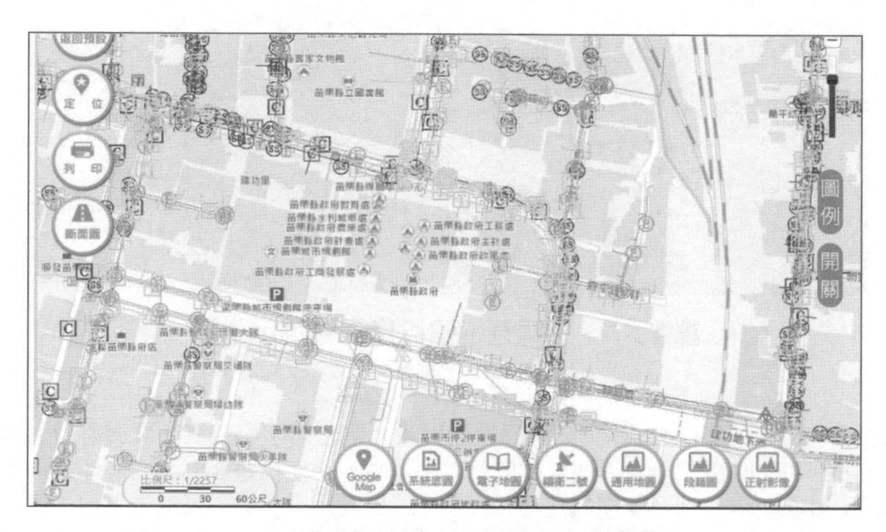

圖 13-6　公共設施管線資料庫道路管線資料範例

摘自：苗栗縣道路挖掘管理系統

13.3 共同管道推動現況

前如第 13.1 節所述，共同管道最早緣起於法國，主要爲了改善城市公共衛生問題，巴黎市政府決定在城市道路下方進行大規模的衛生下水道管網建設，由於下水道斷面積較大，同時可收容其他公用管線（如電力、電話、給水、供熱等），形成了全世界最早的共同管道建設。之後，歐美各國（英、德、俄、美等）亦參考法國的作法，各自推動建置共同管道。日本則於 1963 年頒行「共同溝特別措置法」，台灣自 1980 年左右師法日本，從台北市開始推動共同管道建設，並於 2000 年頒行《共同管道法》。全世界共同管道建設推動軌跡如圖 13-7 所示。

大陸的共同管道建設始於 1958 年，首先在北京天安門廣場下方興建了第 1 條共同管道、長度 1.08 公里，之後陸續增建；進入 20 世紀 70 年代後，隨著經濟建設的要求，開始引入國外的共同管道技術，在上海市寶武鋼鐵集團建設過程中，採用日本的建設理念，建造了數 10 公里的工業生產專用共同管道系統。1994 年底，配合上海浦東地區大開發，在張楊路興建 11.13 公里長、具有 2 艙室的共同管道；之後，在新一輪的城市建設熱潮中，更多的大中城市亦著手規劃及興建共同管道，目前幹管長度已超過 2,000 公里。

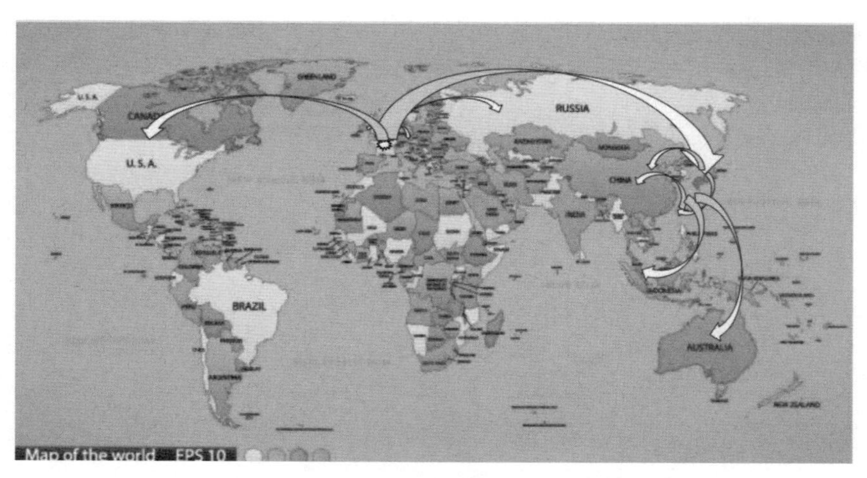

圖 13-7 共同管道建設推動軌跡示意圖

資料來源：底圖摘自網路

此外，新加坡近年也開始推動共同管道建設，首先爲了配合濱海灣的整體開發及減少道路管線之開挖，自 1984 年起開始填海造地，總面積達 820 公頃；而共同管道（如圖 13-8 所示）則分 4 期興建（長度爲 7.5 公里），平均每公里造價約 2 億元新加坡幣。台灣正式立法推動共同管道已逾 20 年，相關子法亦十分完備；根據內政部營建署的統計資料，截至 2021 年 6 月底，全台灣各類型共同管道建設完成的總長度約 1215.114 公里，建設中及設計中的總長度約爲 716.344 公里，共 1931.458 公里，總經費約 496 億元（如表 13-1 所示）。

圖 13-8　新加坡濱海灣共同管道照片

資料來源：呂成安提供

表 13-1　全台共同管道建設統計資料一覽表

統計項目	建設完成	建設中	設計中	合　計
幹管（公里）	98.367	1.300	0.000	99.667
支管（公里）	120.218	102.383	0.460	223.061
電纜溝（公里）	62.132	10.274	0.000	72.406
纜線管路（公里）	934.397	355.679	246.248	1536.324
小　計	1215.114	469.636	246.708	1931.458
建設經費（億元）	343.404	108.459	44.107	495.970

資料來源：內政部營建署共同管道資料庫

根據「共同管道法」相關規定，中央主管機關爲內政部（營建署），地方則爲直轄市政府或縣（市）政府。各級主管機關爲規劃、管理共同管道，得設專責單位辦理，各管線事業機關（構）得設專責單位配合辦理。截至 2021 年 9 月底止，除了連江縣之外，其餘各縣市均已辦理共同管道整體規劃；臺北市政府早於 1991 年 2 月在新工處下設立專責單位（共同管道科），辦理共同管道業務（規劃、設計及營運管理）；高雄市亦於 2017 年 3 月成立道路挖掘管理中心，轄下設立共同管道課；桃園市政府則於 2018 年 4 月 1 日在養工處下成立共同管道機電科，其他縣市多以管線管理科或道路管理科人員兼辦共同管道業務。台灣各縣市之新開發地區，如高鐵車站特定區、科學（技）園區、公辦區段徵收和市地重劃，以及民間自辦市地重劃區域，亦有較具體的共同管道建設，但以供給管形式（支管、電纜溝及纜線管路）爲主；幹管的部分基於建設經費考量及管線單位之配合意願，僅部分高鐵車站特定區及少數縣市之部分區域或路段有設置。

13.4 共同管道規劃設計

依《共同管道工程設計標準（2013 年 2 月 23 日版）》第 2 條：「本標準用詞定義如下：

1. 管道：指構成共同管道之獨立空間。
2. 幹管：指容納傳輸區域性之公共設施管線，須藉供給管引至用戶之管道。
3. 供給管：指容納供給用戶管線之管道，包括支管、電纜溝及纜線管路等。
4. 標準部：指共同管道之一般斷面部分。
5. 特殊部：指斷面變化處與標準部以外之出入口、通風口、材料搬運口及管線分匯室等。」

由上述用詞定義第 2 及第 3 款可知，共同管道分爲二大類：幹管（如圖 13-9a 所示）及供給管，供給管又分爲支管（如圖 13-9b 所示）、電纜溝（如圖 13-9c 所示）及纜線管路（如圖 13-9d 所示）三種。

圖 13-9a　幹管施工照片

圖 13-9b　支管施工照片

圖 13-9c　電纜溝施工照片

圖 13-9d　纜線管路施工照片

共同管道工程辦理規劃設計時，應依《共同管道工程設計標準》第 3 條規定，辦理下列調查：1)、地形調查，2)、地質調查，3)、地下水調查，4)、土地使用調查，5)、地下結構物及管線調查，6)、道路交通量調查，7)、其他經主管機關認有必要之調查。

其他設計工作主要考量事項列舉如下（餘請參閱該設計標準）：

第 5 條：「共同管道線形規劃應符合下列規定：

1. 平面線形與道路線形一致，並得視道路狀況、地下埋設物狀況及相關公共工程建設計畫作調整。
2. 縱向坡度配合道路坡度，除特殊部外，不得小於千分之二。
3. 線形曲線部分，不得超過其收容管線之最大之容許彎曲角度。」

第 6 條：「共同管道外壁距離私有地界不得小於一公尺。但因道路線形變化或人行道寬度限制等特殊情況，經主管機關核可，得做必要之調整。」

第 7 條：「共同管道標準部內部空間尺寸應符合下列規定：

1. 淨高：幹管不得小於二百二十公分；供給管不得超過一百五十公分。但支管因管線容量需求、道路線形變化或人行道寬度限制等特殊情況，經主管機關核可者，不在此限。
2. 淨寬：依收容管線所需寬度及作業空間決定之。幹管之走道寬度不得小於八十公分。」

第 8 條：「幹管頂版上緣至道路舖面間之覆土厚度，在標準部不得小於二百五十公分，在特殊部不得小於一百公分。」

第 9 條：「辦理共同管道工程結構設計時，應分析及計算下列情況：1）、軟弱地盤沉陷之影響，2）、地下水引致上浮力之影響，3）、地震之影響，4）、地盤液化之影響，5）、對鄰近結構物之影響。」

第 15 條：「共同管道應符合下列安全規定：

1. 防火：電纜被覆具耐燃功能或使用防火材料包裹，管道中依實際需要配置消防設施或留設防火區隔（如圖 13-10a 所示）。
2. 防爆：管道內之設施具防爆功能。
3. 防破壞：管道之開口處設置阻隔設施；出入口樓梯及通風口下方設置截油設施。
4. 防洪：管道之開口處位於防洪高程之上（如圖 13-10b 所示）。」

除《共同管道工程設計標準》外，內政部營建署亦於 2019 年 9 月 3 日頒訂《共同管道工程設計規範》供各界參用。

圖 13-10a　共同管道幹管防火區隔照片

圖 13-10b　共同管道通風口防洪設計照片

13.5 共同管道建設時機及經濟效益

共同管道並非隨處可建，因爲在既有道路下方已埋設許多的管（纜）線，並且所有的接戶管線均已布設完成，可施作其他工程的空間並不充裕。因此，興建共同管道應把握適當時機，工程主辦機關亦應與管線單位密切協調出管線需求，並參酌財務及施工條件選擇合適的共同管道型式。依照內政部 2017 年 10 月核定之《共同管道建設綱要計畫》第五章（二）基本原則，確立優先發展順序：

1. 第一優先：考量以六都與基隆市、新竹市、嘉義市及配合共同管道法第 11 條規定之整體開發及重大工程建設；舊市區配合道路、人行道修築納入小斷面供給管同時施作，列爲第一優先。
2. 第二優先：其餘都市計畫地區，擇地設置幹管及供給管。」

依《共同管道法（2000 年 6 月 14 日版）》第 11 條：「新市鎮開發、新社區開發、農村社區更新重劃、辦理區段徵收、市地重劃（如圖 13-11 所示）、都市更新地區、大衆捷運系統、鐵路地下化及其他重大工程應優先施作共同管道；其實施區域位於共同管道系統者，各該主管機關應協調工程主辦機關及有關管線事業機關（構），將共同管道系統實施計畫列入該重大工程計畫一併執行之。」

第 12 條：「市區道路修築時應將電線電纜地下化，依都市發展及需求規劃設置共同管道；設有共同管道之道路，應將原有管線納入共同管道。但經主管機關核定不宜納入者，不在此限。」

圖 13-11　市地重劃區配置共同管道施工照片

長期而言，共同管道的建設對都市的發展、整體行車時間的縮短、道路品質的提升、減省管線單位維修保養及改善政府形象等，具有顯著的效益。然而，共同管道屬於公共設施，其效益之受益人是社會大衆及管線單位，不像營運中的高速鐵路是屬於高速鐵路運營單位本身。實施共同管道之優先路段評估，應考量未來興建後可能產生的效益項目，作一客觀評估；而所評估的效益項目分爲可量化及不可量化二部分（如圖 13-12 所示）。

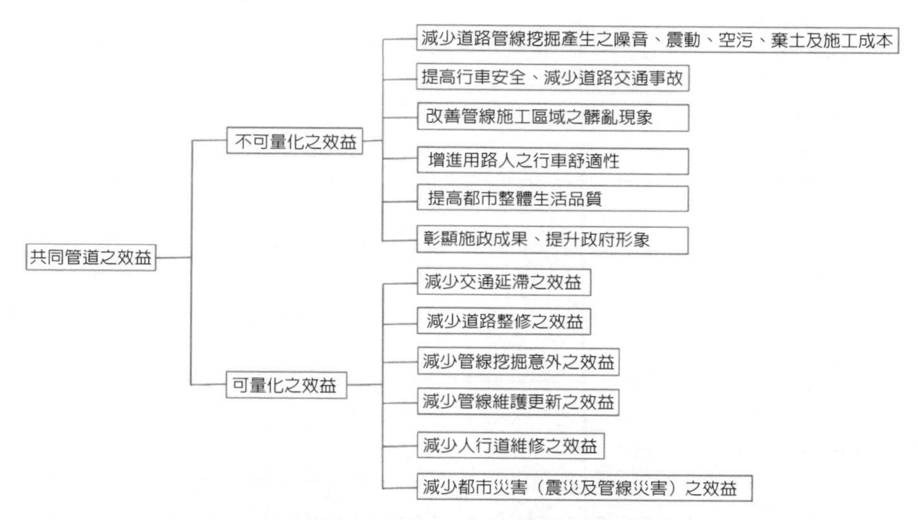

圖 13-12　共同管道各種效益示意圖

由於不可量化部分在衡量效益時無法正確客觀的評估，因此常就可量化之效益項目進行分析計算。長期而言，共同管道有上述諸項效益，但就短期而言，必須於初期投入大量工程經費以建設共同管道。因此，爲便於比較評估年期（一般取 25 或 50 年）之諸多效益與期初成本投資的差異，宜適切選擇部分可量化的效益項目進行經濟效益評估。

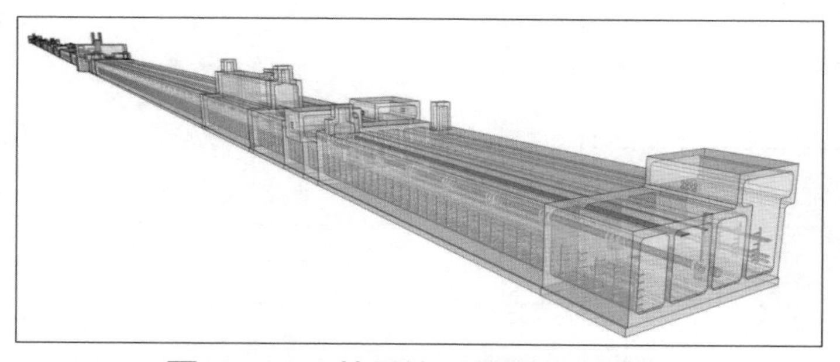

圖 13-13　共同管道幹管 3D 模型

摘自：嘉義縣共同管道系統整體規劃成果報告，2020 年 11 月。

Note

第14章 都市計畫

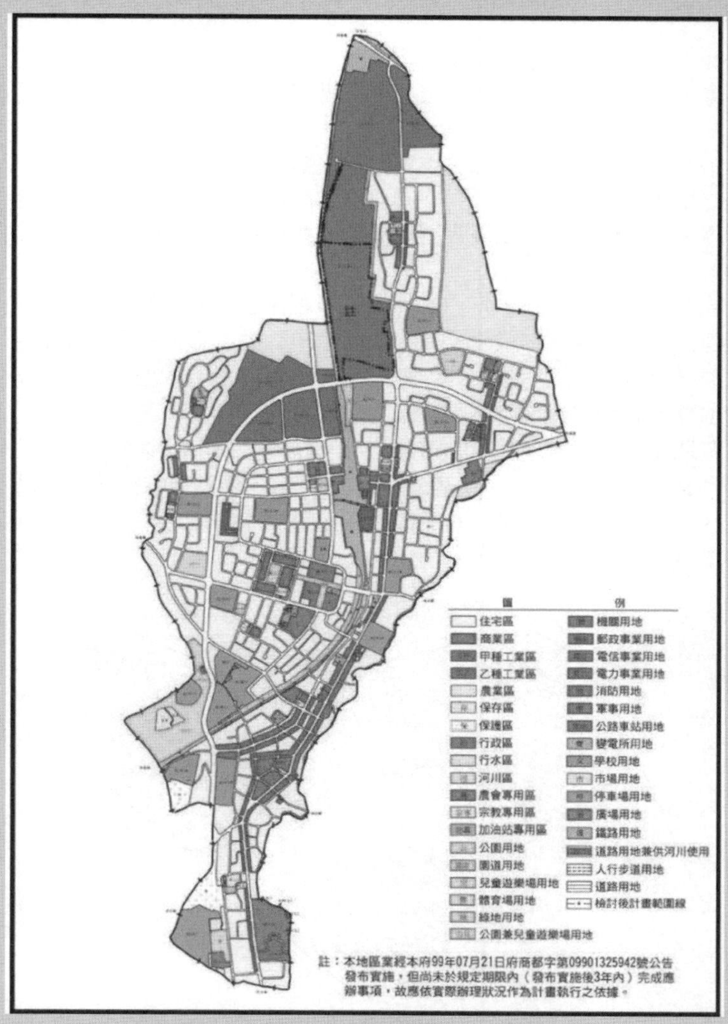

都市計畫圖範例

摘自：內政部營建署都市更新入口網

14.1 都市計畫的作業範疇

何謂都市計畫？依《都市計畫法（2021 年 5 月 26 日版）》第 3 條：「本法所稱之都市計畫，係指在一定地區內有關都市生活之經濟、交通、衛生、保安、國防、文教、康樂等重要設施，作有計畫之發展，並對土地使用作合理之規劃而言。」因此，「都市計畫」乃是一個都市長遠發展的願景藍圖，對計畫範圍內居民的生活福址影響甚鉅，不論是新市鎮的開發或舊市區的更新，都必須依循都市計畫所訂的內容據以執行。

另第 7 條：「本法用語定義如左：

1. 主要計畫：係指依第十五條所定之主要計畫書及主要計畫圖，作爲擬定細部計畫之準則。
2. 細部計畫：係指依第二十二條之規定所爲之細部計畫書及細部計畫圖，作爲實施都市計畫之依據。
3. 都市計畫事業：係指依本法規定所舉辦之公共設施、新市區建設、舊市區更新等實質建設之事業。
4. 優先發展區：係指預計在十年內必須優先規劃建設發展之都市計畫地區。
5. 新市區建設：係指建築物稀少，尚未依照都市計畫實施建設發展之地區。
6. 舊市區更新：係指舊有建築物密集，畸零破舊，有礙觀瞻，影響公共安全，必須拆除重建，就地整建或特別加以維護之地區。

不是所有地區都需要辦理都市計畫，依第 9 條：「都市計畫分爲左列三種：

一、市（鎮）計畫：首都、直轄市、省會、市、縣政府所在地及縣轄市、鎮（如圖 14-1）、其他經內政部或縣（市）政府指定應依本法擬定市（鎮）計畫之地區（第 10 條所列）。

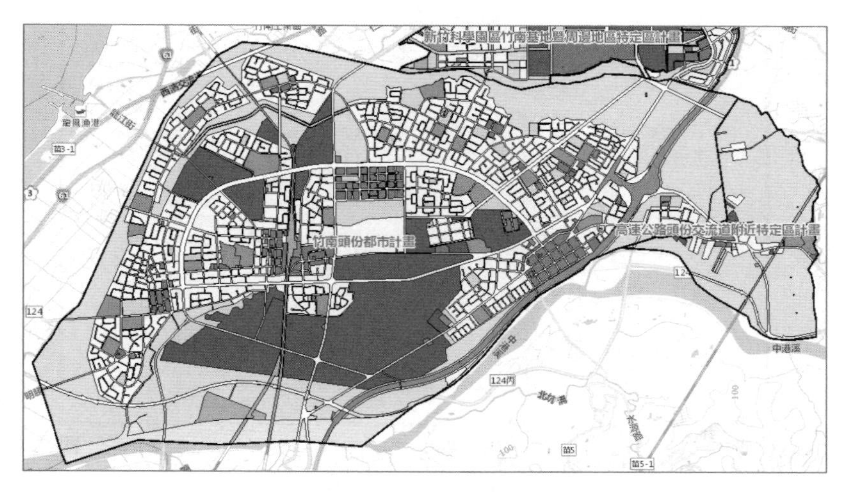

圖 14-1　竹南頭份及週邊地區都市計畫圖

摘自：國土測繪圖資服務雲

二、鄉街計畫：鄉公所所在地、人口集居五年前已達三千，而在最近五年內已增加三分之一以上之地區、人口集居達三千，而其中工商業人口占就業總人口百分之五十以上之地區、其他經縣政府指定應依本法擬定鄉街計畫之地區（第 11 條所列）。

三、特定區計畫：為發展工業或為保持優美風景或因其他目的而劃定之特定地區，應擬定特定區計畫（第 12 條所列）。」

都市計畫主要內容包括：

一、人口計畫：包括人口成長、分布、組成及區域配置，綜觀臺灣地區近年人口增加情形已明顯趨緩，從國內外各種情況研判，未來數十年內應無人口再次劇增的情事，少子化已反映在今日的中小學入學人數上；而臺灣地區近年來出生率亦逐年大幅降低、死亡率逐年攀升，2020 年出現人口負成長現象（如圖 14-2 所示）。2021 年 7 月 1 日 BBC NEWS 報導，美國中情局發表一份全球總合生育率預測報告，其中臺灣的生育率名列全世界 227 個國家和地區生育率倒數第一，臺灣 2021 年預測生育率為 1.07，全球排名倒數第一。

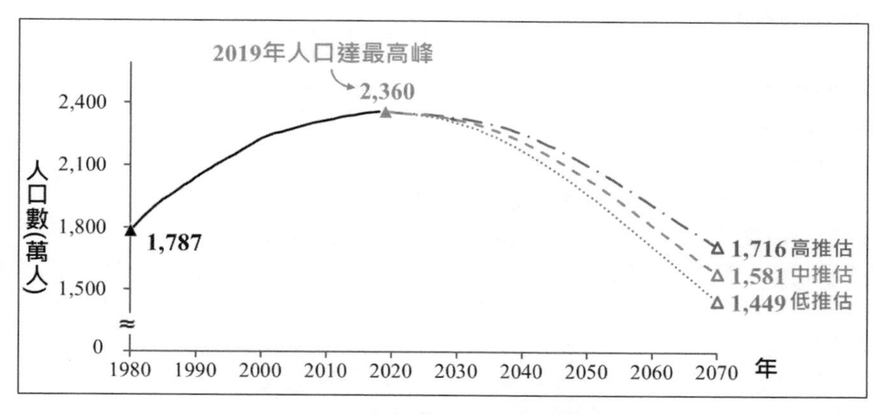

圖 14-2　臺灣總人口成長趨勢圖

摘自：國家發展委員會網站

二、土地使用管制計畫：包括住宅計畫（管制住宅區之建蔽率及容積率）、商業區計畫、工業區計畫及農業區計畫等。

三、公共設施計畫：包括公共建築計畫（政府機關、圖書館及公有市場等）、公共設施計畫（民生管線、殯儀館、公墓等）、休閒遊憩計畫（公園、綠地、廣場、運動場所、體育館、球場等）。

四、交通運輸計畫：包括大眾捷運系統、高速公路及快速公路系統、高速鐵路計畫、整體運輸計畫等。

五、事業計畫：包括開發建設計畫、都市更新計畫、環境影響評估作業、財務計畫及維運管理計畫等。

14.2 市鎮計畫與都市更新

都市計畫的目標應依該地區特色、發展現況、潛力條件及在地民意傾向等因素加以擬定，確立規劃方案後交付都市計畫委員會審定，並需經民意立法機關審議通過，全部計畫方得付諸實現。以「市鎮計畫」為例加以說明主要計畫書之內涵，依《都市計畫法（2021 年 5 月 26 日版）》第 15 條：「市鎮計畫應先擬定主要計畫書，並視其實際情形，就左列事項分別表明之：

1. 當地自然、社會及經濟狀況之調查與分析。
2. 行政區域及計畫地區範圍。
3. 人口之成長、分布、組成、計畫年期內人口與經濟發展之推計。
4. 住宅、商業、工業及其他土地使用之配置。
5. 名勝、古蹟及具有紀念性或藝術價值應予保存之建築。
6. 主要道路及其他公眾運輸系統。
7. 主要上下水道系統。
8. 學校用地、大型公園、批發市場及供作全部計畫地區範圍使用之公共設施用地。
9. 實施進度及經費。
10. 其他應加表明之事項。

前項主要計畫書，除用文字、圖表說明外，應附主要計畫圖，其比例尺不得小於一萬分之一；其實施進度以五年為一期，最長不得超過二十五年。」

都市計畫規劃作業首先需確定規劃目標，可歸納為下列四大類：

1. 第一類目標：基於衛生條件、安全需求而設定，如人口的密度、上水道及下水道等公共設施，水污染、土壤污染、空氣污染及噪音之防治，以及休閒遊憩場所、體運場館之建設。
2. 第二類目標：係為改善都市及區域環境之景觀品質、建立生態宜居優質住宅而設定。
3. 第三類目標：為謀求社會福利、改善都市居民日常生活機能和提升公眾服務水準而設定，如市場、學校、文教機構、社會福利設施、道路及交通運輸設施。
4. 第四類目標：係為配合國家社會經濟成長而設定，事涉人口成長及資源開發，所需之土地及開發區位相對敏感。

《都市更新條例（2021 年 5 月 28 日版）》第 43 條：「都市更新事業計畫範圍內重建區段之土地，以權利變換方式實施之。但由主管機關或其他機關辦理者，得以徵收、區段徵收或市地重劃方式實施之；其他法律另有規定或經全體土地及合法建築物所有權人同意者，得以協議合建或其他方式實施之。」為加速都市更新之目的，都市計畫區內除政府公辦區段徵收及市地重劃作業外，政府亦鼓勵民間成立市地重劃會，遵循法令規定辦理自辦市地重劃案，圖 14-3 所示為中部地區民間自辦市地重劃區細部計畫示意圖範例，表 14-1 為其公共設施用地資料一覽表。

表 14-1　中部地區自辦市地重劃案例公共設施用地項目及面積一覽表

分區及用地＼項目		計畫面積（公頃）	百分比（%）	備　註
共同負擔公設項目	文小用地	0.0926	0.12	
	公　園	3.8379	4.81	
	廣場兼停車場	2.4000	3.01	
	公園兼兒童遊樂場	1.6821	2.11	
	園道用地	4.1770	5.24	
	排水道用地	5.8648	7.36	
	道路用地	61.6665	77.35	細部計畫道路面積 6.1524 公頃
合　計		79.7209	100.00	

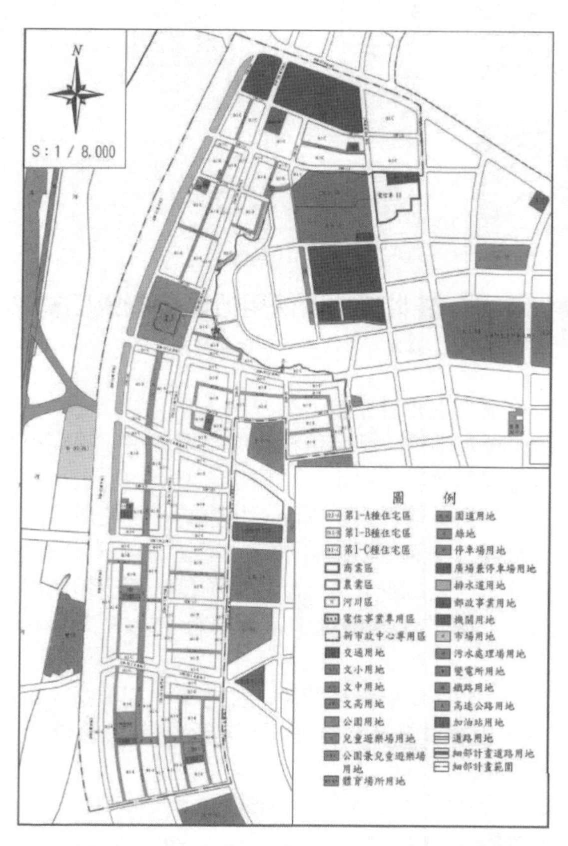

圖 14-3　中部地區民間自辦市地重劃細部計畫示意圖範例

資料來源：台中市政府

14.3 土地使用分區管制

土地是任一都市的基本組成要素，都市計畫的各種實體設施均在土地上興築。因此，爲使都市能夠正常發展，必須對都市土地的使用進行合理的規劃，以免造成土地機能的紊亂，影響市民生活的環境品質，甚至阻礙商業活動和經濟成長。各縣市政府均對其轄下都市計畫區，建置土地使用分區管制的查詢網站，如圖 14-4 所示。

圖 14-4 臺北市土地使用分區查詢入口網站

摘自：內政部不動產資訊平台

實施土地使用分區管制的主要目標有下列五項：

1. 促進土地合理利用、穩定地價：結合可相容的土地使用，提高土地使用效率，同時提升環境品質，促進經濟發展，穩定土地價格，避免有心人士炒作土地。
2. 提高生活環境品質、降低環境公害：區隔不相容的土地使用分區，減少環境品質的下降，避免噪音、水質、空氣之污染，維持住宅區的安寧及整潔。
3. 增進公共利益：計畫區內人口密度及土地使用強度，因土地使用分區管制而受到有效控制，人民能獲得良好的工作機會，普遍享有安全、健康、舒適及便利的生活品質。
4. 加速經濟成長：因土地分區使用受到管制，住宅區、商業區、工業區、文教區、公園綠地，各得其所，相容產業及土地使用相結合，有助於勞動力及各項資源的取得，加速經濟發展。
5. 美化都市環境景觀：管制區內之環境經都市設計，可形塑各分區之風格與特色，有助於改善都市環境景觀。

《都市計畫法（2021 年 5 月 26 日版）》第三章土地使用分區管制相關規定說明如下：

第 32 條：「都市計畫得劃定住宅、商業、工業等使用區，並得視實際情況，劃定其他使用區域或特定專用區。

前項各使用區，得視實際需要，再予劃分，分別予以不同程度之使用管制。」

第 33 條：「都市計畫地區，得視地理形勢，使用現況或軍事安全上之需要，保留農業地區或設置保護區，並限制其建築使用。」

第 34 條：「住宅區爲保護居住環境而劃定，其土地及建築物之使用，不得有礙居住之寧靜、安全及衛生。」

第 35 條：「商業區爲促進商業發展而劃定，其土地及建築物之使用，不得有礙商業之便利。」

第 36 條：「工業區爲促進工業發展而劃定，其土地及建築物，以供工業使用爲主；具有危險性及公害之工廠，應特別指定工業區建築之。」

第 37 條：「其他行政、文教、風景等使用區內土地及建築物，以供其規定目的之使用爲主。」

第 38 條：「特定專用區內土地及建築物，不得違反其特定用途之使用。」

第 39 條：「對於都市計畫各使用區及特定專用區內土地及建築物之使用、基地面積或基地內應保留空地之比率、容積率、基地內前後側院之深度及寬度、停車場及建築物之高度，以及有關交通、景觀或防火等事項，內政部或直轄市政府得依據地方實際情況，於本法施行細則中作必要之規定。」

第 40 條：「都市計畫經發布實施後，應依建築法之規定，實施建築管理。」

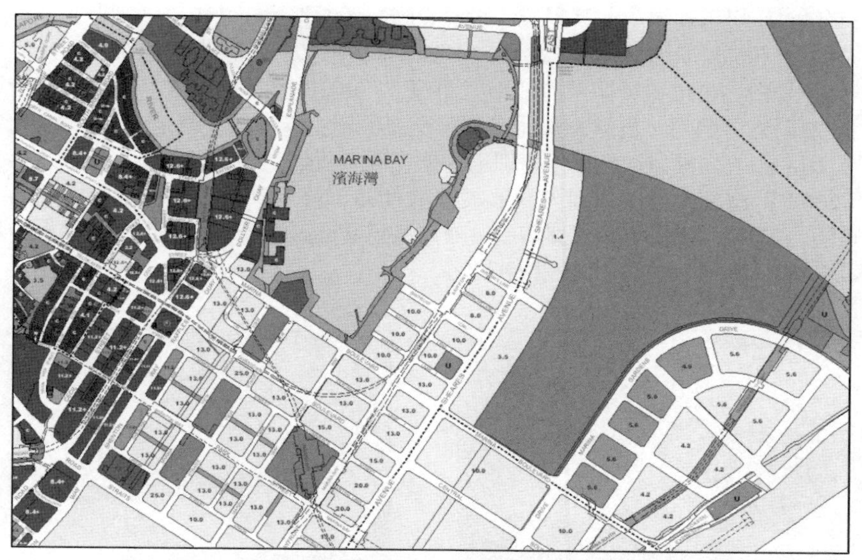

圖 14-5　新加坡濱海灣高密度綜合利用區規劃圖

資料來源：呂成安提供

14.4 公共設施規劃

《都市計畫法（2021 年 5 月 26 日版）》第 42 條：「都市計畫地區範圍內，應視實際情況，分別設置左列公共設施用地：

1. 道路、公園、綠地、廣場、兒童遊樂場、民用航空站、停車場所、河道及港埠用地。
2. 學校、社教機構、社會福利設施、體育場所、市場、醫療衛生機構及機關用地。
3. 上下水道、郵政、電信、變電所及其他公用事業用地。
4. 本章規定之其他公共設施用地（註：即第 47 條所列之公共設施）。

前項各款公共設施用地應儘先利用適當之公有土地。」

第 43 條：「公共設施用地，應就人口、土地使用、交通等現狀及未來發展趨勢，決定其項目、位置與面積，以增進市民活動之便利，及確保良好之都市生活環境。」

第 45 條：「公園、體育場所、綠地、廣場及兒童遊樂場，應依計畫人口密度及自然環境，作有系統之布置，除具有特殊情形外，其占用土地總面積不得少於全部計畫面積百分之十。」

第 46 條：「中小學校、社教場所、社會福利設施、市場、郵政、電信、變電所、衛生、警所、消防、防空等公共設施，應按閭鄰單位或居民分布情形適當配置之。」

第 47 條：「屠宰場、垃圾處理場、殯儀館、火葬場、公墓、污水處理廠、煤氣廠等應在不妨礙都市發展及鄰近居民之安全、安寧與衛生之原則下，於邊緣適當地點設置之。」

屠宰場、垃圾處理場……等屬於「嫌惡設施」，通常選在都市邊陲地帶，以減少民眾的抗爭。「福德坑環保復育公園」（如圖 14-6 所示）總面積 98 公頃，位於臺北市文山區，是由福德坑垃圾衛生掩埋場（面積 37 公頃）轉型的環保公園，垃圾掩埋物品為 800 萬立方公尺，為當時臺北市第一座大型衛生掩埋場，原定使用至 1993 年，因位於南港區的山豬窟垃圾衛生掩埋場尚未完成，故延至 1994 年 6 月 16 日才停用，並於 2004 年改設為復育公園，內部設有滑草場、自行車道、人行步道、太陽廣場（草坪）、遙控飛機場等供民眾使用。其左側為富德公墓，南側為臺北市木柵垃圾焚化廠及垃圾衛生掩埋場污水處理廠。

圖 14-6　臺北市福德坑環保復育公園照片

公共設施計畫之實施可達成多種效益，有些是直接的效益，讓民眾立即有感；有些則是緩慢的、間接的效益，民眾不易感受到。本書將公共設施計畫的效益分爲三種，簡要說明如下：

1. 實質性效益：公共設施之興建（如市場、道路、學校、公園、停車場等），能滿足民眾生活之需求、解決民眾日常生活的問題、提升民眾生活之便利性、提高居住環境品質及美化景觀。
2. 經濟性效益：可分爲二部分，其一爲政府對公共設施之投資，促進地方經濟的發展、帶動產業升級、增加在地民眾的就業機會、提高國民所得；其二爲政府透過公共設施建設之投資，對社會大眾所得進行重新分配，達到平衡社會財富和縮小貧富差距。以日本觀光勝地——沖繩爲例，2020 年新冠肺炎肆虐之前每年遊客人數超過一千萬人，主要從那霸機場（如圖 14-7a）進出，台灣的遊客每年貢獻 80 多萬人；另宜蘭蘇澳烏石漁港（如圖 14-7b）也帶動當地經濟活動及觀光旅遊產業。
3. 社會性效益：屬於間接的、漸進的效益，主要是促進社會和諧、提高社會安全、減少社會犯罪事件、提升文化水準、開拓民眾視野，達到安和樂利的境界。

14-7a　日本沖繩那霸機場內部照片　圖 14-7b　宜蘭蘇澳烏石漁港照片

公共設施依其服務性質可概分爲六大類：政府機關、交通設施、保安設施（警政單位、消防隊等）、文教設施（學校、圖書館等）、休閒體健設施（公園、運動中心、球場等）及公用事業（水、電、瓦斯、電信、有線電視等），其規劃原則有下列三項，分別簡述如下：

一、**以民眾需求來決定公共設施的種類和區位**：爲免政府公共投資之浪費，事先應對當地居民的公共需求深入了解，並考量人口分布、土地使用、交通運輸系統、社會經濟及未來發展趨勢等因素，來評估公共設施之種類及其區位，以確保都市機能正常運作。

二、**公共設施計畫必須具備前瞻性**：規劃者應以長遠眼光，針對當地及周邊地區之現況、既往情況和未來發展性，預估 25 年內之發展情形（《都市計畫法》第 5 條），研擬前瞻性之需求，以滿足未來年民眾和社會之需求。

三、**公共設施計畫必須具備可行性**：計畫性之需求可以無止境，但政府財政預算及運用卻是有限制，因此，應以最迫切需求之公共設施優先興建，以期獲致最大的經濟效益。

14.5 都市交通運輸規劃

交通運輸系統是都市發展的命脈，舉凡商業經濟活動，通勤、通學、人際間的交流和貨物的載運，都需依靠完善的交通運輸網絡來完成。世界各國都會面臨都市化的問題，大量的人口集中在有限的土地面積上，都市交通運輸系統規劃之目的，在於解決都市內交通運輸需求的問題。

都市交通運輸系統主要分成大眾運輸系統及私人運具二大類，茲說明如下：

一、**大眾運輸系統**：都市內大眾運輸系統又可分為下列五種：

1. 高速鐵路：以大臺北地區（包括臺北市及新北市）為例，目前有南港、臺北及板橋三站，每天行車班次很多，行車時間也很短，從南港站到臺北站僅 8 分鐘、南港站到板橋站只要 18 分鐘；這三個站都可轉乘臺鐵、捷運及公車，站外也都設有計程車招呼站及提供共享單車之服務。
2. 一般鐵路：以大臺北地區為例，臺鐵的西部幹線在臺北市轄區內有南港、松山及萬華三站，而在新北市轄區內計有五堵、汐止、汐科、板橋、浮洲、樹林、南樹林、山佳及鶯歌等 9 站，站外也都有公車、計程車及共享單車之轉乘服務。
3. 大眾捷運系統：營運中的路線（含貓空纜車及桃園機場捷運）計有 12 條，另在規劃中及施工中的路線有 8 條，如圖 14-8 所示。
4. 長途客運及公車系統（含快捷公車）：各地區及各都市的長途客運和公車系統不盡相同，詳情可透過手機或電腦網路查詢得知。
5. 計程車（含 Uber）：屬於副大眾運輸工具，有統一費率，隨招隨停，可網路叫車。

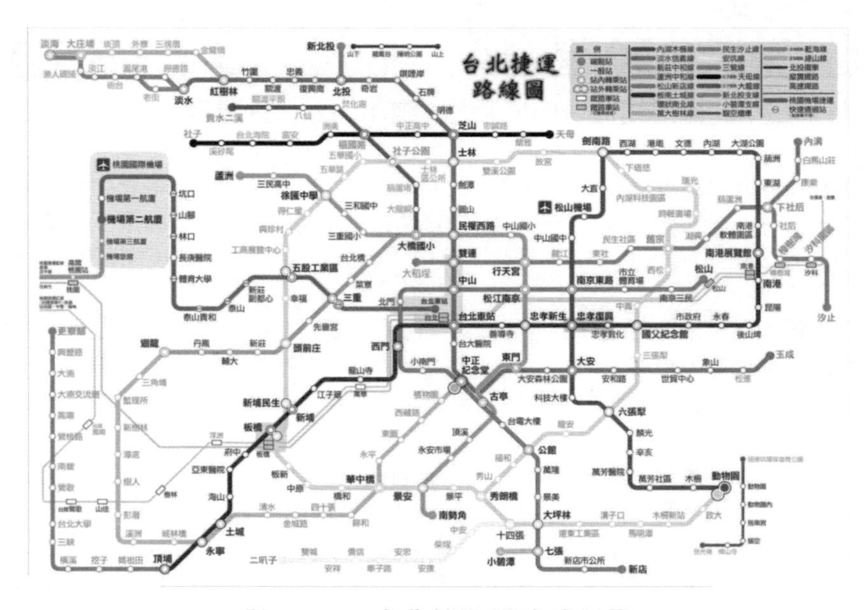

圖 14-8　臺北捷運服務路網圖

摘自：網路

二、私人運具：包括大小貨車、小汽車、休旅車、機車、腳踏車、電動自行車、動力單輪車、滑板車、直排輪等。

前述的高速鐵路、一般鐵路及大衆捷運都行駛在專用軌道上，並有專屬路權；然而，長途客運、公車、計程車及私人運具必須行駛在道路系統。因此，都市道路系統乃是都市運輸系統的重要一環。現代都市道路系統之設計，必須滿足下列要求：具有足夠容量、提供行車安全、確保用路人及貨物能迅速抵達目的地。

都市交通依其性質可分爲：直達、繞過、市中心內、市中心與社區間、社區與社區間、社區內及住家出入等 7 種。依內政部《市區道路及附屬工程設計標準（2009 年 4 月 15 日版）》第 3 條：「市區道路依其功能分爲快速道路、主要道路、次要道路及服務道路等四類，並建立市區道路路網系統。」分別簡述如下：

1. 快速道路：指出入口施以完全或部分管制，供穿越都市之通過性交通及都市內通過性交通之主要幹線道路。如臺北市的東西向快速道路（如圖 14-9a 所示）、新北市的台 64 及台 65 快速道路（如圖 14-9b 所示）等。
2. 主要道路：指都市內各區域間或連接鄰近市（鄉、鎮）間之主要幹線道路；許多大都市以棋盤式縱橫方向進行規劃，例如臺北市橫向幹線道路有民族東／西、民權東／西、民生東／西、八德、市民大道、忠孝東／西、仁愛、信義及和平東／西等道路，縱向則有重慶南／北、承德、中山南／北、林森南／北、新生南／北、建國南／北、復興南／北、敦化南／北、光復南／北等道路。
3. 次要道路：指都市內各區域間或連接鄰近市（鄉、鎮）間之聯絡主要道路與服務道路之次要幹線道路。
4. 服務道路：指提供都市內社區人車出入或至次要道路之聯絡道路。

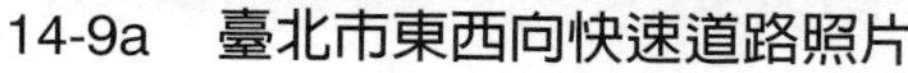
14-9a　臺北市東西向快速道路照片

圖 14-9b　新北市台 65 快速道路照片

欲解決都市交通運輸的問題，單靠工程手段無法竟其功，尚需借助集工程、執行及教育三者於一身的交通運輸系統管理，才能有效改善都市交通運輸的問題，並能達到提高運輸效率、增加行動便利、促進行車安全、減少能源消耗及改善環境品質之目標。

Note

第15章
營建工程與維運管理

高層大樓施工照片

15.1 營建工程的分類

營建工程（Construction engineering）是以興建基礎建設爲主，整合規劃、設計、監造、施工、拆除及營建管理的一門工程學科。其業務涵蓋範圍包括本書第 1 章所提及的各類工程（如圖 1-5 所示）。而營建工程等同於《營造業法（2019 年 6 月 19 日版）》第 3 條第 1 款所定義的「營繕工程」。

營建工程所涉及的對象、工項種類及作業內容涵蓋領域甚廣，而且絕大多數的營建工程都是在工址現場施作，或將預鑄元件運至工地吊組裝。營建工程的最大特色，就是每一件工程的內容會因所在位置的地形、地質、功能需求、土地使用分區、所在環境、天候影響、使用材料等條件而異。

從所涉及之對象及出資者來說，營建工程概分爲公共工程及私營工程二大類：

一、公共工程：業主或投資者都爲政府機關（從中央、縣市政府、鄉鎭市公所等）、政府出資的機構、各級公立學校、公營事業單位、公營管線機（關）構，逐年編列年度預算，報請上級機關或提交議會審核通過後，由其轄下的工務或工程或建設或營建單位主辦，自行設計或委託顧問公司設計，再行辦理工程發包作業，承攬廠商依契約及設計圖說進行施工，期間可自辦或委託顧問公司辦理監造，並接受業主或上級機關之工程查核，完成竣工驗收後，依會計程序撥付工程款（或依契約規定分期辦理計價付款），之後由業主或機關之養護單位續辦維護及管理。

「公共工程」包括公共建築（政府機關建物、公立學校、公立醫院、公有市場、垃圾處理場、殯儀館、火葬場等）、交通運輸設施（公路、鐵路、捷運——如圖 15-1a、橋梁、隧道、地下道、管道、機場、港埠、公車站、運河、自行車道等）、公共空間（公共廣場、公園、球場、遊憩設施、體運場館——如圖 15-1b、海灘、碼頭、河岸灘地等）、公用服務事業（醫療、自來水、雨水、污水處理、電力設施、堰壩等），和其他由政府出資興建之設施（水土保持設施、堤防、護岸等）。

圖 15-1a 捷運站區潛盾隧道起點施工照片

圖 15-1b 臺北小巨蛋外觀照片

二、私營工程：較多的是房屋建築、工業廠房、土地開發、庭園景觀等工程，係由民間個人或企業或財團或組織（亦稱業主），提供意向及經費，委託顧問公司或建築師辦理工程規劃設計，再由業主委託營造廠或工程公司進行施工。私營工程的業務較公共工程單純許多，只有業主、建築師或顧問公司、施工廠商三者之間的契約行為，施工過程除建築物會有指定勘驗外，無需接受政府機關之工程查核及財務監管。

由於營建工程之品質會影響民眾生命財產安全，如房屋倒塌、橋梁被洪水沖毀（如圖 15-2a）、路基流失、鐵公路邊坡坍方（如圖 15-2b）等。因此，營建工程的施工廠商都須接受《營造業法（2019 年 6 月 19 日版）》相關規定之約束，茲列舉重要條文簡介如下。

第 3 條：「本法用語定義如下：

1. 營繕工程：係指土木、建築工程及其相關業務。
2. 營造業：係指經向中央或直轄市、縣（市）主管機關辦理許可、登記，承攬營繕工程之廠商。
3. 綜合營造業：係指經向中央主管機關辦理許可、登記，綜理營繕工程施工及管理等整體性工作之廠商。
4. 專業營造業：係指經向中央主管機關辦理許可、登記，從事專業工程之廠商。
5. 土木包工業：係指經向直轄市、縣（市）主管機關辦理許可、登記，在當地或毗鄰地區承攬小型綜合營繕工程之廠商。
6. 專任工程人員：係指受聘於營造業之技師或建築師，擔任其所承攬工程之施工技術指導及施工安全之人員。其為技師者，應稱主任技師；其為建築師者，應稱主任建築師。
7. 工地主任：係指受聘於營造業，擔任其所承攬工程之工地事務及施工管理之人員。（註：需參加營造業工地主任 220 小時職能訓練課程，通過測驗取得證明者）」

第 6 條：「營造業分綜合營造業、專業營造業及土木包工業。」

第 7 條：「綜合營造業分為甲、乙、丙三等，並具下列條件……（略）。」又依《營造業法施行細則》第 4 條：甲、乙、丙三等資本額各為新台幣 2,250 萬、1,200 萬及 360 萬元，另第 6 條：土木包工業之資本額為 100 萬元。

圖 15-2a　鐵路橋梁被洪水沖毀照片

圖 15-2b　公路邊坡擋土牆背淘刷照片

15.2 營建工程施工機具

近年來，因應資訊、通訊、機械、電子、電機、化工、人因、網路等相關科技之進步，施工機具之研製亦有下列之發展趨勢：1)、電腦輔助並記錄操作程序，2)、人工智慧之運用以簡化和提高操作模式精準性，3)、人機介面之整合，4)、大幅提升作業效能，5)、提高操作安全性，6)、降低作業污染，7)、遙控、自動化乃至無人化操作等。

施工廠商於工程得標（完成簽約）後，應依據設計圖說及施工規範，考量預算、工期、施工安全及環境保護等因素，整體評估所採用最適當之施工技術，並搭配選用合適的施工機具。在研擬施工計畫及品質計畫時，亦應就施工方式與程序，排定施工時程，據以評估所需之施工機具型式、規格及數量，配合自身之政策和調度能力，採用自有的施工機具設備，或以分包、租用或採購等方式，以獲得工程所需之機具和設備。

評估選用施工機具設備主要考量因素如下：

1. 功率：機具設備之規格、性能必須滿足工程預定進度之要求。
2. 品質：機具設備可完成之施工品質必須符合規範要求。
3. 作業需求：機具設備之尺寸，操作過程所需之通路（寬度、坡度、轉彎半徑、路面需求等）、承載能量等需能配合工地之作業環境。
4. 操作性：作業之靈巧、方便為選用之原則（如圖 15-3a）。
5. 安全性：機具、設備之作業安全必須滿足法令之規定。
6. 環境維護：降低作業噪音、振動等營建公害（如圖 15-3b）為選用之重要考量。
7. 成本：購置、租用之費用，使用過程之操作、維護、保養等費用應納入整體考量，以符成本控制之目的。

圖 15-3a　高層建築塔吊設備照片

圖 15-3b　施工機具產生噪音及震動照片

營建工程施工機具種類繁多，本書僅依工程性質概分為：運輸機具、起重機具、土方機具、樁工機具、軌道施工機具、橋梁施工機具、隧道施工機具、預拌混凝土、鋪面機具等，分類如圖 15-4 所示。大多數的施工機具由動力裝置、傳動裝置、工作裝置、操縱系統及移動裝置所組成。

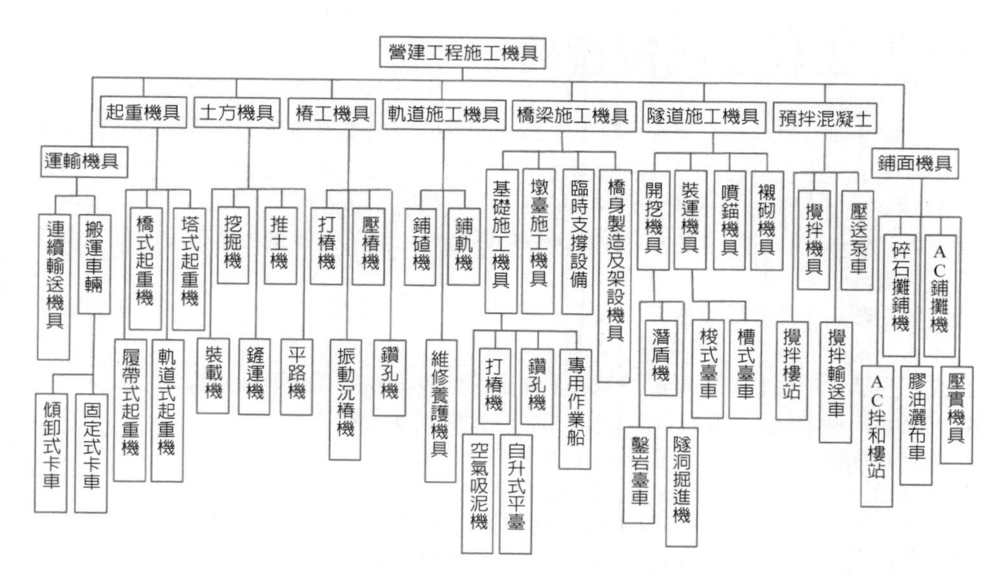

圖 15-4　營建工程使用機具分類示意圖

15-5a　軌道式起重機照片

圖 15-5b　打樁機作業照片

15-5c　鑽孔機作業照片

15-5d　橋身製造及架設機具照片

15.3 工程及品質管理

「工程管理」包括施工規劃及品質管理，即是研擬出工程施作上所需的完善程序，選擇可使用的生產手段並予以靈活運用，以達到預期的目標。所謂的生產手段含括五個 M 因素：人（Men）、方法（Methods）、材料（Materials）、機具（Machines）及資金（Money）。換言之，工程管理係巧妙地使用前述的五個生產手段，藉以達到下列五個目標：

1. 完善的產品：即產品能讓客戶或業主滿意，商業上則是能吸引消費者願意掏錢購買產品。
2. 良好的品質：依照原設計標準及施工規範，所產出的品質無明顯或重大瑕疵。
3. 正確的數量：依原訂的工期內完成表訂的元件尺寸及數量。
4. 準確的時間：如期完成工程所有工項之施作。
5. 妥適的價格：在原訂預算內完成工程的施作。

簡單來說，工程管理就是善用有經驗的人力資源、科學化的計畫、科技化的機具設備和資訊化的管理，讓工程之施作：安全、如期、如質、如度的完成。相關工程要素、既設目標及管理手段如表 15-1 所示。

圖 15-6 營建工程地下室施工照片

表 15-1 工程管理之要素、目標及手法一覽表

工程要素	既設目標	管理手段	備　註
工程品質	良好	品質管理	如質
施工期限	無逾期	進度管理	如期
工程成本	未超出預算	成本控制	如度
工區安全	零職災	職業安全衛生管理	

相較於私營工程，公共工程的品質好壞及施工安全，更廣泛、更直接的影響社會大眾生命財產的安全。因此，行政院公共工程委員會（簡稱工程會）針對公共工程的施工內容和品質要求，分別訂定施工計畫及品質計畫之相關規範，工程預算金額五千萬元以上之公共工程，施工計畫書與品質計畫書須分開編訂。對於工程預算金額五千萬元以下之公共工程，承攬廠商可依監造計畫內容，編撰整合性的施工品質計畫書據以施工；而工程會所提供之施工品質計畫書參考格式，建議主要項目如下：

1. 工程概述：包括工程基本資料、單項工程數量、施工材料數量及工區位置圖。
2. 施工組織及職掌：包括工地組織圖、組織職掌、品管人員資格及重點工作（承商品管人員資格、品管人員工作重點、品管人員撤換）、相關證照影印本、工程專責人員授權書。
3. 工程預定進度：包括施工進度表、施工及品管日報表。
4. 單項施工計畫：針對契約各工項（鋼筋、模板、混凝土、瀝青混凝土等）編撰施工流程圖、施工步驟及說明。
5. 材料檢查標準及程序：包括材料檢查標準、材料檢查方式、材料檢查程序、材料檢驗流程圖（如圖 15-7）、材料品質查驗紀錄表、混凝土檢驗及澆置紀錄表。
6. 施工檢查標準及程序：包括施工檢查標準、施工檢查程序、自主檢查表單。
7. 不合格品管制與追蹤改善：包括不合格材料管制、不合格施工管制、缺失改正、矯正與預防措施（目的、矯正與預防措施執行程序、常見缺失預防對策）。
8. 文件紀錄管理系統：包括文件紀錄及施工照片。
9. 職業安全衛生及緊急應變：包括職安自動檢查、緊急應變處理、緊急聯絡方式及自動檢查表單。
10. 環境保護及交通維持措施：環境保護措施、交通維持措施（施工圍籬及工程告示牌、交通維持設施之布設與撤除）。

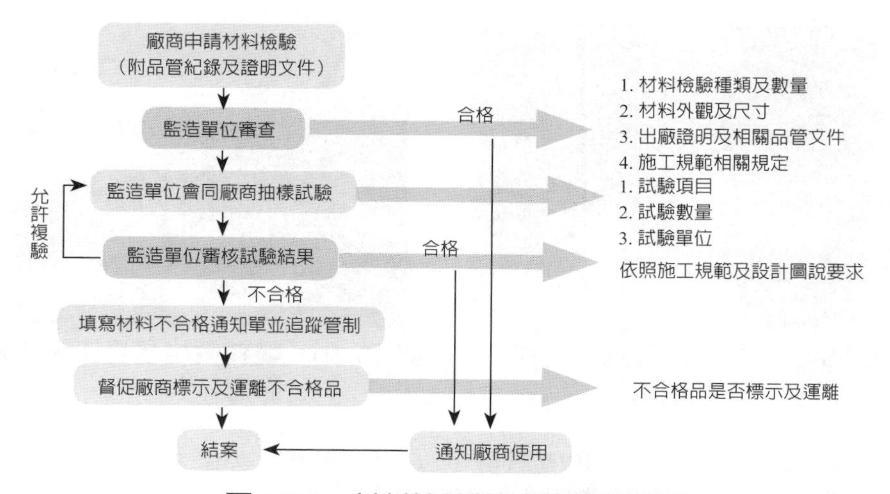

圖 15-7　材料檢驗執行程序流程圖

15.4 工程進度及成本控制

營建工程施工的涵義係在約定的工期內，依照設計圖面及施工規範所界定的品質條件，在原定預算額度內，以最安全和最經濟的方法來完成約定的所有工項。工程進度管理的目的，在於工程的施工過程即進行製程計畫的管理與管制。因爲工程的品質係建立在每個工項的作業過程中，工程成本是發生在每個工項的作業中，而工期則是工程進度序列上時間的界限。

造成整體工程進度延誤的原因可分三部分：

一、業主因素：

1. 施工前：包括土地徵收及用地取得作業延誤、建物拆遷作業延誤、工區內管線遷移延誤、交維計畫審查作業延誤、建照申請作業延誤等。
2. 施工中：包括變更設計作業拖延、不同標案間介面協調不良、業主決策緩慢、業主與其他機關間協調延誤、文件往返時間耽誤等。

二、施工廠商因素：

1. 施工前：前置作業延誤、材料採購作業延誤、四書提送及修改作業延誤、開工延誤等。
2. 施工中：人力短缺（如圖 15-8a）、機具調度困難、物價上漲（如圖 15-8b）或市場缺料、財務狀況不佳、資金周轉困難、施工技術能力差、管理不善等。

三、不可控制因素：

包括施工環境惡劣、地質條件差、天候多雨、民意抗爭、政治力介入干擾、履約爭議處理等。

圖 15-8a　2020 年曾發生模板工奇缺現象

圖 15-8b　鋼料價格易受市場波動影響

依工程會編訂之《施工綱要規範第 01103 章 進度管理》第 1.4 節，工程進度管理可以十種方式表示，本章僅列舉其中六種供參：

1. 分工結構或稱工作分解圖：即依工程之功能或種類，有系統地劃分工作項目，再逐次分層至能有效控制管理之作業。分工結構之詳細程度依管理需要而定。

2. 桿狀圖或稱甘特圖：橫軸為時間標尺，縱軸為垂直排列之作業，每一作業以一橫桿表示，橫桿之長短即表示作業工期。
3. 網圖：以結點與箭線來表示計畫作業，及作業間邏輯關係。
4. 要徑法：將網圖進行時程計算，找出網圖中時間最長的路徑（即要徑）的方法。
5. 總浮時：總浮時係指在不影響工程之完工時間之情況下，作業所擁有的寬裕時間。如未特別說明，浮時意指總浮時。
6. 價值曲線（S 曲線）：橫軸為時間標尺，縱軸為累積價值（契約工項金額，如圖 15-9所示）或工作完成百分比，依網圖作業之開始與完成時間，繪製累積價值曲線。

開工日期：110年01月19日　　施工期限：50 工作天

項次	項目	權重 %	天數 4	8	12	16	20	24	28	32	36	40	43	45	48	50	
1	基礎挖土方	9.95			1.43	1.42	1.42	1.42	1.42	1.42	1.42						100%
2	回填方	8.53											4.27	4.26			92%
3	購土費(含運費)	10.01											5.01	5.00			80%
4	175kg/cm2混凝土	13.23				1.89	1.89	1.89	1.89	1.89	1.89	1.89					71%
5	軀體模板製作及裝拆	12.56			1.57	1.57	1.57	1.57	1.57	1.57	1.57	1.57					64%
6	鋼筋購運及加工組立	8.67			1.09	1.09	1.09	1.08	1.08	1.08	1.08	1.08					55%
7	5cm厚密級配瀝青混凝土鋪壓	15.39									3.08	3.08	3.08	3.08	3.07		47%
8	鋪設黏層	10.12									2.03	2.03	2.02	2.02	2.02		41%
9	熱浸鍍鋅格柵板	2.26											2.26				32%
10	洩水孔(含排水器)	3.49											3.49				25%
11	導引反光鈕	2.53														2.53	17%
12	雜項作業	3.26	0.23	0.24	0.24	0.24	0.24	0.23	0.23	0.23	0.23	0.23	0.23	0.23	0.23	0.23	8%
		100															0%
進	預定	累計值	0.23	0.24	4.33	6.21	6.21	6.19	6.19	6.19	11.30	9.88	20.36	14.59	5.32	2.76	
	•••••••••••••••	進度	0.23	0.47	4.80	11.01	17.22	23.41	29.60	35.79	47.09	56.97	77.33	91.92	97.24	100.00	

圖 15-9　某小型工程（擋土牆及 AC 鋪設）預定進度 S 曲線範例

成本乃是營建工程整體總合成果的表徵，而「成本控制」則是讓施工經費在預算額度內完成的總合手段。施工廠商在承攬工程時，需經過成本估算、準備相關文件投標、得標後簽約等手續，再依監造計畫書內容，編撰及提送四書（施工計畫書、品質計畫書、交維計畫書、營建剩餘土石方處理計畫或棄土計畫）和準備材料送審資料，經監造單位審查後報請業主核備，之後才依設計圖說、施工規範及四書等內容動工施作。

施工廠商在開工前應依下列因素進行工程價格估算：設計圖說、工項及數量、施工規範、工程契約內容、工址地形及地質、現地環境及氣候、勞工人力、材料取得、機具調度等；依此決定最安全、最經濟、最合適的施工方法，並研擬適切的工程進度、機具、資材、運輸、勞務及資金等施工計畫。施工過程中仍需不斷檢視現況及前述施工計畫內容，隨時機動調整，以求在安全無虞、品質無誤和工期不延的前提下，透過管理手段獲得更好的利潤。

15.5 職業安全衛生管理

依勞動部《職業安全衛生管理辦法（2020 年 9 月 24 日版）》第 1-1 條：「雇主應依其事業之規模、性質，設置安全衛生組織及人員，建立職業安全衛生管理系統，透過規劃、實施、評估及改善措施等管理功能，實現安全衛生管理目標，提升安全衛生管理水準。」

第 2 條：「本辦法之事業，依危害風險之不同區分如下：

1. 第一類事業：具顯著風險者。
2. 第二類事業：具中度風險者。
3. 第三類事業：具低度風險者。

前項各款事業之例示，如附表一。」

依附表一內容，營造業中：1)、土木工程業，2)、建築工程業，3)、電路及管道工程業，4)、油漆、粉刷、裱蓆業，5)、其他營造業等五類，屬於具顯著風險的第一類事業，如圖 15-10a 及 15-10b 所示。

圖 15-10a　工人高空作業照片

圖 15-10b　工人臨水作業照片

摘自：網路

依《職業安全衛生管理辦法》第二章其他各條規定（附表二），第一類事業之事業單位應置職業安全衛生人員如表 15-2 所示。

表 15-2　營造業之事業單位應置職業安全衛生人員一覽表

事業類別		規模（勞工人數）	應置之管理人員
壹、第一類事業之事業單位（顯著風險事業）	營造業之事業單位	未滿三十人者	丙種職業安全衛生業務主管
		三十人以上未滿一百人者	乙種職業安全衛生業務主管及職業安全衛生管理員各一人
		一百人以上未滿三百人者	甲種職業安全衛生業務主管及職業安全衛生管理員各一人
		三百人以上未滿五百人者	甲種職業安全衛生業務主管一人、職業安全（衛生）管理師一人及職業安全衛生管理員二人
		五百人以上者	甲種職業安全衛生業務主管一人、職業安全（衛生）管理師及職業安全衛生管理員各二人以上

第 7 條尚對職業安全管理師、職業衛生管理師及職業安全衛生管理員之學歷及經歷，訂定相關要求。例如職業衛生管理師必須具備之資格爲：1)、高等考試職業安全衛生類科錄取或具有職業衛生技師資格，2)、領有職業衛生管理甲級技術士證照，3)、曾任勞動檢查員，具有職業衛生檢查工作經驗三年以上，4)、修畢工業衛生相關科目十八學分以上，並具有國內外大專以上校院工業衛生相關類科碩士以上學位。

落實職業安全管理的目的，係爲管制營建工程能在安全狀態下進行，防止任何職災之發生，以確保施工人員、操作之機具和設備，以及構造物之完妥。而職業衛生管理則是管制工地範圍及周邊的衛生環境，以保護施工人員及附近居民的健康。畢竟，營造廠派駐工地的管理人員及施工人員，才是公司最重要的資產。

職業安全衛生管理係營建工程中相當重要的工作，提高工地的安全衛生管理，可避免下列不必要的負面影響：

一、直接影響：

1. 人員死亡：屬於重大職災事件，工地必須停工、接受勞檢局相關檢查及檢察機關調查，並研提改善計畫經核准才能復工，期間所有損失需由營造廠全權負責，包括罹難者及家屬的賠償及撫卹。
2. 人員受傷：工地雖不需停工，但營造廠必須協助傷者就醫、慰問及協助申請職災補助等事宜。
3. 構造物受損：如傾斜、下陷、倒塌，須部分或全部拆除重建，以及其他工地意外或土石崩塌（如圖 15-11a 及 15-11b 所示），徒增成本支出和工期延宕。

二、間接影響：

1. 工地意外事件必定造成工期延長和管理費的增加，若停工所造成的工期延宕，也可能面臨違約逾期罰款問題。
2. 廠商信譽受損，若因重大職災致使廠商被提報停權處分（《政府採購法》101 條款），將面臨 1 到 3 年不等停止參與公共工程之投標機會。

15-11a　工地發生施工意外照片

圖 15-11b　山區工地隨時有大規模崩塌

15.6 維運管理及延壽方案

營建工程施作完成後，先由監造單位協助業主辦理工程結算，經過驗收作業及缺失改善後，再辦理工程決算作業，完成後施工廠商即可申領工程尾款及工程結算驗收證明書；之後監造單位經過業主辦完勞務驗收且無待辦事項，亦可申領技術服務費尾款及勞務結算驗收證明書。至此，業主內部即安排移交作業，由工程主辦單位將完成驗收的工程及相關文件移交給養護單位。

例如交通部轄下於 1990 年 1 月 5 日成立國道新建工程局，負責高速公路之新建工作，完成驗收後再移交給高速公路局養護營運（2018 年 2 月 12 日國道新建工程局與高速公路局完成整併，國道新建工程局走入歷史）。在縣市政府則有新建工程單位，同樣工程完成驗收後再移交養護單位維護營運，例如臺中市政府建設局轄下設有新建工程處及養護工程處、桃園市政府工務局轄下設有新建工程處及養護工程處（另有航空城工程處）。

過去曾有許多由中央單位補助地方政府興建，權責單位及地方政府後續卻無力（沒人、沒錢）維運管理的案例。2004 年 1 月 12 日啟用的恆春機場即是一例（如圖 15-12 所示），共投資新台幣六億多元，到 2011 年全年只有 2,448 人次，約爲開航第 1 年的 1/10，而 2014 年臺北—恆春航線載客數降至 768 人次，2014 年 8 月只飛了兩班，載了 21 人次，2014 年 9 月至 2019 年 1 月近 53 個月的航班數及載客人數均爲零。後期民航局正進行活化機場計畫，屏東縣政府亦爭取將恆春機場升格爲國際機場，期能吸納港、澳及大陸、韓國及日本遊客。

圖 15-12　恆春機場外觀照片

摘自：維基百科

本章所稱的「維運管理」，指的是針對施工完成的結構物（如圖 15-13a）及其附屬設施（含機電、資訊、通訊、弱電、水電、管線等設施，如圖 15-13b），進行必要的維護、營運及管理。營建工程的維運管理涉及下列三個面向：

一、**人員組織與管理**：各政府機關或企業之人事組織均不相同，應考量各內部的指揮體系、權責劃分、業務範圍、協調機制、人事升遷、員工福利、退休與撫卹、獎懲等；對維運管理而言，最重要的是基層人力、專業技術人員、工作編組、業務分配的合理性、職權與代理機制，力求避免發生權責重複或權責眞空的情事。

二、**事務的處理、支援及協調**：指對內及對外事務的處理、支援及協調，重點在例行、偶發及特殊不同情形下，如何劃分權責界限應有明確的遵循規範，單位內部如此，各單位之間和對公司外部也是如此，有狀況時才能迅速有效的圓滿解決，避免發生互踢皮球或相互卸責之情事。

三、**財務管理**：係指與資金相關的業務或事務，對於民營企業來說，財務的管理涉及業務的拓展和開創、土地購置、廠房興建、設備添購、原物料採購、員工薪資及福利支付等。若資金不足將影響公司的營運與推展，同時也會影響已完成施作營建工程內容物的維運管理。但對政府機關而言，已完成施作營建工程內容物的維運管理，人力需求會在機關組織內安排，資金則是利用年度預算的編列來支付。

15-13a　需維修養護的構造物照片

圖 15-13b　需維修養護的機電設施照片

營建工程的結構物及其附屬設施，均有其使用年限，在維護得宜的情況下，結構物一般可使用 50 年以上，機電和電腦等設施則在 5 至 10 年之間。爲延長結構物及附屬設施之使用年限，可採取下列維護手段及方案：

1. 定期式維運管理：屬於一般性的定期巡檢、維修作業。
2. 預防式維運管理：透過監測資料或維管歷史資訊，來訂定維修或養護策略，此種維修方式之維修時機，在於破壞開始發生之前。
3. 反應式維運管理：針對目視檢測或警報系統發現破壞發生時採取的維修作業。
4. 升級式維運管理：除提高結構物及附屬設施之功能指數外，可於改善工程執行之同時，綜合檢討現況、功能、危害度等，採取必要的改善措施。

Note

第16章
工程電腦化及資訊化

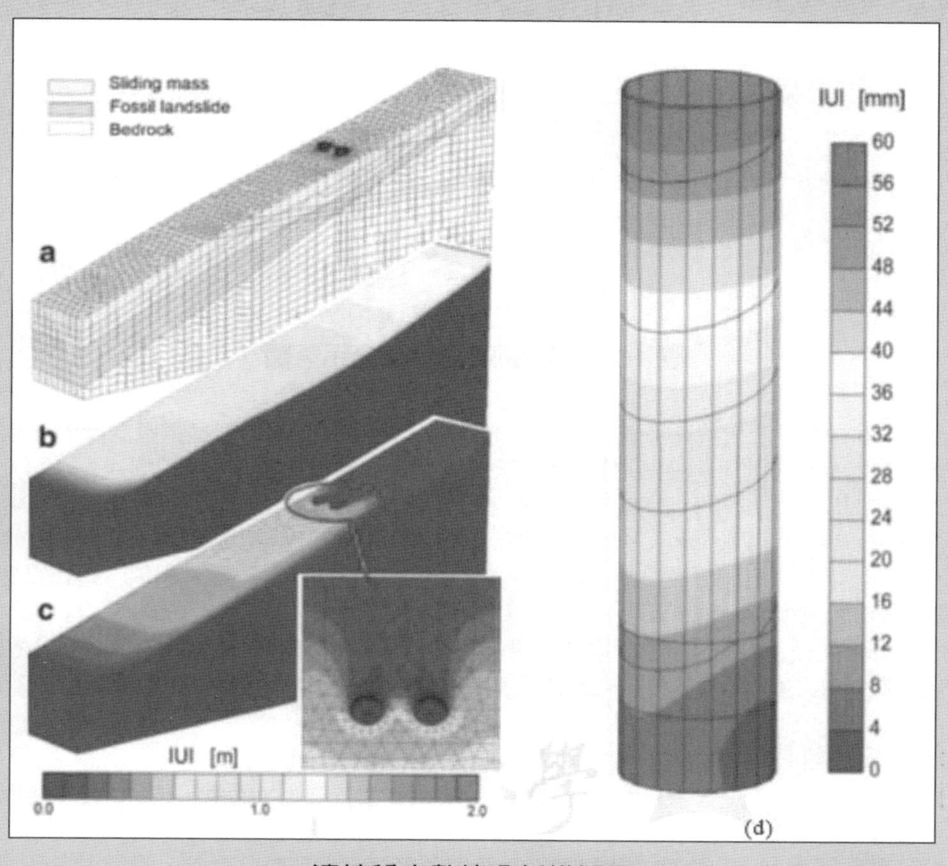

邊坡穩定數值分析模擬圖

資料來源：林德貴教授

16.1 電子計算機概述

電子計算機簡稱電算機，一般稱爲電腦（Computer），是一種利用數位電子技術，根據一系列指令且自動化執行算術或邏輯操作的資訊處理設備，它是由硬體和軟體兩部分所組成（如圖 16-1 所示）。通用的電腦因具備能遵循「程式」的工作操作集能力，使得它們能夠被用來執行非常廣泛的工程和非工程應用。

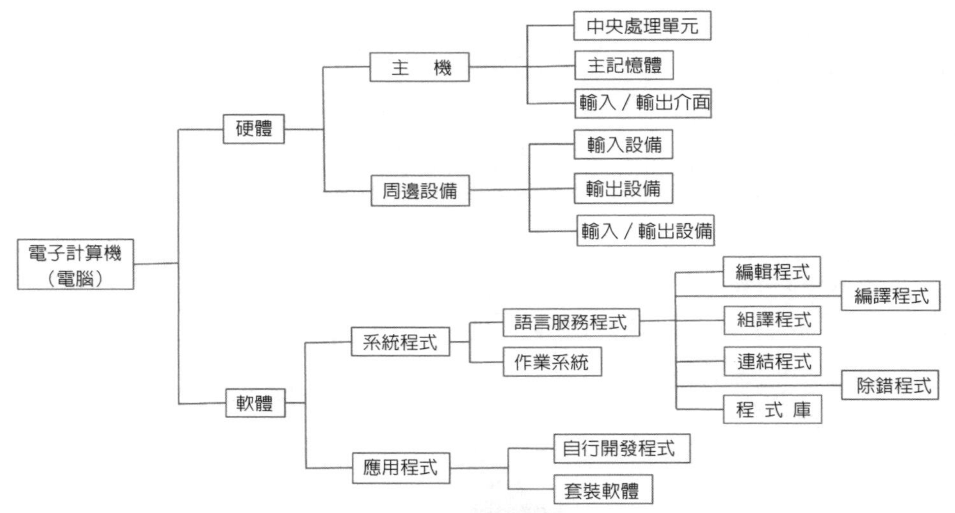

圖 16-1　電腦軟硬體架構示意圖

圖 16-1 中所示軟體一系統程式的作業系統，是用來控制和管理電腦的硬體和軟體，包括用來控制周邊設備的基本程式及應用程式，當操作者需要利用周邊設備加入作業時，只要依作業規則呼叫它們即能得到其服務。而程式語言分爲低階語言和高階語言，前者是機械指令較接近語言，此與人類語言相去甚遠，屬於較難了解和編寫的語言；後者與人類語言較接近，也比較容易了解和編寫，但也必須經過編譯程式的改編才能被電腦接受。

由於資訊技術和材料科技的進步，現代的電子計算機體積越來越小、容量越來越大、速度越來越快、準確性越來越高、價格越來越便宜，且種類繁多，大致分類如下：

一、依用途區分：

1. 通用計算機：就是一般所稱的計算機，其應用範圍較廣泛，適用於科學研究、工程設計、商業資料處理等。
2. 特殊計算機：依特殊需求和目的而設計的計算機，例如飛彈導航、飛行器自動控制，以及冷氣機的溫度感知控制等。

二、依處理資料的信號型態區分：

1. 數位計算機：輸入和輸出的資料是以不連續的數位（0 或 1）方式來表示，常應用於科學、工程及商業用途上，如薪資計算、水電瓦斯費之計算和成績處理等。
2. 類比計算機：處理的資料是非數字且連續性的，例如溫度、速度、電壓等，專供特殊用途使用，如設備和儀器的控制系統。
3. 混合計算機：兼具數位及類比計算機的優點，應用於接受連續性的類比資料，而產生非連續性之數位資料，例如模擬太空飛行計畫中，類比用於太空梭運轉，而數位則用於軌道計算。

三、依功能及容量區分：

1. 超級電腦：屬國家級特殊用途，如美國能源部轄下橡樹嶺國家實驗室 2018 年打造的「巔峰（Summit）」超級電腦，運算能力相當於 200 萬部筆電，浮點運算速度峰值每秒 20 億億次，可用於能源和先進材料領域的研究，模擬超新星爆發，還可運行機器學習和深度學習等人工智慧算法，以解決人類健康、高能物理等方面的難題。
2. 超大型電腦：用於國防和軍事之用途。
3. 大型電腦：用於公民營大企業。
4. 中型電腦：用於公民營中小型企業。
5. 迷你電腦：用於飛航管制、衛星地面接受站。
6. 微型電腦：又稱個人電腦或家用電腦，適於家庭或個人平日小量資料處理。

現代的電腦包含至少一個處理單元（如中央處理器 CPU）和某種形式的記憶體。處理元件執行算術和邏輯運算，並且排序和控制單元可以回應於儲存的資訊改變操作的順序。周邊裝置包括輸入裝置（鍵盤、滑鼠、掃描器、讀卡機、條碼機、光筆、麥克風、數位板及遊戲搖桿等）、輸出裝置（螢幕、印表機、音效裝置、投影機、顯示器及繪圖機等），以及執行兩種功能的輸入 / 輸出裝置，如圖 16-2 所示。

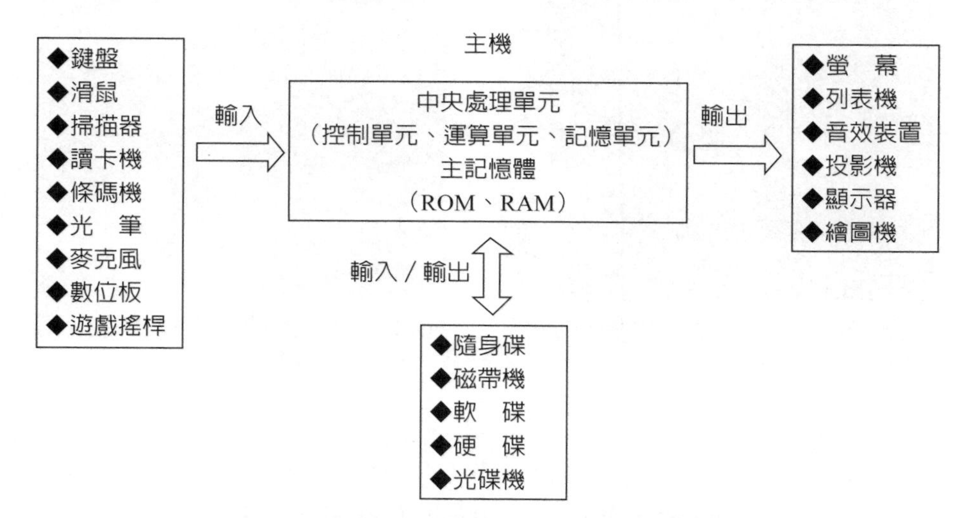

圖 16-2　電腦主機與輸出入設備架構示意圖

16.2 建築資訊模型（BIM）

建築資訊模型（Building Information Modeling，簡稱 BIM），係以建築工程專案的各項資料和資訊爲基礎，建立建築的模型，透過數位資訊全尺度模擬建築物所具有的眞實資訊。BIM 的功能優於現行 AutoCAD 等軟體，除了同樣 3D 建模及資訊的應用外，其多元化資訊串接所達到資料的一致性，可以克服目前 3D CAD 的缺憾。

依美國國家 BIM 標準（NBIMS）所給的定義，BIM 是由下列三部分所組成：

1. BIM 是一個設施（建設專案）物理和功能特性的數位表達。
2. BIM 是一個共用的知識資源，分享這個設施的相關資訊，也爲該設施從概念到拆除全生命週期中，所有決策提供可靠判斷資訊的過程；
3. 在專案執行的不同階段，不同利益的關係者可通過在 BIM 中分享、提取、更新和修改資訊，以支援和反映各自職責的協同作業。

BIM 的技術可提供視覺化、協調性、模擬性、優質化和可出圖性等五大特點，玆說明如下：

一、視覺化：對於建築行業來說，視覺化眞正運用在建築業所產生的作用非常大，例如一般施工團隊所拿到的施工圖面，多半是由各個構件的 2D 資訊，在圖紙上所繪製的線條而已。但是其眞正的構造尺寸和形式，如建築物內的各種複雜管線（如圖 16-3a 及 16-3b 所示），就需要施工參與人員自行想像。BIM 可提供視覺化的思考方式，讓人們將以往線條式的構件，形成全尺度 3D 的立體實物圖形展示在人們的眼前；視覺化的結果不僅可以用來展示成果圖的內容和報表的生成，更重要的是，在專案設計、施工和維運過程中的溝通、討論、決策都可在視覺化的環境下進行，以避免任何可能出現的認知誤差。

圖 16-3a 大樓地下室管線分布照片一

圖 16-3b 大樓地下室管線分布照片二

二、協調性：不論是施工單位還是業主或規劃設計或監造團隊，隨時都在進行協調及相互配合的工作。當專案的執行過程中遇到了問題，就需要邀集相關人員召開協調會議，找出各個問題發生的原因和解決方案，並做出變更設計和其他相應補救措施。

例如暖氣通風等專業中的管道及管線在進行布設時，通過位置可能位於重要的柱梁所在之處，這種就是施工中較常遇到的碰撞問題，可藉由BIM的協調作用加以解決。

三、模擬性：在規劃設計階段，BIM即可對規劃及設計上需要進行類比的物件進行模擬實驗，例如：節能模擬、緊急疏散模擬、日照及通風模擬、光熱傳導模擬等；而在招標、投標和施工階段亦可以進行4D類比（3D模型加上時間序），同時還可以進行5D類比（基於3D模型的成本控制），以及後期維運階段類比日常緊急情況發生時的處理方式（如大地震後人員逃生模擬及消防人員救災模擬等）。

四、優質化：優化受到三樣事物的制約：資訊、複雜程度和時間。建築專案在整個規劃、設計、施工及維運的過程，就是要不斷尋求優化，而在BIM的基礎上可以進行更好的優化、更好地進行優化。沒有準確的資訊無法達到合理的優化結果，BIM模型除可提供建築物實際存在的資訊外，還提供了建築物變化之後的存在資訊。例如經常看到裙樓、帷幕牆、屋頂的異型設計，這些內容物佔整個建築空間的比例不大，但卻佔投資和工作量的較大的比例，而且這些通常也是施工難度較大和施工問題較多的地方，如果能對這些內容提出優化設計和施工方案，可以明顯的節省造價和縮短工期。

五、可出圖性：BIM的技術並不只是爲了建築設計的內容和一些構件後製圖面的出圖作業，而是通過對建築物進行了3D全尺度的視覺化展示、協調、模擬、優化以後，可以產出下列的圖面：

1. 綜合管線圖：經過碰撞檢查和設計修改，消除了可能發生的相應錯誤，如圖16-4a所示。
2. 綜合結構穿孔圖：預埋套管和預留給管線通過的空間。
3. 梁柱配筋圖：避免配管及鋼筋的搭接造成鋼筋握裹寬度不足（如圖16-4b所示），影響建物安全。
4. 碰撞檢查偵錯報告和建議改進方案：可以避免後續不必要的變更設計及期程耽誤，保證在原訂預算及工期內完成工程的施作。

圖16-4a　建物樓板預埋複雜管線照片

圖16-4b　梁柱接頭配管及鋼筋搭接照片

16.3 工程資訊模型（EIM）

前節所述的 BIM 技術，起初的概念是由一位工業分析師 Jerry Laiserin，將 Autodesk、賓特利系統、Graphisoft 等所提供的技術加以整合並向公眾推廣。它是在建築過程中以數位展示方式，用來協助數位資訊交流及合作的一種工具；亦即通過參數模型整合建築專案下各種相關資訊，在專案策劃、營運和維護的全生命週期過程中，進行各種資訊的分享、共用和傳遞，使業主、建築師、工程師和承包商能在 3D 虛擬建築環境中協同合作。

由於 BIM 的技術在提高生產效率、節約成本和縮短工期等方面，在建築界發揮重要作用，之後已陸續被應用在土木及其他公共工程，如捷運工程、橋梁工程、道路工程、風力發電工程、人行道工程、水利工程、景觀工程、建築工程、管線工程、寬頻管道及共同管道工程（如圖 16-5 所示）等。目前工程界正廣泛的應用 BIM 的技術和整合能力，來協助各種非建築工程的規劃、設計、施工和維運管理，有助於解決介面衝突、期程管理和工程模擬等問題，並在不同階段提供統一的資料交換方式，大幅提升所傳遞和共享資訊的正確性。

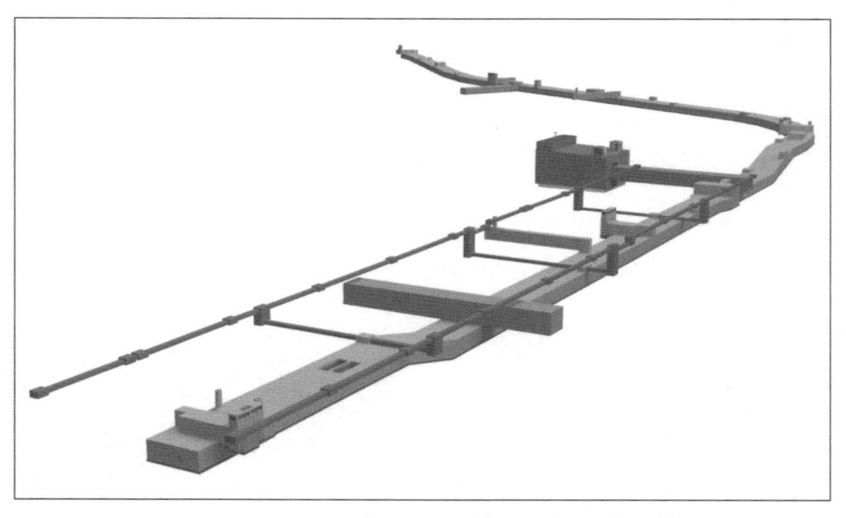

圖 16-5　共同管道 BIM 模型建置範例

資料來源：新竹縣政府

雖然有部分學者解釋 BIM 的第一個英文字 Building 並非單指一棟建築，而是整個建設領域，建設領域除建築工程之外，尚包含城市規劃、交通運輸、環境工程、能源工程、地下管道工程等。然而在大多數人的認知中，Building 指的就是建築物。過去也曾經有學者針對道路工程，使用「道路資訊模型」（Road Information Modeling，簡稱 RIM）、針對營建工程使用「營建資訊模型」（Construction Information

Modeling，簡稱 CIM）。本書則建議將包含建築工程的所有工程資訊模型，正名為「工程資訊模型」（Engineering Information Modeling，簡稱 EIM）。

在土木及營建工程生命週期中不同階段 EIM 所預期的「完整度」（Level of completeness），吾人可參考美國建築師協會（American Institute of Architects，簡稱 AIA）E202 號文件的概念，以 LOD（Level of development，譯為「發展程度」）來指稱 EIM 的模型元件，並定義五種 LOD（從 100 到 500）；亦有人將 LOD 視為 Level of detail 之縮寫，指的是模型元件的細節程度，屬於模型元件的輸入資訊。而 Level of development 指的是模型元件中的幾何與屬性資料可被信賴之程度，相關說明如表 16-1 所示。

表 16-1　EIM 不同階段的發展程度 LOD 對應的模型內容需求表

項次	LOD 等級	模型內容需求	備註
1	100	模型元素由圖像表示，呈現在模型中，不一定需求滿足 LOD200 之需求，主要分類、名稱及區段編號可以來自其他模型元素中。	
2	200	模型元素由圖像表示，呈現一般系統、物件，或由概略的數量、大小、形狀、位置及方位組成，非圖形化的資訊也可能包含在模型元素中。	
3	300	模型元素由圖像表示，呈現個別的系統、物件，或由數量、大小、位置及方位組成，非圖形化的資訊也可能包含在模型元素中。	
4	400	模型元素由圖像表示，呈現個別的系統、物件，或由數量、大小、位置及方位組成，並包含組裝製造與安裝資訊，非圖形化的資訊也可能包含在模型元素中。	
5	500	模型元素做為現場驗證，呈現個別的系統、物件，或由數量、大小、形狀、位置及方位組成，非圖形化的資訊也可能包含在模型元素中。	

早期的 BIM 模型是在大約 1970 年代末期出現，當時操作軟體所需的硬體非常昂貴，因此無法被廣泛採用。而 1984 年發布的 ArchiCAD 的 Radar CH 則是第一個可在個人電腦上運行的 BIM 軟體。未來在執行工程案件時能使用的工程資訊模型（EIM）可以集合所有相關資訊，讓工程更加順利，可用的套裝軟體有：Autodesk Revit、Graphisoft ArchiCAD、Bentley Architecture、Synchro PRO、VectorWorks 等。

不同以往如 AutoCAD 等建築繪圖工具，EIM 軟體可以在工程模型中結合 GIS、物聯網及互聯網，並記錄更多完整的資訊，如成本、製造商資訊、維護資訊、施工方法等。目前常用的 EIM 軟體主要有以下幾種：1)、Revit，2)、Navisworks，3)、Civil 3D，4)、ArchiCAD，5)、AECOsim，6)、Tekla Structures，7)、MagiCAD 等。

16.4 工程資訊整合電腦化

土木及營建工程屬於傳統的民生工程、都市基盤建設工程，然而隨著民生需求面的擴大和各領域科技的進步，工程的應用項目已非昔日所能相比，例如影響民眾日常交通的橋梁定期檢測工作，現在已逐漸使用無人機（UAV）搭配高精度攝影機協助人力執行較難到達或較危險的區位（如斜索、主塔、行水區上方、拱肋上方等），再以無線傳輸方式將訊號傳送出去。而在土木及營建工程的應用也需要借助電腦的計算能力來協助，如結構分析及設計、邊坡穩定分析及設計、地震力分析、工料分析、薪資處理、地形繪製、定線及土方計算、進度控制、電腦輔助工程設計、人工智慧在工程之應用、營建資訊系統、地理資訊系統等。

近年來資訊通訊技術（ICT）的進步，除了加倍提升電腦的計算能力外，也讓資料可以透過有線和無線網路、衛星、微波等方式傳輸，在各種接收儀器和運算設備之間彼此快速串連，達到無遠弗屆的境地。整合化、智慧化、網路化及平行化也是未來的發展趨勢，且近年來各種微型感測設備的研發與軟體的結合應用，使得土木工程超越過去只把電腦用來分析計算或模擬，得以進一步應用 ICT 來串連不同階段的工項：規劃與設計、自動化施工、現地監測、遠端監控、回饋分析、自我診斷與風險分析、環境控制、維運管理等；加上跨領域的大型專案工程的業務需求（如桃園國際機場第三航廈新建工程及淡江大橋新建工程，如圖 16-6 所示），也讓 EIM 及電腦能發揮的領域與能量，遠遠超越過去的工程規劃設計與施工兩大範疇。

圖 16-6　新北市淡江大橋願景圖

摘自：新北市政府施政成果網

資訊管理電腦化在面臨國際競爭壓力的產業，如電子業、電腦業等，已發展出相當進步、成熟且不可或缺的實用工具。但在地域性極強，性能品質規範之驗證尚未充分落實，工期成本控制尚未被高度重視之工程營造界，資訊電腦化之程度仍有一定的成長空間。因此，如何強化內部管理、改善經營體質、提高競爭力和增加獲利能力，工程資訊電腦化應是不二的選擇。工程資訊電腦化需能涵蓋下列內容：

一、**編碼系統**：1)、有系統地將各種材料、工資、工率、機具、連工帶料、工法、作業項目等分門別類地歸類，2)、能隨時增加新項目或刪除、修改原有項目。

二、**資料庫的建立**：包括 1)、材料、工資及機具單價，2)、工料分析，3) 發包項目分析。

三、**數量計算**：1)、在整合性電腦化系統中，數量計算能依樓層別、區位別或其他分類方式，顯示其數量及造價，2)、結果可提供工期規劃、作業項目資源和數量來源。

四、**工期規劃**：1)、製作進度網狀圖，顯示各項目之最早開工、完工、最晚開工、完工時間，浮時及要徑，2)、可將網狀圖轉換成桿狀圖，3)、配合實際進度，定期修正、更新原有工期計畫，4)、比較實際進度與預定進度之差異性。

五、**成本控制**：1)、單一工程或數個工程資金流程預估（即製作 S 曲線），2)、依樓層別、區位別、作業項目別或其他分類方式之成本分配，3)、隨工期計畫之修正對應更新成本計畫，4)、比較實際成本及預算成本之差異性。

六、**採購及發包**：以工期計畫為主之資源配當資料，提供採購、發包所需的項目、數量、參考單價及時程。

七、**施工日報**：定期輸入施工日報之進度及資源用量，經資料拋轉運算，進行工期、成本計畫和資源配當之修正、更新。

八、**估驗計價**：因施工日報資料之輸入，經電腦處理進行估驗計價作業。

圖 16-7　淡江大橋施工照片

摘自：交通部公路總局全球資訊網

Note

參考文獻

1. 李文勳編著，《土木工程概論》，科技圖書公司，1996 年。
2. 鄭志敏著，《土木工程概論》，高立圖書有限公司，2004 年。
3. 林金面編著，《土木工程概論》，文笙書局，2013 年。
4. 林金面編著，《營建管理學》，文笙書局，2014 年。
5. 汪燮之著，《土木工程施工學》，大中國圖書，2014 年。
6. 許聖富著，《工程契約與規範》，五南出版社，2016 年。
7. 許聖富著，《鋼結構設計入門》，五南出版社，2017 年。
8. 公共工程委員會，政府採購法及其他子法，2021 年。
9. 內政部營建署，「營造業工地主任 220 小時職能訓練課程講習計畫」職能訓練課程教材，2019 年。
10. 內政部營建署，共同管道資料庫網站，2021 年。
11. 行政院及各政府機關網站。
12. 國立臺灣大學及各大學網站。
13. Google 網站。
14. 維基百科網站。
15. 百度百科網站。

國家圖書館出版品預行編目資料

圖解土木工程／許聖富作. ——初版. ——
臺北市：五南圖書出版股份有限公司,
2022.01
面； 公分
ISBN 978-626-317-298-2（平裝）

1.土木工程

441 110017360

5T54

圖解土木工程

作　　者— 許聖富
發 行 人— 楊榮川
總 經 理— 楊士清
總 編 輯— 楊秀麗
副總編輯— 王正華
責任編輯— 張維文
封面設計— 王麗娟
出 版 者— 五南圖書出版股份有限公司
地　　址：106台北市大安區和平東路二段339號4樓
電　　話：(02)2705-5066　　傳　　真：(02)2706-6100
網　　址：https://www.wunan.com.tw
電子郵件：wunan@wunan.com.tw
劃撥帳號：01068953
戶　　名：五南圖書出版股份有限公司
法律顧問　林勝安律師事務所　林勝安律師
出版日期　2022年1月初版一刷
定　　價　新臺幣350元